エンジニアのための
分子分光学入門

理学博士 林 茂雄 著

コロナ社

まえがき

　本書は分子分光学全般を一通り説明した入門書である。扱う対象は入門書にしては幅広く，太陽などの天体が発する光の分光からはじまって，電子レンジによる加熱，定番の赤外・紫外分光と進み，エックス線に至っている。また，粒子線と磁気共鳴にもページを割いた。ただし，質量スペクトルについては最新の動向を伝えるにとどめた。

　想定する読者と読み方はつぎの通りであり，前著「エンジニアのための電気化学」と共通する点が多い。

　1) すでに異分野で実務に携わっているが，新たに分光法の世界を知りたいと思っている技術者のみなさん。専門書を読みあさる前に本書で概略を知っておくと効率的であろう。筆者の経験では，知識を増やすには2冊読むといい。まず簡単な本で知識の引き出しをつくり，つぎに専門書で引き出しの中身を整理する。えてしてこの順番が逆になりがちであるが，「急がば回れ」が当てはまる。章末問題を活用すれば独習用演習書としても位置付けができる。問題は，常識レベルからプログラミングを必要とするものまで多岐にわたっている。

　2) 同じことは，大学院生として分光実験を開始しようとしているみなさんにも当てはまる。分光学についての分厚い専門書を読む前のウォーミングアップ用に使えるだろう。

　3) 大学理工系学部の共通教育を終えて，あるいは高専の課程で分光学を新たに学ぼうとしている理工系学生のみなさん。電磁波の波長を横軸にとり，測定手段とそこから得られる情報を縦軸に対応させれば分光学全般を整理することができる。本書はそのための教科書・参考書として利用できる。

　4) 技術者として一線を退いた後，青少年に科学を指導しているみなさん。指導の根拠付け，あるいはアイディア探しのタネ本として活用することができる。

そのために身近な素材でできる分光実験もできる限り取り上げた。

近年，分子分光法は科学・理工学の基本原理として確実に地歩を固めている。物質の内部構造を調べるため，あるいは原子レベルで何が起きているかを探るための手段として必須である。分子分光法を理解するためには，（広い意味の）光と物質の相互作用について理解が必要である。厳密主義の立場では，理論物理学や量子化学を用いるが，残念ながら道半ばにして挫折することが多い。本書では，「わかった感じがする」ことを目的として，古典力学や電磁気学で理解できるならばそれらに立脚し，不十分であれば量子力学を用いた。例えば赤外分光学では，分子の基準振動は古典力学で理解できるし，赤外活性か不活性かは電磁気学で理解できる。しかしながら，赤外線の吸収と放出を正しく理解するには量子力学が必要である。「わかった感じがする」ことを目的とするのであれば量子力学による結果を引用するだけでよいのかもしれないが，できる限り根拠を示した。量子力学的な演算子を取り上げたのもその気持ちの表れである。

本書では科学史的側面も重視している。原子も含めて分光学の歴史は，科学そのものの歴史である。特に19世紀後半から20世紀前半には，分光学が量子力学をつくったといっても過言ではない。その後磁気共鳴分光法や赤外分光法など新しい分光法が続々と誕生した。自然科学を分光学の視点で俯瞰することはおおいに意味のあることである。

最後にカタカナ言葉の原語表記について一言述べておきたい。日本語化していない用語と外国人名はできる限り英語または原語つづりを併記した。これには，カタカナ表記をもとに戻すことには限界があること（例えばラ行や人名），カタカナ表記自体にあいまいさがあること（ボとヴォなど），そしてインターネットの英語サイトを活用するには最初から英語表記を記載しておくほうが好都合であることが理由として挙げられる。

本書が，一味違う教科書・専門書として，（分子）分光学を探究するみなさんのお役に立てれば望外の喜びである。

2015年5月

筆者記す

目　　　　次

1. かんたん分光学

1.1 気がつけば分光 ·· *1*
　1.1.1 虹 ·· *1*
　1.1.2 Newton のプリズム実験 ······························ *2*
　1.1.3 分光シートと偏光シート ······························ *2*
1.2 スペクトル ·· *3*
　1.2.1 スペクトルの横軸と縦軸 ······························ *3*
　1.2.2 スペクトルを調べれば物質がわかる ············· *6*
　1.2.3 電磁波のスペクトル ····································· *7*
1.3 電磁波としての光 ·· *8*
　1.3.1 分子は小さい ··· *9*
　1.3.2 光は電磁波 ·· *9*
　1.3.3 電気双極子による電磁波の吸収 ···················· *13*
　1.3.4 境界面に進入する平面波の反射と屈折 ········· *18*
章末問題 ··· *21*

2. 原子のスペクトル

2.1 原子スペクトルはどのようなものか ··················· *23*
　2.1.1 線スペクトル ··· *23*
　2.1.2 準位 ·· *24*
　2.1.3 遷移 ·· *26*

2.1.4	エネルギー準位図	27
2.1.5	スペクトルデータ	30

2.2 スペクトル強度 ··· 30
   2.2.1 Einstein の A 係数と B 係数 ····················· 30
   2.2.2 量子力学にもとづく輻射遷移の速度 ················· 33
   2.2.3 発光寿命の測定法 ······································ 35

2.3 原子の量子力学 ··· 36
   2.3.1 量子力学の基本概念 ··································· 37
   2.3.2 角運動量の基本理論 ··································· 40
   2.3.3 原子の角運動量 ·· 43
   2.3.4 LS 結合 ··· 43

章末問題 ··· 45

3. 誘電分光学

3.1 誘電分極とその計測 ·· 47
   3.1.1 誘電分極と静電容量 ··································· 47
   3.1.2 誘電分極の測定方法 ··································· 49

3.2 誘電分極の分子論 ·· 52

3.3 誘電分極における分散関係 ···································· 54
   3.3.1 Debye 型の分散と緩和 ······························· 54
   3.3.2 非 Debye 型の緩和式と Cole-Cole 図 ·············· 56

3.4 誘電分光の展開 ··· 56
   3.4.1 エレクトロニクス ····································· 56
   3.4.2 マイクロ波加熱 ·· 57
   3.4.3 テラヘルツ分光法 ····································· 58

章末問題 ··· 59

4. マイクロ波分光学

4.1 マイクロ波分光法のあらまし ･････････････････････････････････ 61
    4.1.1 実験装置 ･･ 61
    4.1.2 回転スペクトルが見えるわけ ････････････････････････････ 61
4.2 分子の自由回転 ･･ 62
    4.2.1 慣性モーメント ･･････････････････････････････････････ 62
    4.2.2 角運動量 ･･ 64
4.3 2原子分子の回転：剛体回転子近似 ･････････････････････････ 65
    4.3.1 慣性モーメント ･･････････････････････････････････････ 65
    4.3.2 古典力学における運動方程式 ･･･････････････････････････ 66
    4.3.3 量子力学における運動方程式 ･･･････････････････････････ 66
4.4 簡単な分子のマイクロ波吸収スペクトル ････････････････････ 68
    4.4.1 XY型2原子分子 ････････････････････････････････････ 68
    4.4.2 直線型3原子分子のマイクロ波吸収スペクトル ･････････････ 69
4.5 直線型分子の回転：高度な話題 ････････････････････････････ 70
    4.5.1 遠心力の効果 ･･ 70
    4.5.2 Coriolis力の効果 ･････････････････････････････････････ 71
    4.5.3 「大きさ」をもつ回転子 ･･････････････････････････････ 72
    4.5.4 「見えない」対称分子 ････････････････････････････････ 73
章末問題 ･･･ 75

5. 赤外分光学およびRaman散乱

5.1 赤外分光学およびRaman散乱のあらまし ･･････････････････ 77
    5.1.1 分子振動の分光学 ････････････････････････････････････ 77

	5.1.2	赤外分光における試料の形態	78
	5.1.3	赤外分光の測定方法	80
	5.1.4	スペクトル・データベース	80
5.2	直線型分子の振動	80
	5.2.1	原子間ポテンシャル	81
	5.2.2	2原子分子の振動	83
	5.2.3	3原子分子の単振動	87
5.3	簡単な非直線型分子の振動	92
	5.3.1	非直線型3原子分子	92
	5.3.2	正四面体型分子および関連する分子	93
5.4	現実の分子振動	95
	5.4.1	理想的な振動系	95
	5.4.2	現実の分子振動	95
5.5	分子回転の影響	96
	5.5.1	振動スペクトルに現れる回転構造	96
	5.5.2	回転しながら振動する直線型分子	98
	5.5.3	櫛の歯構造をよく見ると	99
5.6	一般の分子の赤外吸収スペクトル	100
	5.6.1	簡単な有機化合物の赤外吸収スペクトル	100
	5.6.2	有機化合物の赤外吸収スペクトルの特徴	104
5.7	Raman散乱	105
	5.7.1	光の散乱	105
	5.7.2	散乱過程としてのRaman散乱	107
	5.7.3	Raman散乱の分子論	110
	5.7.4	より進んだRaman散乱	112
5.8	環境問題と分光学	114
章末問題	116

6. 分子の対称性

- 6.1 対称性とは ……………………………………………… *119*
  - 6.1.1 対称なモノ …………………………………………… *119*
  - 6.1.2 対称なオブジェクト ………………………………… *120*
- 6.2 点　　　群 ……………………………………………… *121*
  - 6.2.1 対称操作 ………………………………………………… *121*
  - 6.2.2 点　　　群 …………………………………………… *124*
- 6.3 指　標　表 ……………………………………………… *125*
  - 6.3.1 点群の表現 …………………………………………… *125*
  - 6.3.2 点群と指標表 ………………………………………… *127*
  - 6.3.3 指標表の例 …………………………………………… *129*
- 6.4 対称性と分子振動 ……………………………………… *131*
  - 6.4.1 分子の対称性と分子のダイナミックス ……………… *131*
  - 6.4.2 分子振動と対称操作 ………………………………… *133*
  - 6.4.3 H_2O の振動と対称性 ……………………………… *134*
  - 6.4.4 そのほかの分子の振動と対称性 ……………………… *137*
- 6.5 結晶場の空間対称性 …………………………………… *138*
  - 6.5.1 自由空間の対称性 …………………………………… *139*
  - 6.5.2 結晶場の対称性 ……………………………………… *139*
- 章末問題 ……………………………………………………… *141*

7. 可視・紫外・X線の分光学

- 7.1 分子の電子遷移 ………………………………………… *142*
  - 7.1.1 一　般　論 …………………………………………… *142*
  - 7.1.2 スペクトル測定法の原理 …………………………… *143*

7.1.3　測定対象 …………………………………………… 144
7.2　ポテンシャルエネルギー曲面 …………………………… 145
　7.2.1　ケーススタディ：N_2 …………………………… 145
　7.2.2　ポテンシャル曲面上の分子ダイナミックス ………… 148
　7.2.3　二つのポテンシャルエネルギー曲線 ………………… 150
7.3　2原子分子の発光 …………………………………………… 153
　7.3.1　炎のスペクトル ………………………………………… 153
　7.3.2　2原子分子のスペクトルを計算する ………………… 153
7.4　一般の分子の電子スペクトル …………………………… 156
　7.4.1　可視・紫外領域における典型的な電子遷移 ………… 156
　7.4.2　蛍光と燐光 ……………………………………………… 157
　7.4.3　衝突イオン化とマススペクトル ……………………… 161
　7.4.4　電子エネルギーの分子間移動 ………………………… 161
7.5　電子分光法と光電子分光法 ……………………………… 163
　7.5.1　電子分光法 ……………………………………………… 163
　7.5.2　光電子分光法 …………………………………………… 163
　7.5.3　XPS（X線光電子分光法）…………………………… 164
7.6　内殻電子の励起を伴う分光法 …………………………… 165
　7.6.1　内殻電子の励起過程 …………………………………… 165
　7.6.2　X線吸収微細構造（XAFS）………………………… 166
章末問題 …………………………………………………………… 169

8. 粒子線の分光

8.1　粒子線の計測 ……………………………………………… 171
　8.1.1　粒子線のデータ処理 …………………………………… 171
　8.1.2　モジュール化された計測器群 ………………………… 172
　8.1.3　時間相関単一光子計数法 ……………………………… 173
8.2　荷電粒子線の分光 ………………………………………… 174

8.2.1　静電場による分光 ……………………………………… 174
　　8.2.2　飛行時間による分光 ……………………………………… 175
　　8.2.3　4重極電場による分光 …………………………………… 175
　　8.2.4　放射線計測 ……………………………………………… 176
　8.3　中性粒子線の分光 …………………………………………… 177
　8.4　ガンマ線を用いる分光 ……………………………………… 179
　　8.4.1　ガンマ線とは …………………………………………… 179
　　8.4.2　Mössbauer分光 ………………………………………… 181
　章末問題 …………………………………………………………… 182

9. 磁気共鳴分光学

　9.1　磁場中の1個の磁気モーメント ……………………………… 183
　　9.1.1　原子核・電子の磁気モーメント ………………………… 183
　　9.1.2　均一磁場中の磁気モーメント …………………………… 184
　9.2　磁気共鳴法の歴史 …………………………………………… 186
　　9.2.1　粒子線実験 ……………………………………………… 186
　　9.2.2　Rabiの分子線磁気共鳴 ………………………………… 187
　　9.2.3　凝縮相の核磁気共鳴 …………………………………… 187
　　9.2.4　パルスNMR …………………………………………… 189
　9.3　スピン系の量子状態 ………………………………………… 194
　　9.3.1　スピン系を考えることの意味 …………………………… 194
　　9.3.2　1スピン系 ……………………………………………… 195
　　9.3.3　2スピン系 ……………………………………………… 196
　　9.3.4　等価なnスピン系 ……………………………………… 201
　　9.3.5　たがいに影響し合うmスピン系とnスピン系 ………… 203
　9.4　溶液の^{1}H-NMRスペクトル ……………………………… 205
　　9.4.1　化学シフト ……………………………………………… 205

x　目　　　次

 9.4.2　いくつかの分子のNMRスペクトル ································ 208
 9.4.3　ヘテロ原子に結合した ^{1}H のNMRスペクトル ················ 210
9.5　溶液の ^{13}C-NMRスペクトル ··· 212
 9.5.1　^{1}H-NMRとの違い ·· 212
 9.5.2　^{1}Hとのデカップリング ··· 212
 9.5.3　スペクトル例 ·· 213
9.6　NMR法の展開 ··· 213
 9.6.1　MRI ·· 213
 9.6.2　2次元NMR ··· 214
9.7　電子スピン共鳴ESR ··· 214
 9.7.1　電子スピン共鳴装置 ··· 215
 9.7.2　有機フリーラジカルのESRスペクトル ························· 215
章末問題 ·· 217

付　　　録 ·· 220
A.1　基本物理定数 ··· 220
A.2　数値の換算 ·· 221
 A.2.1　エネルギーの換算表 ··· 221
 A.2.2　そのほかの換算 ··· 221
A.3　SI単位の接頭語 ·· 222
A.4　振動波動関数 ··· 222
 A.4.1　調和振動子の波動関数 ·· 222
 A.4.2　一般の振動波動関数 ··· 223
A.5　いくつかの群の指標表 ··· 223

引用・参考文献 ·· 226
章末問題解答 ··· 229
索　　　引 ·· 250

記　号　表

分子分光学は広い分野にまたがっている．したがって，分野ごとに違う記号を同じ意味で使うことがあり，逆に同じ記号を違う意味で用いることがある．以下では英文字とギリシャ文字に分けて本書での用法を整理する．

記号	名　称	場　所
A, B	Einstein の係数	2.2.1 項
A	電子の角運動量に由来する回転定数	4.5.3 項
A, B	1 次元既約表現	6.3.2 項
A, B	2 原子分子の電子状態のラベル	7.2.1 項
B	2 原子分子の回転定数	4.3.3 項
C_2	群論の Schoenflies 記号（C_n で $n=2$）	6.2.2 項
C_2	2 回回転軸	6.2.1 項
C_2	指標表における 2 番目の対称操作	6.3.2 項
C_2	2 原子分子（フリーラジカルの一種）	7.3.2 項
J	回転の量子数	4.3.3 項
J	スピン–スピン結合定数	9.3.3 項
D	回転定数の遠心力補正項	4.5.1 項
D_e	解離エネルギー	5.2.1 項
H	変角振動の力の定数	5.2.3 項
$H, \boldsymbol{H}$	磁　場	9.1.2 項
$\hat{H}$	ハミルトニアン（演算子であることを強調）	2.3.1 項
$\mathcal{H}$	ハミルトニアン	9.3.2 項
h	Planck 定数	1.2.1 項
h	群の位数（オーダー）	6.3.1 項
I	光散乱強度	5.7.1 項
$I, \boldsymbol{I}$	核スピン	9.1.1 項
k_B	Boltzmann 定数	2.2.1 項
k	波動ベクトルの大きさ（$2\pi/\lambda$）	1.3.2 項
k, k_{nr}, k_q	反応速度定数	2.2.2 項，7.4.2 項
k_R, k_L	右・左円偏光の k	1.3.2 項
k	力の定数	5.2.2 項
n_1	物質 1 の屈折率	1.1.1 項
$\boldsymbol{n}$	界面における法線ベクトル	1.3.4 項
P_{mn}	遷移確率	2.2.2 項
$^2P_{1/2}$ など	ターム記号	2.3.2 項
$\boldsymbol{r}, r$	位置ベクトル・動径ベクトルとその大きさ	1.3.2 項，2.3.1 項

記　号　表

記号	名称	場所
r	反射係数	3.1.2 項
$R(r)$	動径波動関数	2.3.1 項
R	Rydberg 定数	2.3.1 項
R	Raman 散乱	5.2.2 項
R	群の要素	6.3.1 項
R_x	x 軸周りの回転（指標表で用いる）	6.3.2 項
Re, Im	複素数の実部と虚部	1.3.3 項
x	非調和項の係数	5.4.2 項
$\hat{x}$	位置ベクトルの単位ベクトル	1.3.2 項
α	分極率	1.3.3 項, 5.7.3 項
α	結合角	5.2.3 項
α	Cole-Cole の緩和式のパラメータ	3.3.2 項
α	消光に関係するパラメータ	7.4.2 項
$[\alpha]$	比旋光度	1.3.2 項
α, β	電子スピンの成分	2.1.4 項
α, β	核スピンの成分	9.3.3 項
β	Cole-Davidson の緩和式のパラメータ	3.3.2 項
β	Morse 型ポテンシャルのパラメータ	5.2.1 項
$\varepsilon', \varepsilon^*$	比誘電率	3.1.1 項, 3.1.2 項
ε_0	静的誘電率	3.3.1 項
ϵ_0	真空の誘電率	1.3.3 項
$\Delta\phi$	位相のずれ	1.3.2 項
ϕ	電子波動関数	2.1.4 項
γ	強制振動の摩擦係数	1.3.3 項
γ	磁気回転比	9.1.2 項
λ	波長	1.2.1 項
λ	LS 結合係数	2.3.4 項
μ	電気双極子モーメント	1.3.3 項
μ	換算質量	4.3.1 項, 5.2.2 項
μ	Frank-Condon 因子	7.2.3 項
μ	Poisson 分布の平均値	8.1.1 項
μ	磁気双極子モーメント	9.1.1 項
μ	EXAFS のモデル関数	7.6.2 項
μ_B	Bohr 磁子	9.1.1 項, 付録 A.1
ν	振動数	1.2.1 項
ν	基準振動または波数	5.2.3 項
$\tilde{\nu}$	波数	1.2.1 項, 5.2.1 項
σ	伝導率	3.3.1 項
σ	Lennard-Jones 型ポテンシャルのパラメータ	5.2.1 項
σ	対称面	6.2.1 項
σ_g, σ_u	分子軌道	7.2.1 項
χ	指標	6.3.1 項
χ	EXAFS のモデル関数	7.6.2 項

1 かんたん分光学

歴史的背景に目を向けながら，分光学の意味を考えよう．意外と身近なところに分光学のあることがわかる．また，簡単なモデルでスペクトルが直感的にわかる．

1.1 気がつけば分光

1.1.1 虹

人類が最初に遭遇した分光現象はおそらく虹であろう．太陽からの白色光がミクロンサイズの細かい水滴によって7色に分離したのが虹である．分離のようすは，図 1.1 (a) のように光線が色によって異なる方向に出てくることで説明できる．つまり，空気（物質1）から水（物質2）に抜けるときの屈折率 n_{21}（図 (b)）が色によってわずかに異なるからである．運がよければ図 (c) のように，色のうすい副虹が見えることもある．副虹では全反射の回数が一つ多いので，色の並び方が逆になる．ここで光線の入射角 θ_1 と出射角 θ_2 の間にはスネル（Snell）の法則

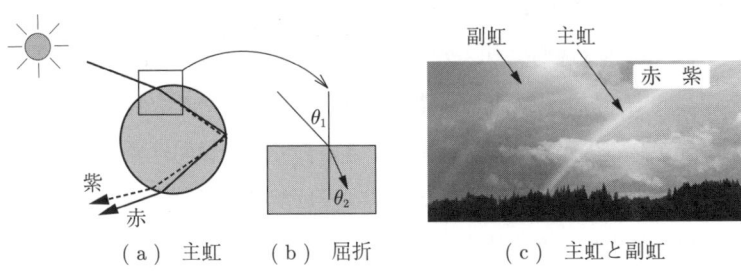

(a) 主虹　　(b) 屈折　　(c) 主虹と副虹

図 1.1　虹

$$n_{21} = \frac{n_2}{n_1} = \frac{\sin\theta_1}{\sin\theta_2} \tag{1.1}$$

が成り立っている。

1.1.2 Newton のプリズム実験

実験室で虹をつくるには三角プリズムが便利である。それを実際に示してくれたのがニュートン（Newton）である（1670年頃）。Newton は，図 1.2 の実験によって太陽光を三角プリズムに通すと虹の色に分かれること，そしていったん分かれた光をプリズムに通して一つにまとめれば白色光に戻ることを見つけた。

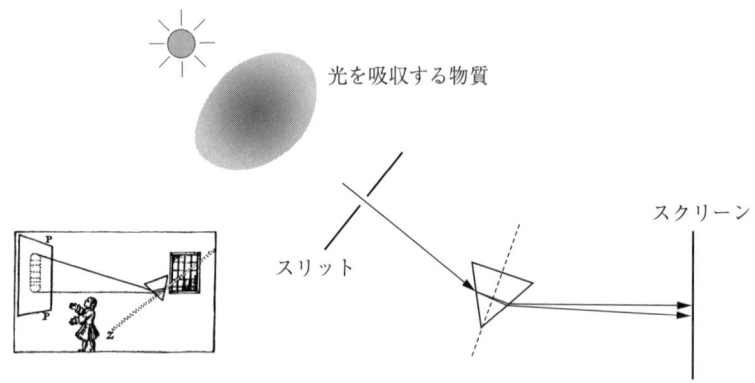

図 1.2　Newton のプリズム実験

1.1.3 分光シートと偏光シート

分光シートという透明プラスチックが容易に入手できる（図 1.3（a）参照）。これを通して蛍光灯（線光源）や電球（点光源）の明かりを眺めると，斜め方向に色が分かれるのが見える。簡単にできるので，子供向け理科教室でもよく取り上げられる実験である。図 1.2 のように色が直線状に分かれる場合は光の分散を連想させるが，ある種の分光シートでは，明かりに対して色が四方八方に分かれるので不思議に思える。

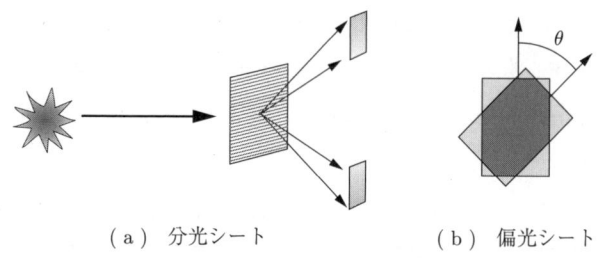

（a）分光シート　　　　（b）偏光シート
図 1.3　理科実験に用いられるプラスチックシート

　分光シートを光学顕微鏡で見ると表面に溝が等間隔で一方向に掘ってあることがわかる。色が面に対して軸対称に分かれる分光シートの場合には，縦方向にも横方向にも掘ってあるので，溝が碁盤の目のように見える。いずれの分光シートでも溝の本数は 1 mm 当り数百本である。つまり溝の間隔は数 μm である。このことから，分光シートは回折格子の一種であることがわかる。ただし，分光器の回折格子が反射型であるのに対し，分光シートは透過型である。

　分光シートと似て非なるプラスチック板が偏光シートである（図 1.3（b）参照）。偏光フィルタ，あるいはポラロイド板とも呼ばれる。偏光シートの機能を知るには，2 枚を並行に置いたまま片方を回転させるのが簡単である。ある回転角では真っ暗に見えるが，そこから 90° ずれると最も明るくなる。これも簡単にできる実験である。このふるまいは光の波長によらないので分光実験とは呼べないが，並行に置いた偏光シートの間に光学活性な試料を置けば分光実験ができる。

　分光シートと偏光シートの原理は，光線では説明できない。光を波動とする考え方，つまり物理光学によらねばならない。次節で説明しよう。

1.2　スペクトル

1.2.1　スペクトルの横軸と縦軸

　あらためて虹を眺めてみよう。色に対して濃さを対応付けることができる。これを一般化すれば，横軸に光のエネルギー，縦軸に強度あるいはそれと同等な意味をもつ効率や頻度を対応付けることができる。このような関係を一般に

スペクトル（spectrum，複数形は spectra）という．横軸には間接的にエネルギー E に対応するものでもよくて，波長（wavelength），振動数（frequency），波数（wavenumber）がよく用いられる．表 1.1 には，横軸に用いられる記号と単位をまとめた[†1]．

表 1.1　スペクトルの横軸

物理量	エネルギー	波長	波数	周波数，振動数
本書で用いる記号	E	λ	$\tilde{\nu}$	f, ν
よく用いられる単位	kJ/mol, eV	pm, nm, μm	cm^{-1}	GHz, THz

（注）Herzberg は波数を ω で表している[9][†2]．

これらの物理量を関係付けるのは，1 モルの光子（フォトン，photon）についての量子力学的な式

$$\frac{E}{N_\mathrm{A}} = h\nu = hc\tilde{\nu} \tag{1.2}$$

である．ここで $h =$ プランク（Planck）定数，$N_\mathrm{A} =$ アボガドロ（Avogadro）定数である．このほか eV（電子ボルト）が物性物理でよく用いられている．これは電荷 e の電子 1 個を電位差 V ボルトで加速したときにその電子が得るエネルギーであるが，エネルギーには違いないと割り切って，光を含めエネルギー全般について用いられる．

「1 eV の光の波長は何 nm か？」というような変換が必要になることがよくあるので，章末演習問題で練習しよう．巻末付録には変換表を載せておいたので役立ててほしい．また，表 1.1 の単位には k, p, n, μ, G, T といった接頭語が用いられている．巻末にこれらの一覧表（表 A.3）を掲げておいた．

残念なことに，cm^{-1} の読み方は確立されていない．英語流に inverse centimeter や reciprocal centimeter という人もいれば，毎センチメートルを使う人もいるが，両者ともに少数派である．ウェーブナンバーは話し手，聞き手ともにわかりやすいが，単位ではなくて物理量なので誤用というべきである．

[†1] 国際純正・応用化学連合（IUPAC）による勧告[1]を参考にした．
[†2] 肩付数字は，巻末の引用・参考文献番号を表す．

Kaiser(カイザー)はよく耳にするが,日本でしか通用しないとのことである。これらをわきまえたうえで所属学会の多数派に従うのが賢明であろう。

つぎに縦軸に話を移そう。測定量に変化を与える要因(多くは物質に由来する)の大きさを縦軸にプロットしたものを○○スペクトルと呼ぶ。吸収スペクトルがその典型である。溶液試料の場合,吸収スペクトルはランベルト・ベール(Lambert-Beer)の法則

$$I(d;\lambda) = I(0;\lambda)e^{-\varepsilon(\lambda)cd} \tag{1.3}$$

にもとづいて作成されるので入射光の大きさにはよらない。ここで $I(0;\lambda)$ は波長 λ の光の試料表面における強度,$I(d;\lambda)$ は厚さ d の試料を抜けた後の強度である。c は試料濃度,$\varepsilon(\lambda)$ は試料の吸収係数あるいは吸光度と呼ばれる物理量である。$\varepsilon(\lambda)$ を λ に対してプロットしたものが典型的な可視紫外吸収スペクトルである。

以上のことを参考にして図 1.4 のデータを見てみよう[†]。図(a)は,虹ができる原因となった水の屈折率の波長依存性である。水の屈折率スペクトルというべきであるが,この言葉はあまり耳にしない。しかし屈折率と相補的な関係

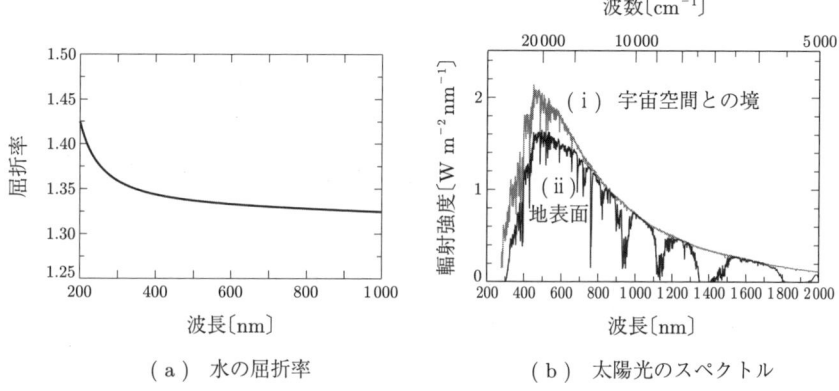

(a) 水の屈折率   (b) 太陽光のスペクトル

図 1.4 波長に依存するデータ

[†] グラフ軸の表記法には,本書のような「物理量〔単位〕」のほかに「物理量/単位」がある。

にある吸収率の場合，そのスペクトルは学会でよく発表されている。

図 (b) の (i) は，太陽からの光が地球に到達するときの強度分布を表す。このスペクトルは 6 000 K の物体からの黒体輻射によってほぼ説明できるが，ギザギザ構造ができるのは 図 1.1 (c) に示すように，太陽表面と地球との間に光を吸収する物質があるからである。1.2.2 項で詳しく説明しよう。図 1.4 (b) の (ii) は地球大気によって地表での強度が減ることを示している。長波長側のくぼみは H_2O が主因である。紫外線の減少には，O_2 と上層大気の O_3 による吸収と地球外への散乱が効いている。このデータは，太陽電池の発電効率や光触媒の性能を議論するうえで基本となる[47]。太陽光シミュレータ（solar simulator）といって，図 (b) (ii) のスペクトルを生成する実験装置が利用されている。

1.2.2 スペクトルを調べれば物質がわかる

〔1〕 **太陽光のスペクトル**　図 1.4 は，基本的には表面温度 6 000 K の物体からの黒体輻射であると理解できるが，必ずしもなめらかにはなっていない。この現象は，太陽表面と観測点の間のどこかに温度が 6 000 K より低い物質領域があって，光を吸収しているためであると理解できる。スペクトルを詳しく観測すると，600 本もの細かい凹み（暗線）がたくさん見つかる。19 世紀にフラウンホーファー（Fraunhofer）は特に目立つ線に A，B，C，D，… と名前を付けた（図 1.5 参照）。その後，日食における発光スペクトルから新物質が見つかり，ギリシャ神話のヘリオスにちなんでヘリウムと名付けられた。

〔2〕 **散乱と吸収**　一方向に進む入射光を考えよう。どちらも物質内を通

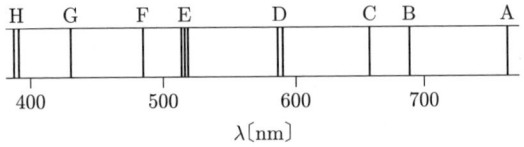

$A = O_2$，$B = O_2$，$C = H$，$D = Na$，$E = Fe$，$F = H$，
$G = H$，Fe，Ca，$H = Ca^+$，$K = Ca^+$ と同定されている。

図 1.5　Fraunhofer 線

過する光を弱める要因となる。吸収の場合には，光の経路は変わらず，Lambert-Beer の法則が成り立つ。スペクトルを調べることによって物質の内部構造についての知見が得られる。また定性分析・定量分析が可能になる。

　一方，散乱では横方向に同じ波長の光が出てくる（レイリー（Rayleigh）散乱，あるいはもっと一般的なミー（Mie）散乱）。そのほか，弱いながらも波長の変化する散乱現象（ラマン（Raman）散乱）が起きる。このスペクトルからも同様の知見が得られる。

〔3〕発　　光　　発光するということは，発光する物質が存在するからである。この原理は定性分析に使える。日常的な例として，炎色反応によるナトリウムの検出を挙げることができる。これは，炎の中で電子移動が起きて，Na^+ が励起状態の中性 Na（Na^*）に変化したことを示している。そのほか，星あるいは宇宙空間にどのような物質が存在するかを発光によって知ることができる。

　発光性物質を一種のプローブ（probe）として利用することがバイオ分野でよく行われる。プローブの本来の意味は医療の現場で用いる探り針であるが，発光性物質を遺伝子やタンパク質にくっ付けて顕微鏡観察をすれば，一種のプローブとして機能する。たいていは紫外線が当たって光る蛍光性物質であるが，化学反応で光る化学発光性物質も用いられている。

1.2.3　電磁波のスペクトル

　図 1.6 でスペクトルの基本を整理しておこう。波長と振動数と電磁波の呼称がまとめてある。虹の中で人間が認識できる光を可視光（visible light, VIS）といい，波長は，ほぼ 400～700 nm にわたっている。その領域よりも波長が長くなるとしだいに電波に近付くので，光のことを電磁波（空間を振動しながら伝わる電場と磁場）ともいう。

　赤のすぐ外側にあるのが赤外光（infrared light, IR）である。赤外線ともいう。可視光に近いものを近赤外（near infrared），遠いものを遠赤外（far infrared）と呼ぶこともある。最近は，赤外とマイクロ波の間にテラヘルツ波を置くようになった。ラジオ波でも波長が長くなると電波よりは交流電圧と考えるべきで

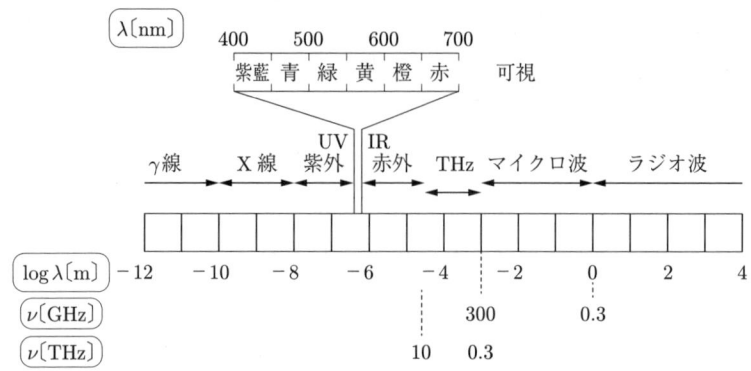

図 1.6 電磁波のスペクトル領域と呼称。テラヘルツ波
(THz) は赤外とかぶっている

ある。この場合，分光測定は周波数依存性の計測になる。

　一方，紫のすぐ外側にあるのが紫外光（ultraviolet light, UV）である。紫外線ともいう。可視光に近いものを近紫外（near ultraviolet），遠いものを真空紫外（vacuum ultraviolet）と呼ぶこともある。真空紫外という呼称は，空気によって吸収されやすいことに由来する。多くの物質では光吸収が可視から紫外まで連続しており，測定装置も同一でよいので，可視紫外 UV-VIS とひとまとめにすることがよくある。

　可視光より波長が短くなると，屈折などの波としての性質が見えにくくなるとともに，粒子としてのふるまいが目立つようになる。γ 線でそれが顕著に現れる。電磁波の一種であるが，その特性には α 線や β 線と共通点が多い。

1.3　電磁波としての光

　分光学は物質科学の一分野であるが，光がどのようなものであるか，そして光と物質はいかに相互作用するかがわかっていると，スペクトルが生ずる理由が理解しやすくなる。以下では光が電磁波であることにもとづいて概説しよう。

1.3.1 分子は小さい

最も小さい物質である水素原子は大きさが 0.1 nm である（詳しくいうと水素のボーア（Bohr）半径が 0.05 nm）。したがってたいていの分子は 1 nm 程度の大きさである。

これを実証するにはどのような手段があるだろうか。透過型電子顕微鏡（transmission electron microscope, TEM）や走査型トンネル顕微鏡（scanning tunneling microscope, STM）に代表される走査型顕微鏡（scanning probe microscope, SPM）が思い付く。表面上の凸凹として分子が見えるが，詳細な分子構造データを得ることはできない。

分子構造がまったくわからない時代には，X 線結晶回折や気体電子線回折が重要な貢献をした。分子分光法は補助的立場にあった。そのうち分子構造についての経験知が蓄積されて，知りたい情報（例えばどこどこの結合のようす）が狭まるとともに分子分光法の地位が上昇した。測定装置が普及していること，測定操作が比較的簡単であること，すみやかにデータが得られることがその理由である。ただし，データの解釈が容易であるとはいい難いので，研究分野ごとに蓄積された知識を学んでおくべきである。

さて，分子の大きさと図 1.6 の波長データとを比較してみよう。通常の分子分光学では圧倒的に波長のほうが長いので，個々の分子は端から端まで同じ強さの電磁場の中に置かれていると考えてよい。一方，試料容器全体としては波長よりずっと大きいが，たいていの場合電磁場は空間内を進行し，また分子の向きもランダムなので分子が感ずる電磁場は平均化される（ただし，レーザ内ではムラが残る）。

1.3.2 光は電磁波

電磁波の代表としてマイクロ波を想定して特徴を説明し，その後，光領域に拡大解釈をする。電磁波は電場 E と磁場 H から成り立っている。両者ともベクトル量であり，たがいに直交している。振動電場は磁場をつくり，その振動磁場が電場をつくり…を繰り返しながら両方の場が空間を伝わっていく。これ

が電磁波である。

自由空間では電場も磁場も進行方向に対して直交している。このような電磁波を特に TEM (transverse electric and magnetic) 波という（ちなみに導波管内ではどちらかのベクトルは斜めに傾いて壁にぶつかりながら伝搬する）。

さて，分子が影響を受けるのは第一義的に電場であるとわかっているから，以後は電場を重視して議論を展開しよう。

例えば x 軸方向に振動しながら z 軸方向に進む電場の時間変化は，$\hat{x}$ を x 方向の単位ベクトルとして

$$\boldsymbol{E}_x(z,t) = \hat{\boldsymbol{x}} E_0 \cos(\omega t - kz) \tag{1.4}$$

と表される。ここで角周波数 $\omega = 2\pi\nu$，波動ベクトルの大きさ $k = 2\pi/\lambda$ である。電場の強さ E_0 そのものの値は気にしなくてもよい。

〔1〕 **レーザ光と自然光**　式 (1.4) は，同じ向きに振れながら直進する電場を表す（図 **1.7**（a）参照）。振動が最も長く持続するのが直線偏光したヘリウム–ネオンレーザ（632.8 nm，赤色）である。その電場を模式的に表現したのが図（a）である。干渉性のあること（コヒーレント，coherent）が直感的に理解できる。

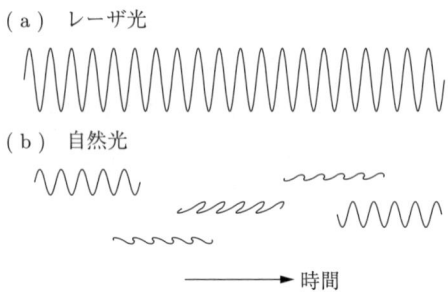

図 **1.7**　光は振動しながら空間を伝わる電場である

これと対称的なのがいわゆる自然光である。太陽の光，炎の光，電球の光はすべて自然光であり，その特徴は，特定の方向に電場が偏っていないことと干渉性が低いことの二つである。図（b）に示すように，有限回振動する電場がさ

まざまな向きを向いて多数進行すれば自然光の特徴が説明できる。電場ベクトルを合成すれば和はゼロである。そして波の継続する間しか干渉は起きない。

〔2〕 **直線偏光と円偏光**　直線偏光とは，図 1.7 (a) のように電場が一定方向を向いている電磁波のことである。直線偏光レーザでなくても，図 (b) の自然光を偏光シートに通せば直線偏光が得られる。それが可能な理由は，特定の向きに電場が振動する波を偏光シートで選択的に取り出せるからである。ただし，元々干渉性の低い波を対象にした操作なので干渉性は低いままである。

さて，光が屈折率 n の物質中を通過すれば速度が $1/n$ に落ち，波長も $1/n$ に短くなることが知られている。そこで，屈折率が x 軸方向で n_x，y 軸方向で n_y の光学素子に直線偏光を $45°$ 傾けて入射させる。この光学素子の厚みが d であれば，再び自由空間に出るときには位相差 $\Delta\phi$ が

$$\Delta\phi = \frac{2\pi(n_x - n_y)d}{\lambda} \tag{1.5}$$

になる。d を適当に選ぶことにより位相差を $90°$ ($\pi/2$) にすることができ，$\lambda/4$-波長板という光学素子として入手できる。もし y 方向の成分が $90°$ 進めば

$$\boldsymbol{E}'_y(z,t) = \hat{\boldsymbol{y}} E_0 \cos\left(\omega t - kz + \frac{\pi}{2}\right) \tag{1.6}$$

と表すことができる。出口を出た後の自由空間では式 (1.4) と式 (1.6) を足し合わせればよいので

$$\boldsymbol{E}_x(z,t) + \boldsymbol{E}'_y(z,t) = E_0\left[\hat{\boldsymbol{x}}\cos(\omega t - kz) - \hat{\boldsymbol{y}}\sin(\omega t - kz)\right] \tag{1.7}$$

に従って伝搬する。電場の合成ベクトルが xy 平面内で円を描くから，この波は円偏光を表す。もし位相差が $-90°$ であれば逆向きに回転する円偏光を表す。

〔3〕 **光 学 活 性**　光学活性な分子はねじにたとえることができる。メタンの誘導体 CHFClBr に即していえば，原子量の最も大きい原子 Br を C の手前に置き，ほかの原子を原子番号の大きい順に配置すると，右ねじあるいは左ねじを回すのと同じ操作になる。前者が R 異性体，後者が S 異性体である。二つの異性体は左右円偏光に対して異なる吸収係数と屈折率をもつ。

まず吸収係数について考えよう。つぎに述べる光弾性変調器で右円偏光と左円偏光を等しい強度で交互に発生させる。その光を試料に通すと、円偏光の向きに応じて強度が周期的に変動する。強度の変動（出力）が円偏光の周期（入力）に同期しているので位相感応型検出器（PSD, phase-sensitive detector）つまり、ロックインアンプ（lock-in amplifier）によって検出することができる。これが円二色性（CD, circular dichroism）である。

つぎに屈折率については、左右円偏光が異なる波動ベクトルをもつことになると考えてよい。話を簡単にするために円偏光が強度を変えることなく光学活性物質を透過したとしよう。

$$\boldsymbol{E}_\mathrm{L}(z,t) = E_0\left[\hat{\boldsymbol{x}}\cos(\omega t - k_\mathrm{L} z) - \hat{\boldsymbol{y}}\sin(\omega t - k_\mathrm{L} z)\right] \tag{1.8}$$

$$\boldsymbol{E}_\mathrm{R}(z,t) = E_0\left[\hat{\boldsymbol{x}}\cos(\omega t - k_\mathrm{R} z) + \hat{\boldsymbol{y}}\sin(\omega t - k_\mathrm{R} z)\right] \tag{1.9}$$

これらたがいに逆向きに回転する電場ベクトルを足し合わせる。もし $k_\mathrm{L} = k_\mathrm{R}$ であれば電場ベクトルは $\hat{\boldsymbol{x}}$ 方向を向いたままであるが、$k_\mathrm{L} \neq k_\mathrm{R}$ であれば電場ベクトルが傾いて試料を抜け出る。この傾き角が旋光度と呼ばれる量である。旋光度は濃度と試料の厚みに依存するので、定量的に表す量として比旋光度 $[\alpha]$ が用いられている。これは、1 mL の溶媒に 1 g の試料を溶かした溶液の中を直線偏光が 10 cm 進んだときの偏光面の傾き角として定義される。一般に旋光度は光の波長に依存する。この依存性を旋光分散という。

〔4〕 **光弾性変調器** 円二色性の測定で有用なのが光弾性変調器である。$\lambda/4$-波長板は一つの波長でしか使えないが、図 1.8 の光弾性変調器（PEM, photoelastic modulator）を用いれば波長を掃引した測定ができる。x 方向に水晶を振幅 a、角周波数 ω_0 で振動させる[†]ので、x 方向の屈折率は周期的に変化するが、y 方向については変化がないので、式 (1.5) の位相差は

$$\Delta\phi = \frac{2\pi\Delta n\, d}{\lambda}\cos\omega_0 t \tag{1.10}$$

となる。Δn は振幅 a に比例するから、a を掃引することによって円偏光の波

[†] $a=$ 数ボルト、$\omega_0/2\pi = 50$ kHz が一例。

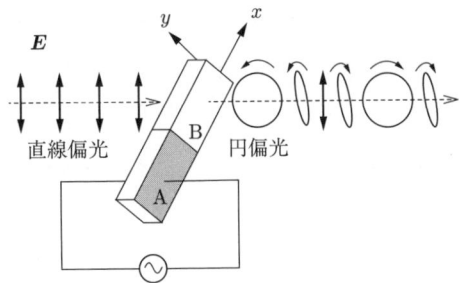

図 1.8　光弾性変調器（A：圧電振動子，B：石英ガラス）

長を連続的に変化させることができる。

1.3.3　電気双極子による電磁波の吸収

〔1〕**永久双極子と誘起双極子**　　分子分光学の役割は，電磁波との相互作用を通して物質の性質や構造を分子レベルで探ることである。相互作用はたいていの場合，吸収であるから，物質による吸収がいかに起きるかについて理解が必要である。その基本となるのが，電気双極子と電磁波との相互作用である。

電気双極子とは，正電荷（$+q$）と負電荷（$-q$）が距離 l 離れて存在しているもののことである。ql のことを双極子モーメントといい，μ で表す。一般的にいえば任意の電荷分布 $\rho(\boldsymbol{r})$ については，双極子モーメントから十分離れた場所 $\boldsymbol{R}$ における静電ポテンシャル $\phi(\boldsymbol{R})$ が[38, p.14]

$$\phi(\boldsymbol{R}) = \frac{1}{4\pi\epsilon_0}\int\frac{\rho(\boldsymbol{r})d\boldsymbol{r}}{|\boldsymbol{R}-\boldsymbol{r}|} \sim \frac{1}{4\pi\epsilon_0}\left(\frac{Q}{R} + \frac{\boldsymbol{\mu}\cdot\hat{\boldsymbol{R}}}{R^2} + \dots\right) \tag{1.11}$$

で表される†。Q は全電荷，ϵ_0 は真空の誘電率である。永久双極子モーメントをもっている分子を極性分子（polar molecule），もっていない分子を無極性分子（nonpolar molecule）という。この区別はマイクロ波分光や赤外分光で重要である。

通常は $\mu = 0$ であるが一時的に双極子モーメントが生じることがある。例えば CO_2 は分子振動によって形が崩れて双極子モーメントが生じる。また，原子

---

†　この定義によれば双極子モーメントベクトルは $-q$ から $+q$ に向かう。

は通常,電荷が球対称に分布しているから $\mu = 0$ である。しかし電磁場が存在すれば正電荷と負電荷が分離して双極子モーメントが生じる。これらが誘起双極子モーメントである。原子が誘起双極子を新たに生ずることを分極するという。また,原子・分子の集合体で双極子モーメントの総量が増えることも分極するという。

〔2〕 **電場の中の誘起双極子**　電磁波の周波数を掃引したときに物質が吸収するエネルギー量を調べれば吸収スペクトルが求められる。スペクトルから何がわかるかについては2章から議論することにし,ここでは双極子が電気的エネルギーを吸収するという,ごく簡単なモデル(ローレンツ(Lorentz)モデルという)にもとづいて定量的に議論しよう。スペクトルの形状や複素屈折率について重要な知見が導かれるであろう。

ここで考えるのは図 1.9 (a) のモデルである。重い正電荷の周りを負電荷が取り囲んでいる。全体として中性であるが,外から電場が加わると負電荷の重心が移動するので双極子モーメントが誘起される。電場は周波数 $\omega/2\pi$ で振動するが,双極子自体は固有振動数 $\omega_0/2\pi$ をもっている。この振動子の周りには摩擦を起こす媒質があるので,電場がなくなればやがて双極子モーメントは消失する。

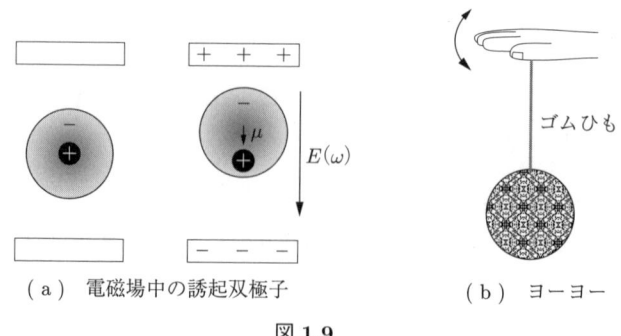

(a) 電磁場中の誘起双極子　　(b) ヨーヨー

図 1.9

この誘起双極子の運動は,図 (b) のヨーヨーモデルでおよそのことは推測できる。$\omega \ll \omega_0$,つまり手の動きが十分遅ければ,ヨーヨーは手の動きに追随して上下運動をするが,ヨーヨー自体が振動するわけではない。逆に $\omega \gg \omega_0$ の

場合，手を激しく振動させてもヨーヨーは空中に静止したままである．それに対して $\omega \approx \omega_0$ では，わずかな手の動きでヨーヨーが大きく揺れる．図 (a) を数理的に解けば，誘起双極子のこのような運動が説明できるはずである．

まず電場がない場合の誘起双極子の運動は，振動しながら初期値 μ_0 からゆっくりと減衰するはずであるから

$$\mu(t) = \mu_0 \, e^{-\gamma t} \cos \omega_0 t \tag{1.12}$$

で記述できると考える．γ は摩擦効果を表す係数である．γ が相対的に大きすぎると振動しないので

$$\gamma \ll \omega_0 \tag{1.13}$$

を仮定しておこう．数学的には不要の条件であるが，これがあることによって解析が簡単になる．

このような特性をもった原子に電場が作用するとどのような運動をするかが本節のテーマである．そのために式 (1.12) が満足する微分方程式，つまり誘起双極子の自由振動の運動方程式を書き下すと

$$\frac{d^2\mu}{dt^2} + 2\gamma \frac{d\mu}{dt} + \omega_0^2 \mu = 0 \tag{1.14}$$

である．$2\gamma d\mu/dt$ は速度に比例する摩擦力であるから，式 (1.14) は減衰する単振動を表す．

外部電場の効果は式 (1.14) の右辺に電場を加えることによって調べられる．すなわち

$$\frac{d^2\mu}{dt^2} + 2\gamma \frac{d\mu}{dt} + \omega_0^2 \mu = \alpha_0 \epsilon_0 E_0 \cos \omega t \tag{1.15}$$

である．E_0 は電場の振幅である．α_0 は正と負の電荷が電場によってどれだけ分離しやすいかを表す係数であり，分極率と呼ぶ．式 (1.15) を解くと次式が得られる．

$$\mu(t) = \alpha_0 \epsilon_0 E_0 \left[\frac{\omega_0 - \omega}{(\omega_0 - \omega)^2 + \gamma^2} \cos \omega t + \frac{\gamma}{(\omega_0 - \omega)^2 + \gamma^2} \sin \omega t \right] \tag{1.16}$$

ここで右辺の第1項は外部から加えた電場と同相で振動する。図1.9(b)のモデルでいえば手と同じ動きをする。第2項は電場と90°ずれて振動する。こちらはエネルギーを吸収する過程となる。一般に外部からの刺激に対して90°ずれた応答はエネルギー吸収を意味する（例えば3.3.1項の誘電吸収）。

$\cos \omega_0 t$ の入力に対して $\cos \omega_0 t$ だけでなく $\sin \omega_0 t$ の信号を出力をするシステムの応答は，複素数を用いて記述することができる。それには入力を複素数入力 $\exp(-i\omega_0 t)$ に変え[†1]，入力への応答関数を複素分極率

$$\alpha(\omega) = \alpha_0 \left[\frac{\omega_0 - \omega}{(\omega_0 - \omega)^2 + \gamma^2} + \frac{i\gamma}{(\omega_0 - \omega)^2 + \gamma^2} \right] = \frac{\alpha_0}{\omega_0 - \omega - i\gamma} \tag{1.17}$$

とする[†2]。そうすれば式 (1.16) は

$$\mu(t) = \epsilon_0 \mathrm{Re}\left\{\alpha(\omega)e^{-i\omega t}\right\} \tag{1.18}$$

と書きあらためられる。

式 (1.17) において $\gamma/\omega_0 = 1/100, 1/50, 1/25, 2/25$ として $\alpha(\omega)$ の実部と虚部をプロットしたグラフを図1.10に示す。この図は典型的な共鳴のグラフである。虚部は ω_0 付近でのみ値をもつのでエネルギー吸収に対応すると見な

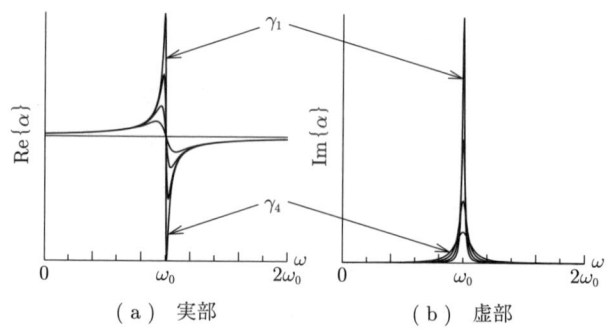

図 **1.10** 複素分極率 α。$\gamma_1/\omega_0 = 1/100$，$\gamma_2 \sim \gamma_4$ は順に 2 倍ずつ増加

[†1] オイラー（Euler）の公式 $e^{\pm ix} = \cos x \pm i \sin x$ が成り立つ。
[†2] 外部から加える電磁場を $e^{i\omega t}$ とするか $e^{-i\omega t}$ とするかによって虚部の符号が変わる。

射が起きる条件下では

$$= i\sqrt{\sin^2\theta_2 - 1} = i\sqrt{\frac{\sin^2\theta_1}{n_{21}^2} - 1} = i\frac{\sqrt{\sin^2\theta_1 - n_{21}^2}}{n_{21}} \quad (1.29)$$

$$\frac{2\cos\theta_1}{\cos\theta_1 + i\sqrt{\sin^2\theta_1 - n_{21}^2}} E_0 \quad (1.30)$$

面上で透過波の電場は

$$\tilde{E}_0' \exp(ik'r\sin\theta_2)\exp(ik'r\cos\theta_2)$$
$$\tilde{E}_0' \exp(in_{21}kx)\exp\left(-kr\sqrt{\sin^2\theta_1 - n_{21}^2}\right) \quad (1.31)$$

される。電場が入射面上にある場合には，磁場が式 (1.31) と同様る。式 (1.31) にはつぎのような意味がある。

が起きる場合，電磁波は反射面の裏側を面方向（x 方向）に沿っ

にもよるが，電磁波は波長程度の深さに到達する。

うな波をエバネッセント波（evanescent wave）という。境界面の電磁場を近接場ともいう。媒質 1 がガラス，媒質 2 が空気の場合，に吸着した分子のふるまいを分光学的に調べることができる。

ewster 角　p 偏光，つまり $\boldsymbol{E}$ が入射面に平行であれば式 (1.31)

$$\frac{\frac{1}{n_{21}}\cos\theta_2 - \cos\theta_1}{\frac{1}{n_{21}}\cos\theta_2 + \cos\theta_1} H_0 \quad (1.32)$$

このとき，ある入射角で反射強度がゼロになる。この角度のことター（Brewster）角 θ_B といい，次式で求められる。

$$= \frac{n_2}{n_1} = n_{21} \quad (1.33)$$

1.3 電磁波としての光

してよい。γ が大きくなると抵抗の幅が広がることがわかる。なお，吸収曲線の面積は γ によらず一定である。一方，実部は ω_0 で符号が変化する。

また，複素屈折率を[38, p.39]

$$n^2 = 1 + N\alpha \quad (1.19)$$
$$n \approx 1 + \frac{1}{2}N\alpha \quad (1.20)$$

で定義することができる。ここで N は双極子モーメントの数密度である。赤から青へと波長が短くなると，屈折率が大きくなる分散関係は，図 (a) で $\mathrm{Re}\{\alpha\}$ が増加することで説明できる（一般に ω_0 は紫外部に存在する）。この場合も屈折率の虚部は吸収を意味し，電磁波の振幅が指数関数的に減衰する。

これまで電磁波の吸収についてのみ図 1.9 のモデルを考えてきたが，電磁波の放出，つまり発光または蛍光についても議論は有効であり，そのスペクトルはやはり図 1.10 (b) の形をとる。原子による発光の線幅を極限まで狭くしたデバイスが原子時計として実用化されている。

〔3〕スペクトルの形　図 1.10 (b) は $\Delta\omega = \omega_0 - \omega$ について $1/(1+\Delta\omega^2)$ という依存性を示す。このようなスペクトル形を Lorentz 型という。自然幅といって真空中に置かれた原子の示すスペクトルがその例である。

実際には，ガウス（Gauss）型のスペクトルが観測されることが多い。例えば気体の原子のうちには，スペクトル測定器（分光器）に対して近付くものもあれば遠ざかるものもある。この場合，ドップラー（Doppler）効果によって近付く原子からのスペクトルは波長が短くなり，遠ざかる原子からのスペクトルは波長が長くなる。遠ざかる速度，近付く速度の分布のしかたは温度によって決まる。温度が低ければ速度のばらつきは小さく線幅も狭いが，温度が高ければ速度の広がりは大きく線幅も広がる。速度分布がボルツマン（Boltzmann）分布に従うことから，線幅は $e^{-a(\Delta\omega)^2}$ という関数で表される。この関数をよく Gauss 関数と呼ぶことからスペクトルも Gauss 型という。

Gauss 型スペクトルは電磁場との相互作用のしかたが原子ごとに違えば観測されるので，その線幅を不均一線幅ともいう。不均一線幅の要因の一つに原子ど

うしの衝突がある。原子が ω の光を放出している途中で衝突が起きれば，$e^{-i\omega t}$ の位相が不連続になる。あるいは振動が中断する。そのような光には衝突線幅が加わる。この効果は圧力が高くなると顕著になる。液体や溶液ではさらに相互作用が大きいので，もはや線幅を議論することはあまりない。

〔4〕**電場の中の永久双極子**　　永久双極子の分極は誘起双極子の場合とかなり違う。後者は正電荷（原子核）と負電荷（電子）の重心がずれて生じたが，前者は永久双極子 μ が電場に対して向きを変えることによって生ずる。電場と双極子モーメントのなす角を θ とすると，電場方向の双極子モーメントは $\mu\cos\theta$ である。電場の中でこの永久双極子は $-E(t)\mu\cos\theta$ のエネルギーをもつ。これを古典力学の問題として解くのはかなり難しい。それよりは量子力学の立場から扱うほうが楽である。つまり，この双極子がとりうる内部状態を調べるのである。詳しくは4章を参照されたい。

〔5〕**参考：磁場の中の永久双極子**　　磁場の中では磁気双極子，いわゆるスピンが興味深い運動をする。磁場となす角 θ についての運動よりは，θ が一定のままで磁場の周りを動く運動が重要である。詳しくは9章を参照されたい。

1.3.4 境界面に進入する平面波の反射と屈折

図 1.11 に示すように，均一な媒質 1 から均一な媒質 2 に周波数 $\omega/2\pi$ の電磁波が進入するとしよう。入射波，反射波 ($\bm{E}'$, $\bm{k}'$)，透過波 ($\bm{E}''$, $\bm{k}''$) は，それぞれ

$$\bm{E}(\bm{r},t) = \bm{E}_0 \exp(i\bm{k}\cdot\bm{r} - i\omega t) \tag{1.21}$$

$$\bm{E}'(\bm{r},t) = \bm{E}'_0 \exp(i\bm{k}'\cdot\bm{r} - i\omega t) \tag{1.22}$$

$$\bm{E}''(\bm{r},t) = \bm{E}''_0 \exp(i\bm{k}''\cdot\bm{r} - i\omega t) \tag{1.23}$$

という式で表される。この図では電場が入射面に平行になっている。これを p 偏光という（p=parallel=平行）。これに対して電場が入射面に垂直であれば s 偏光という（s=senkrecht=垂直）。また，$\bm{n}$ は媒質 2 から媒質 1 に向かう垂線ベクトルである。

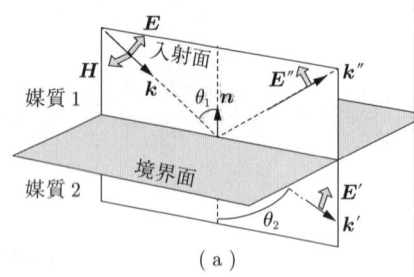

図 1.11　電磁波の反射と屈折。

よく知られているように，$\bm{k}$ と $\bm{k}'$ との間媒質 1 の屈折率のほうが小さければ $\bm{k}$ と $\bm{k}'$ が，逆の場合

$$\sin\theta_1 > \frac{n_2}{n_1} \equiv n_{21}$$

の範囲では全反射が起きる。たぶん誰もがと 2 の間の境界面で，電場と磁場が境界条らないことから導出される。詳しいことはここでは特殊な場合について，分光学に役

〔1〕**全反射における近接場**　　議論をまり $\bm{k}$ と $\bm{n}$ で定義される面に垂直な場合を

$$\bm{n}\times(\bm{E}+\bm{E}'') = \bm{n}\times\bm{E}'$$

である†。また，暗黙のうちに非磁性体の媒

$$\bm{n}\times(\bm{H}+\bm{H}'') = \bm{n}\times\bm{H}'$$

が成り立つ。その結果

$$E'_0 = \frac{2\cos\theta_1}{\cos\theta_1 + n_{21}\cos\theta_2} E_0$$

$$E''_0 = -\frac{n_{21}\cos\theta_2 - \cos\theta_1}{n_{21}\cos\theta_2 + \cos\theta_1} E_0$$

が得られる。これらの関係式は n_{21} が 1 よ

---

† $\times$ はベクトル積（外積）を表す。

Brewster 角はレーザ実験の基本であり，自然光でも有用である．例えば水面下のようすをきれいに写真撮影したい場合には，カメラを Brewster 角に構え，偏光板をカメラレンズの前にはめると s 偏光を落とすことができて効果的である．

章 末 問 題

【 1 】 光の屈折と回折をホイヘンス（Huygens）の原理によって説明せよ．

【 2 】 副虹における光線を図 1.1(a) にならって引け．

【 3 】 地表大気中における H_2O と CO_2 のモル分率を比較せよ．ただし，水蒸気圧は 10 hPa とする．CO_2 のモル分率は 0.032%である．

【 4 】 光学シートを白色光源にかざした．内側に見える色は赤か紫か．

【 5 】 D 線は，波長が 589.6 nm (D_1) と 589.0 nm (D_2) の 2 本から成り立っている．それぞれのエネルギー〔J〕と波数〔cm^{-1}〕を求めよ．

【 6 】 光半導体として有名な酸化チタン TiO_2 のバンドギャップは 3.1 eV といわれている．このギャップ以上のエネルギーをもった光を照射すれば酸化還元作用が発現する．そのためにはどのような光源を用意すればよいか．

【 7 】 電子レンジの電波は，周波数が 2.45 GHz と定められている．波長を求めよ．

【 8 】 Lambert-Beer の法則式 (1.3) を導出せよ．光が $x \to x + dx$ 進む間に強度は $I \to I - dI$ だけ変化し，その割合 $-dI/I$ は吸収物質の総量 cdx のみに比例すると考えよ．

【 9 】 式 (1.8) と式 (1.9) において $k_R = k + \Delta k/2$, $k_L = k - \Delta k/2$ と置く．試料の厚みが d であれば電場ベクトルが $\tan^{-1} \Delta k\, d$ だけ傾くことを示せ．

【10】 砂糖（ショ糖，スクロース，$C_{12}H_{22}O_{11}$）は，比旋光度が $[\alpha] = 66.5°$ である．0.15 g/mL の砂糖水の中を直線偏光が進むとき，偏光面が 90°傾くためにはこの光はどれだけ進まねばならないか．

【11】 砂糖を薄い酸の中で加水分解すると

$$C_{12}H_{22}O_{11} + H_2O \to C_6H_{12}O_6 + C_6H_{12}O_6$$

というようにブドウ糖と果糖が生成し，旋光度 θ が変化する．L.F. Wilhelmy は 10 g の砂糖と 2 g の硝酸を含む水溶液についてつぎのようなデータを得た（**表 1.2** 参照）．これは，歴史上最初の反応速度実験であるといわれている（1850 年）．このデータから 1 次反応の速度定数を解析せよ．

表 1.2

t [h]	0	0.25	0.5	0.75	1.0	1.25	1.5	1.75	2	2.5
θ [°]	46.8	43.8	41	38.3	35.8	33.3	30.8	28.3	26	22
t [h]	3	3.5	4	4.5	5.5	6.5	7.5	8.5	9.5	10.5
θ [°]	18.3	15	11.5	8.3	2.8	-1.8	-4.5	-7	-8.8	-10

【12】 複素関数を用いてつぎの公式を導け。

(a) $\cos(A+B) = \cos A \cos B - \sin A \sin B$

(b) $\dfrac{d}{dx}\cos x = -\sin x$

【13】 微分方程式 (1.15) の解が式 (1.16) であることを示せ。

【14】 最初の原子時計は，^{133}Cs の固有振動 $\omega_0/2\pi = 9\,192\,631\,770$ Hz を活用した。$\gamma/\omega_0 \approx 10^{-10}$ である。この時計を連続運転すれば，およそ何年で 1 秒の狂いが生ずるか。

【15】 式 (1.32) から Brewster 角の式 (1.33) が導かれることを示せ。

【16】 水の屈折率は 1.33 である。水面で反射する光に対する Brewster 角を求めよ。

2 原子のスペクトル

原子スペクトルとの対比で分子スペクトルをとらえると理解が進むであろう。急がば回れである。

2.1 原子スペクトルはどのようなものか

2.1.1 線スペクトル

天体からの発光として原子スペクトルが得られることを1章で説明した。実験室であれば原子スペクトルは発光過程で得られることが多い。例を挙げれば，炎色反応，放電，ソノルミネッセンス（音響発光）である。炎色反応は，アルカリ金属あるいはアルカリ土類金属の塩を試料として手軽に実験できる。放電は，気体を封じ込んだ放電管と高電圧源があれば比較的長時間観察できる。固体試料の場合，電極上に試料を載せてアーク放電させれば，窒素などのスペクトルに混ざって観察できる。ソノルミネッセンスは液体に超音波を照射して得られる発光である。溶けている気体や塩類に由来するスペクトルが線スペクトルとして観測できる。

〔1〕 **スペクトルの特徴**　これらに共通することをまとめるとつぎのようになる。
(1) 線スペクトルである。それを特徴付けるパラメータは，スペクトル位置（つまり電磁波のエネルギー）・線幅・強度である。
(2) スペクトル位置は，原子の二つの内部状態のエネルギー差で決まる。
(3) それら二つの内部状態は，量子力学で特徴付けができる。

(4) 原子が一様に運動すれば，スペクトルの出現位置がシフトする。

(5) 原子自体のランダム運動やほかの原子・分子との衝突のために線幅が生ずる。

(6) 強度も線幅も温度に依存する。

(7) 発光が強ければ光吸収も大きい。

これらの項目のうち，内部状態に関するもの以外は，原子スペクトルにも分子スペクトルにも共通する。特に線幅とシフトは，原子であれ分子であれ，重心運動に由来する。最後の事項は，2.2.1項で述べる A 係数と B 係数の間の関連性を指している。

〔2〕 **Lorentz モデルによる光吸収**　原子による光吸収は量子力学で考えるのが常識であるが，ここではあえて図 1.9 のモデルを原子，特に最も簡単な水素原子に即して考えよう。電場を加えることによって，電気的に中性であった原子は分極する。共鳴する振動数が多数ある点が図 1.9 のモデルで説明しづらい点である。

後に式 (2.14) で見るように，量子力学では始状態と終状態との間での双極子モーメント μ の遷移期待値を問題にする。

2.1.2　準　　　　位

内部状態がもつエネルギーのことをエネルギー準位（energy level）という。level という語からも推察できるように，縦方向に大きさをとる。それを図式的に表したものがエネルギー準位図（energy level diagram）である。

原子と分子の違いは内部状態，すなわちエネルギー準位の構造にある。つまり，原子では電子の運動状態（スピン状態も含む）がスペクトルを生じさせるが，分子では振動や回転もスペクトルに寄与する。したがって原子スペクトルのほうがエネルギー準位もスペクトルも単純である。

原子の内部状態をもう少し詳しく見ることにしよう。原子では，電子がエネルギーを分かち合うが，その内訳は運動エネルギーと原子核との引力によるポテンシャルエネルギー，そして電子間の反発によるポテンシャルエネルギーで

ある。原子が安定であるということは，すべての電子のエネルギーの総和が負であることを意味している。そして，量子力学によればこの総和は飛び飛びの値をとる。エネルギーが飛び飛びの値をとることを，離散的 (discrete) であるという。

〔1〕 **基底準位と励起準位** 個々の電子がもっているエネルギーの総和が最も低い状態，つまり負で絶対値が最も大きい状態のことを基底状態 (ground state) あるいは基底準位という。

「電子がもっているエネルギーの総和」は，個々の電子にエネルギーを割り振ることができるという意味ではない。二つの電子をもつ He でこのことが理解できる。つまり電子間の反発 $e^2/|r_1-r_2|$ の形の反発エネルギーを電子間で分かち合うわけにはいかない。しかし，定量性はよくないが電子状態を定性的に理解するという目的には，個々の電子にエネルギーを割り振るモデル（1 電子モデル）がかなり有効である。

基底準位の原子に外部からエネルギーを加えてみよう。これは一種の思考実験であり，光を照射するとは限らない。電子線をぶつけてやるほうが好ましい。このエネルギー値が適当なところで，ある電子は運動エネルギーを増し，原子核からの距離が遠ざかる。そして原子核付近での密度が変わる。このことは別の電子が感ずるポテンシャルエネルギーに影響を与える。つまり，1 電子励起は残りの電子にも影響を与えるという意味であり，原子全体として 1 電子励起を考えねばならない。1 電子励起とはいっても，いま考えている電子が単独で励起されるものではない。このような限界を認識したうえで原子の励起状態を考えよう。

励起準位には寿命がある。分子分光学では光を放出して基底準位に戻るまでの時間，つまり発光寿命が重要である。光を放出しにくい励起準位であれば寿命が長くなる。このことを，その状態と基底状態との間は禁制遷移であるといい，このような準位を準安定準位という。

〔2〕 **束縛状態とイオン化状態** 励起準位において電子の運動エネルギーが十分であれば，原子核による引力を振り切って原子から離脱することができ

る。これが原子のイオン化である。離脱する電子の運動エネルギーは連続的に分布するので，電子エネルギーの総和，つまり正イオン化準位も連続的に分布する。アルカリ金属原子はイオン化エネルギーが小さい。

一般に外部から電子を取り込めば，電子エネルギーの総和が増えて負イオンになりにくいが，電子親和力が大きいハロゲン原子では電子の再配置が起きて負イオンのほうが安定となる。この場合にも外部電子の運動エネルギーによって負イオン化準位も連続的に分布する。

イオン化に至らないエネルギーではすべての電子が原子内にとどまっている。これを束縛状態（bound state）という。

2.1.3 遷　　移

〔1〕**許容遷移と禁制遷移**　　角振動数 ω_0 の電磁場の中で原子がエネルギーの低い状態 1 からエネルギーの高い状態 2 に移り変われば，1 章の共鳴と同じように原子は電磁場のエネルギーを吸収する。

$$\hbar\omega_0 = E_2 - E_1 \tag{2.1}$$

逆に，原子がエネルギーの高い状態 2 からエネルギーの低い状態 1 に移り変われば，角振動数 ω_0 の電磁波を放出する。

式 (2.1) において右辺は原子の内部状態で決まる量であり，左辺は電磁場，つまり光の特性を表す。そして，式 (2.1) によって電磁場と関係付けられる内部状態間の変化を許容遷移という。逆に，二つの内部状態間で電磁場との相互作用が起きなければ遷移は禁制である。

特定の遷移が許容か禁制かは，量子力学にもとづいて判断できる。そのためにはおのおのの状態を特徴付ける必要があり，2.1.4 項に述べるターム記号はそのような目的で用いられる。

〔2〕**共　鳴　線**　　原子発光の許容遷移のうちで著しく明るい発光のことを共鳴線（resonance line）という。かなり実用的な意味合いをもった用語であり，たいていは，基底状態 ↔ 第一励起状態の遷移である。

2.1.4 エネルギー準位図

いくつかの原子について簡略化した準位図を示す．共鳴線に相当する遷移と，そのほかのいくつかの遷移を線で示した．なお，遷移を詳しく記入した準位図を Grotrian ダイアグラムという．

〔1〕 **He I**　　He I は中性の He 原子のことである（同様に He II は He^+ のことである）．図 2.1 は，He I のエネルギー準位と許容遷移，そして発光波長を示す．もっと詳しいデータは 2.1.5 項の NIST データベースを参照されたい．基底状態に至る 58.43 nm の発光が共鳴線である．

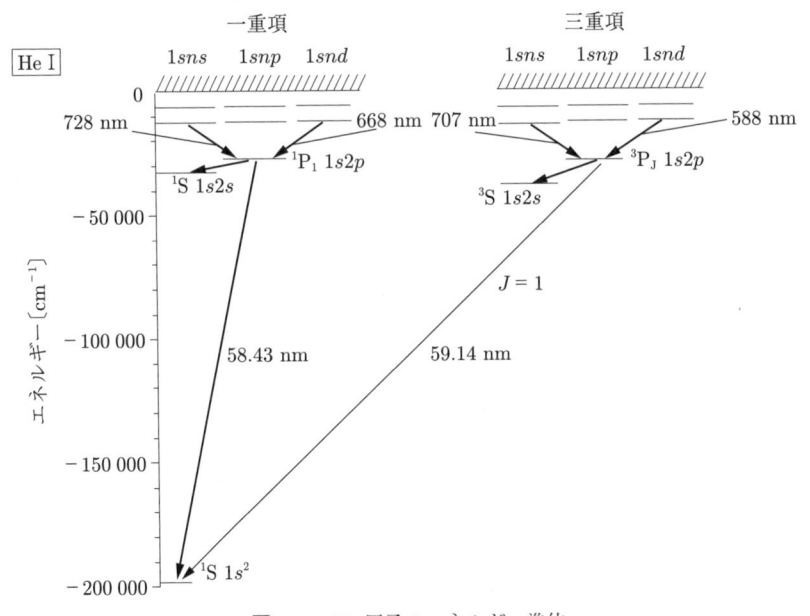

図 2.1　He 原子のエネルギー準位

1 重項（singlet）と 3 重項（triplet）の意味を理解するには，1 電子モデルの枠組みの中でどのように電子状態が記述できるかを考えてみるとよい．k 番目の電子の波動関数を $\phi_a(k)\alpha(k)$ あるいは $\phi_a(k)\beta(k)$ としよう（$k=1,2$）．ここで a は $1s, 2s, 2p\cdots$ の準位を意味し，α と β はスピンが↑か↓かを示す．そうすれば 1 重項の波動関数は

$$^1\psi_{ab}(1,2) = \frac{\phi_a(1)\phi_b(2) + \phi_a(2)\phi_b(1)}{\sqrt{2}} \cdot \frac{\alpha(1)\beta(2) - \alpha(2)\beta(1)}{\sqrt{2}} \tag{2.2}$$

と表すことができる。一方,3重項の波動関数は

$$^3\psi_{ab}(1,2) = \frac{\phi_a(1)\phi_b(2) - \phi_a(2)\phi_b(1)}{\sqrt{2}} \cdot \begin{cases} \alpha(1)\alpha(2) \\ \dfrac{\alpha(1)\beta(2) + \alpha(2)\beta(1)}{\sqrt{2}} \\ \beta(1)\beta(2) \end{cases} \tag{2.3}$$

である。$^1\psi_{ab}(1,2)$ と $^3\psi_{ab}(1,2)$ に共通するのは,電子1と2を交換すると符号が変わること

$$\psi_{ab}(1,2) = -\psi_{ab}(2,1) \tag{2.4}$$

である。これは電子がフェルミ–ディラック(Fermi-Dirac)統計(4.5.4項も参照)に従うということからくる制約条件である。式 (2.2) の特徴は式 (2.3) の符号変化が後半のスピン部分で生ずることである。前半の軌道部分が電子交換で何も変わらない。一方,式 (2.3) ではスピン部分と軌道部分の交換対称性が逆になっている。

軽い原子であれば1重項と3重項との間で遷移は起きないか,もし起きたとしても発光強度(例えば $^3P_1 \to {}^1S$ の 59.14 nm の発光)は弱い。有機化合物の1重項・3重項間の遷移(項間交差という)も遅い。しかし重い原子(例えば Hg)では1重項と3重項の区別はあまり有効ではない。

$1s2s$ は,式 (2.2) と式 (2.3) において $a=1s, b=2s$ である。エネルギー期待値を1電子の分しか考慮しないと1重項と3重項はエネルギー準位が同じはずである。実際にはエネルギー準位が異なるので,1電子波動関数はあくまでも第一近似である。

2.3.2項で詳しく説明するが,式 (2.2) と式 (2.3) の全角運動量 $\boldsymbol{J}$,つまり軌道部分の角運動量 $\boldsymbol{L}$ とスピン部分の角運動量 $\boldsymbol{S}$ の和が重要になる。

^1S などはターム記号（term symbol）と呼ばれる。これは準位を特徴付ける重要な情報である。^3S は ^1S への遷移が起きないので準安定励起状態と呼ばれ，He* と表記する。He* は発光しないが，衝突でエネルギーを放出することができる。もし衝突相手の分子がイオン化すればペニング（Penning）イオン化と呼ばれる。$1s2s$ でできる 2^1S（$1s^2$ でできるものを 1^1S と表記して区別する）も準安定ではあるが，そこに至るチャンスが少ないので実用性は低い。

〔2〕**Na I**　Na は L 殻の外側に 1 個の $3s$ 価電子をもっている。図 **2.2**（a）は Na の共鳴線，つまり D 線の遷移を示す。$3p$ 電子がどのようなスピン状態にあるかによって二つの準位に分裂している。

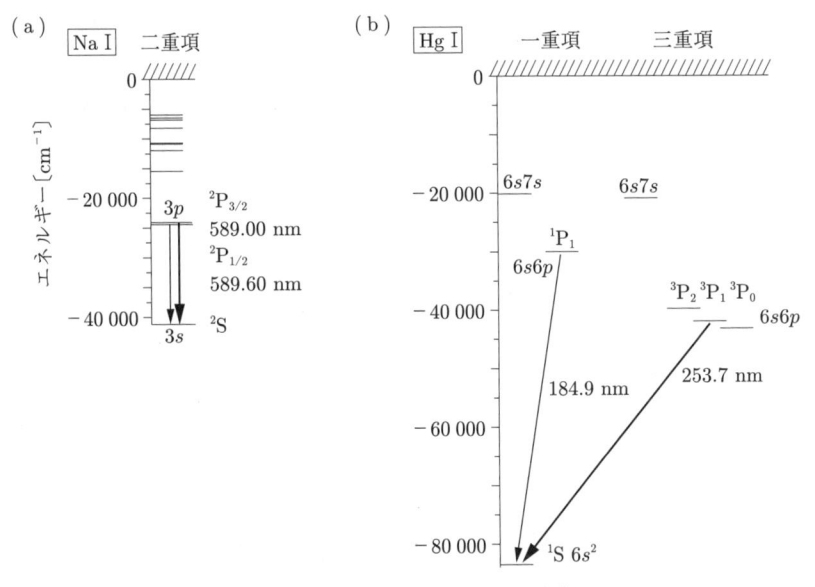

図 **2.2**　Na と Hg のエネルギー準位

〔3〕**Hg I**　Hg は O 殻 $5s^25p^65d^{10}$ の外側に 2 個の価電子をもっている。図 2.2（b）は，共鳴線 253.7 nm の遷移を示す。He の場合と異なって，この遷移ではスピン状態が変化している。それでも，$J = 1 \to 0$ の遷移が強いという点については He の場合と同じである。184.9 nm も共鳴線である。どちらも低圧水銀ランプからの紫外線であるが，通常の光化学実験では強度の強い 253.7

nm が利用されている。

2.1.5　スペクトルデータ

〔**1**〕　**遷移確率と振動子強度**　　状態 1 から状態 2 への遷移が許容か禁制かという分類は定性的である。現実のスペクトルでは，「理論上は禁制だが実際にはスペクトル線が見える」というような，いわばグレーゾーンの遷移を解析せねばならないことが多い。そのために用いられる物理量の一つが状態 1 から状態 2 への遷移確率 P_{12} と振動子強度 A_{12} である。スペクトル強度はこれらの量に比例する。

〔**2**〕　**スペクトルデータのデータベース**　　原子スペクトルの研究は 100 年以上の歴史をもっている。その間に蓄積されたデータがデータベースとして整理されている。利用しやすさという点で，米国の国立標準技術局 (NIST, National Institute of Standard and Technology) のウェブサイトをお薦めしたい[†]。Grotrian ダイアグラムも入手できる。

2.2　スペクトル強度

2.2.1　Einstein の A 係数と B 係数

図 **2.3** のような 2 状態系を考えよう。この系は温度 T のもとで熱力学的な平

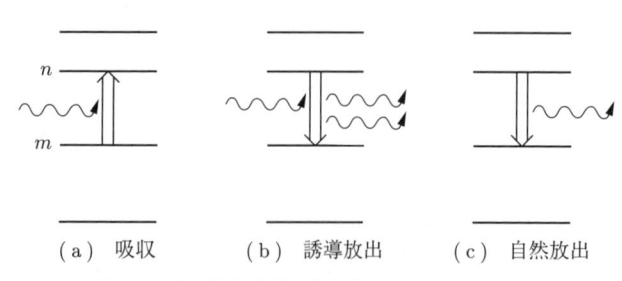

　　　(a)　吸収　　　　(b)　誘導放出　　　(c)　自然放出

図 **2.3**　電磁場と物質の相互作用。(a) と (b) は Einstein の B 係数，(c) は A 係数に対応する

[†] http://www.nist.gov/pml/data/asd.cfm にアクセスする。"NIST atomic spactra databese" で検索するのもよい（2015 年 3 月現在）。

衡にあるものとする。外部からこの系に共鳴線の光を照射してやれば、光を吸収して励起状態 n に移行するが、そこにそのままとどまっていれば基底状態 m には何もなくなってしまう。ある頻度でもとの状態に戻らないといけない。さもないと平衡が維持できない。

アインシュタイン（Einstein）は、原子と電磁場について熱力学的な平衡を考え、A 係数と B 係数を導入してこの問題を解いた。まず、原子については Boltzmann 分布

$$\frac{N_n(T)}{N_m(T)} = \exp\left(-\frac{E_n - E_m}{k_{\mathrm{B}}T}\right) \tag{2.5}$$

が成り立つ。ここで N_m と N_n は、それぞれ m 状態と n 状態にある原子密度であり、k_{B} は Boltzmann 定数である。

電磁場についてはプランク（Planck）の輻射公式

$$\rho(\lambda;T) = \frac{8\pi hc}{\lambda^5} \frac{1}{\exp\left(\dfrac{hc}{\lambda k_{\mathrm{B}}T}\right) - 1} \tag{2.6}$$

を使う。これは、$\lambda \sim \lambda+\Delta\lambda$ の波長範囲の単位体積当りのエネルギーが $\rho(\lambda;T)\Delta\lambda$ であることを意味している。$\nu \sim \nu+\Delta\nu$ の振動数範囲について定義される $\rho(\nu;T)$ とは

$$\rho(\lambda;T) = \rho(\nu;T)\left|\frac{d\nu}{d\lambda}\right| = \rho(\nu;T)\frac{c}{\lambda^2} \tag{2.7}$$

という関係がある。なお、輻射場のエネルギーと原子の内部エネルギーは保存されるから、両者の間に

$$E_n - E_m = \frac{hc}{\lambda} = h\nu \tag{2.8}$$

という関係が成り立っている。

さて、エネルギー密度 $\rho(\lambda;T)$ の輻射場中に置かれた原子が平衡を保つためには、単位時間当りに放出する輻射エネルギー量と吸収するエネルギー量とが同じでなければならない。これは Einstein の A 係数と B 係数を用いて

$$A_{n\to m}N_n(T) + B_{n\to m}\rho(\lambda;T)N_n(T) = B_{n\leftarrow m}\rho(\lambda;T)N_m(T) \tag{2.9}$$

と表すことができる。この式の右辺は，電磁場に誘導されて原子が光を吸収するとともに，さらに上の励起状態に移行する過程を表し，図 2.3 (a) に対応する。左辺第 1 項は，励起状態にある原子が自発的に光を発する過程（蛍光を放出するともいう）を表し，図 (c) に対応する。左辺第 2 項は，励起状態にある原子が電磁場に誘導されて光を発するとともに，より低い状態に移行する過程を表し，図 (b) に対応する。

式 (2.9) を式 (2.5), (2.6) のもとで解けば

$$A_{n \to m} = \frac{8\pi hc}{\lambda^5} B_{n \to m} \tag{2.10}$$

が導かれる。A と B の具体的な内容は量子力学によって明らかになる（2.2.2 項参照）。

〔1〕 レ ー ザ　　レーザとは，light amplification by stimulated emission of radiation の頭文字をとったものである。図 2.3 (b) の過程をつぎからつぎに起こさせて（amplify（増幅して））コヒーレントな光を発生させる。さまざまな分野で活躍するレーザであるが，分類すると**表 2.1** のように整理できる。

表 2.1　レーザの分類

発振形態で	パルス，cw（時間的に連続）
媒質の形態で	ガス，固体（ガラス），半導体，エキシマー
発振波長で	赤外，可視，紫外

レーザ光を特徴付ける量として，パルスレーザではショットごとのエネルギー〔J〕，繰り返し周期〔s〕，発光時間〔s〕がある。cw レーザでは平均エネルギー〔W〕がある。また光のコヒーレンス長〔m〕も重要である。

〔2〕 コヒーレンス　　コヒーレンス（coherence）とは可干渉性という意味である。レーザ光にコヒーレンスがあるのは当然であるが，自然光（太陽の光）にもわずかながら干渉性はある。例えば，しゃぼん玉を飛ばすときらきらすることに気付く。これはしゃぼん玉の肉厚以上にわたってコヒーレンスがあるからである。実験室では Newton 環でコヒーレンスを観察することができる。

〔3〕 **励起寿命1**　　レーザとは逆に，電磁場が弱い中での発光過程では式 (2.9) の左辺第 1 項が効くから，励起状態の減少速度は A で決まる．よって，A^{-1} は発光寿命，励起寿命，あるいは蛍光寿命という．発光の遷移を阻害する要因がないという意味で A を自然線幅 γ ともいう（式 (1.12) も参照）．

2.2.2　量子力学にもとづく輻射遷移の速度

Einstein の推論は量子力学を用いずになされたが，その後，輻射場の量子力学によって A 係数と B 係数が導出された．結果をここに記しておく．

〔1〕 **遷移確率と遷移モーメント**　　Einstein の $A_{n\to m}$ は 1 次反応の速度定数に，$B_{n\to m}\rho(\lambda;T)$ は擬 1 次反応の速度定数に，それぞれたとえることができる．一般に 1 次反応の速度過程は

$$\mathrm{X} \xrightarrow{k} \mathrm{Y} \tag{2.11}$$

で表される．速度方程式は

$$\frac{d[\mathrm{X}]}{dt} = -k[\mathrm{X}] \tag{2.12}$$

であり，その解は

$$[\mathrm{X}](t) = [\mathrm{X}](0)e^{-kt} \tag{2.13}$$

である．光放出による脱励起も式 (2.12) と同様の速度方程式を満足する．速度定数 k も Einstein の A 係数も次元は (時間)$^{-1}$ である．

さて，量子力学によれば[4, p.458]，電磁場中における状態 m，n 間の遷移確率は

$$P_{mn} = \frac{2\pi}{\hbar^2} |\langle m|\boldsymbol{\mu}|n\rangle \cdot \widehat{\boldsymbol{e}}|^2 \rho(\nu_{mn}) \tag{2.14}$$

となる．ここで ν_{mn} は遷移周波数，ρ は電磁場の状態密度，$\widehat{\boldsymbol{e}}$ は電場ベクトルの方向を示す単位ベクトルである．

$$e\langle m|\boldsymbol{r}|n\rangle = \langle m|\boldsymbol{\mu}|n\rangle \tag{2.15}$$

は状態 m と状態 n の間の遷移モーメントという。e は素電荷である。また，式を簡潔に表現するためにディラック（Dirac）のブラケット（bracket）記法を採用した。この記法の意味は

$$\langle m|\boldsymbol{\mu}|n\rangle = \int \psi_m^*(\boldsymbol{r})\boldsymbol{\mu}\psi_n(\boldsymbol{r})d\boldsymbol{r} \tag{2.16}$$

である。ψ は波動関数である。

原子の場合，$\langle m|\mu_x|n\rangle = \langle m|\mu_y|n\rangle = \langle m|\mu_z|n\rangle$ であるから，式 (2.14) は

$$\begin{aligned} P_{mn} &= \frac{2\pi}{\hbar^2}\frac{|\langle m|\mu_x|n\rangle|^2 + |\langle m|\mu_y|n\rangle|^2 + |\langle m|\mu_z|n\rangle|^2}{3}\rho(\nu_{mn}) \\ &= \frac{2\pi}{3\hbar^2}|\langle m|\boldsymbol{\mu}|n\rangle|^2 \rho(\nu_{mn}) \end{aligned} \tag{2.17}$$

となる。よって

$$B_{m\to m} = \frac{2\pi}{3\hbar^2}|\langle m|\boldsymbol{\mu}|n\rangle|^2 \tag{2.18}$$

が得られる。さらに[5, p.305]

$$A_{m\to n} = \frac{4(2\pi\nu_{mn})^3}{3\hbar c^3}|\langle m|\boldsymbol{\mu}|n\rangle|^2 \tag{2.19}$$

である。

〔2〕双極子遷移　式 (2.18) は，状態 m, n 間の遷移に対する双極子モーメントの期待値がゼロでなければ電磁波の吸収と放出が起きることを意味している。この種類の遷移を双極子遷移，あるいは電気双極子遷移という。分子分光学では，たいていの場合，双極子遷移を扱う。例外は円二色性（CD）である。

〔3〕励起寿命2　最初にできたレーザがマイクロ波で発振したこと，X線の領域ではレーザではなくサイクロトロン放射光を使うことの背後には，波長が短くなるほど励起寿命が短いことがある。励起状態へのポンピング速度をそれに応じて速くしなければならないので発振は難しくなる。A 係数にもとづいてこのことを半定量的に考えてみよう。式 (2.19) において A^{-1} を τ, 光の周期を $T = 1/\nu_{mn}$ とそれぞれおいて

$$\frac{\tau}{T} = \frac{3\hbar c^3}{4(2\pi\nu_{mn})^2}\frac{1}{|\langle m|\boldsymbol{\mu}|n\rangle|^2} = \frac{3\hbar c\lambda^2}{4(2\pi)^2}\frac{1}{|\langle m|\boldsymbol{\mu}|n\rangle|^2} \tag{2.20}$$

周期に対する相対寿命は波長の二乗に比例して短くなることがわかる。また遷移モーメントが小さくなれば（発光が弱くなれば）比の値が増えることもわかる。

2.2.3 発光寿命の測定法

発光寿命 τ が経過すれば，原子や分子はバタバタと基底状態に落ちると誤解しがちであるが，実際は式 (2.13) の通り，速度定数 $1/\tau$ で濃度あるいは強度が減衰していく。この変化率を測定することが発光寿命の測定である。

〔1〕 繰り返し測定　　$t=0$ の入力光で瞬間的に励起されれば $f(t)=e^{-t/\tau}$ の蛍光が生ずる。もし入力光が $a(t)=\cos\omega t$ の繰り返し波であれば，畳み込み積分によって

$$b(t)=f(t)*a(t)\equiv\int_0^\infty f(\tau)a(t-\tau)d\tau\propto\cos\left(\omega t-\tan^{-1}\omega\tau\right) \tag{2.21}$$

となる。位相遅れ $\tan^{-1}\omega\tau$ はロックインアンプで計測できる。この原理を説明しよう。$a(t)$ を参照信号，$b(t)$ を蛍光とすると，$b(t)$ をフーリエ（Fourier）展開して

$$\langle b(t)\cos\omega t\rangle+i\langle b(t)\sin\omega t\rangle=\left\langle\sum_{n=0}^\infty(p_n\cos n\omega t+q_n\sin n\omega t)e^{i\omega t}\right\rangle$$
$$=\frac{1}{2}\sqrt{p_1^2+q_1^2}\,e^{i\tan^{-1}\frac{q_1}{p_1}} \tag{2.22}$$

となって参照信号との同相成分 p_1 と直交成分 q_1 が出力として得られる。ほかの周波数成分は時間平均によって消失する。これは位相感応型検出器の動作そのものである。

〔2〕 パルス測定　　比較的遅い発光であれば励起パルスを照射した後の発光強度を測定して，$e^{-t/\tau}$ の形の減衰を観測する。デジタルオシロスコープが使える。I_2 濃度（$\tau\approx 200$ ns）をリモートモニタリングで計測した研究例がある[51]。

〔3〕 時間相関単一光子計数法　　この方法（後出の図 8.3 参照）では，1 個

のパルスから得られる 2 個のフォトンを二つの検出器で検出して，片方を start 信号，もう一方を stop 信号とする．そして start と stop の時間差 $t_1 - t_2$ の確率分布 $g(t_1 - t_2)$ を測定する．

この方法を 50 ps の音響発光に適用した研究例がある[30]．$g(t)$ からパルス幅がどう関係付けられるかを説明しよう．時刻 t におけるフォトンの発生確率が $f(t)$ であれば，start フォトンが t_1 と $t_1 + dt_1$ の間，stop フォトンが t_2 と $t_2 + dt_2$ の間にある確率は

$$f(t_1)f(t_2)dt_1 dt_2 \tag{2.23}$$

であり，規格化条件

$$\int_0^\infty \int_0^\infty f(t_1)f(t_2)dt_1 dt_2 = 1 \tag{2.24}$$

が成り立っている．変数変換

$$t = t_1 - t_2, \quad T = t_1 + t_2 \tag{2.25}$$

を行うと式 (2.24) は

$$\frac{1}{2}\int_{-\infty}^\infty dt \int_{|t|}^\infty dT f\left(\frac{T+t}{2}\right) f\left(\frac{T-t}{2}\right) = 1 \tag{2.26}$$

となる．よって t から $t + dt$ の間にパルスの時間差がある確率は $g(t)dt$ であり

$$g(t) = \frac{1}{2}\int_{|t|}^\infty dT f\left(\frac{T+t}{2}\right) f\left(\frac{T-t}{2}\right) = \int_0^\infty f(u)f(u+|t|)du \tag{2.27}$$

である．式 (2.27) は自己相関関数(autocorrelation function)の一種である[29, p.16]．例えば，$f(t) = \exp(-t/\tau)/\tau$ であれば $g(t) = \exp(-|t|/\tau)/2\tau$ である．

2.3　原子の量子力学

2.2.2 項で量子力学の用語がいくつか登場した．電磁場を含む量子力学はかなり難しいので，ここでは電磁場抜きの量子力学を簡単に説明しよう．

2.3.1 量子力学の基本概念

[1] **波動関数** 霧のような負電荷が振動すると考えた図1.9は，いかにも19世紀的な考え方である。原子の構造がわからなかった時代の産物とはいえ，固有振動数 ω_0 の大きさを予言できないのは，いかにも残念である。

さて，19世紀の終わりから20世紀のはじめにかけて自然科学がおおいに発展した。物質の内部構造が明らかになって，原子核の周りを電子がめぐっていることが明らかになったのである。そして，このモデルを正しく解く方法論として量子力学が完成した。量子力学は波動力学とも呼ばれ，粒子の運動を波動関数によって記述する。ここではその一端を説明しよう。

いま，粒子が $\boldsymbol{r}$ という場所にあるものとする。この粒子は，状態を表すパラメータをもっている。これらのパラメータの組をひとまとめに a で表すことにすれば，この粒子のダイナミックスは $\psi_a(\boldsymbol{r})e^{-i\omega t}$ という波動関数で表される。ここで $\hbar\omega$ は粒子のもっているエネルギー，$\hbar = h/2\pi$ であり，h を Planck 定数という。$\psi_a(\boldsymbol{r})$ を時間に依存しない波動関数ともいう。一般に波動関数は複素数であるから，それ自体が観測できるのではない。物理的に意味があるのは波動関数の絶対値の2乗 $|\psi_a(\boldsymbol{r})|^2$ である。これは $d\boldsymbol{r} = dxdydz$ の微小空間領域に粒子の見つかる確率が $|\psi_a(\boldsymbol{r})|^2 d\boldsymbol{r}$ であることを意味する。空間のどこかに粒子が存在するのだから

$$\int |\psi_a(\boldsymbol{r})|^2 d\boldsymbol{r} = 1 \tag{2.28}$$

という条件を満足せねばならない（この積分は全空間にわたって行う）。そのほか，波動関数が満足すべき条件として，有限であること，連続関数であること，一価関数であることが挙げられる。

1電子波動関数 $\psi_a(\boldsymbol{r})$ を $\boldsymbol{r} = r(\sin\theta\cos\varphi, \sin\theta\sin\varphi, \cos\theta)$ で極表示すれば

$$\psi_{n,l,m}(\boldsymbol{r}) = R_{nl}(r)Y_{lm}(\theta,\varphi) \tag{2.29}$$

という形になる。R_{nl} は動径波動関数であり，Y_{lm} は球面調和関数と呼ばれている。整数 n, l, m は量子数である。Y_{lm} は本書で繰り返し現れる。Y_{lm} ($l = 0, 1, 2$) を章末に例示した。

〔2〕 **演算子と固有値**　以上は，波動関数が存在していることを前提とした話であるが，その前段階として，波動関数で何を表現したいのか，目的を明確にせねばならない。ここでいう「目的」が何かは演算子 $\hat{O}$ によって明示される。その後の作業は，いわゆる固有値問題となり，式で表せば

$$\hat{O}\psi_i = A_i\psi_i \tag{2.30}$$

である。固有値 A_i が，この粒子を特徴付けるパラメータ値である。固有値が複数個あれば添字の i によって区別する。異なる固有値に対する波動関数は直交して

$$\int \psi_j^* \psi_i d\boldsymbol{r} = \delta_{ij} \tag{2.31}$$

が成り立つ。* は複素共役を表す。δ_{ij} はクロネッカー（Kronecker）のデルタといって $i \neq j$ であれば $\delta_{ij} = 0$，$i = j$ であれば $\delta_{ij} = 1$ である。

固有値は期待値と呼ばれることもある。その意味を理解するには式 (2.30) の両辺に ψ_i^* をかけて全空間で積分する。そうすれば式 (2.31) によって

$$A_i = \int \psi_i^* \hat{O} \psi_i d\boldsymbol{r} \tag{2.32}$$

が導かれる。この式を，状態 i についての $\hat{O}$ の期待値と解釈する。なお A は実数なので，$\hat{O}$ はエルミート（Hermite）演算子でなければならない。

〔3〕 **縮　　重**　同一の固有値に対して l 個の波動関数が存在すれば，波動関数が l 重に縮重している，あるいは縮退しているという。この場合，l 個の波動関数はたがいに直交する。角運動量，軌道混成，ベンゼンの電子波動関数など，化学では縮重が重要である。

〔4〕 **Schrödinger 方程式**　原子のことを完全に知るにはすべての電子のこと，具体的にはエネルギーを知らねばならない。そのためには演算子 $\hat{O}$ として系の全エネルギーに対応する演算子 $\hat{H}$ を選ぶ。この $\hat{H}$ をハミルトン演算子（Hamiltonian operator）あるいは単にハミルトニアンという。$\hat{H}$ の内訳は，各電子の運動エネルギーとポテンシャルエネルギー，そして電子間の相互作用

エネルギーである。これに対応する固有方程式 (2.30) がシュレーディンガー（Schrödinger）方程式であり、固有値 A_O が系の全エネルギーである。

電子間の静電反発を無視すれば原子のハミルトニアンは1電子ハミルトニアンの和で表される。

$$\widehat{H} = \sum_k \widehat{H}_k \tag{2.33}$$

$$\widehat{H}_k = \frac{\boldsymbol{p}_k^2}{2m} + V(|\boldsymbol{r}_k|) \tag{2.34}$$

$\widehat{H}_k$ は水素類似原子（つまり原子核の電荷 Z が原子番号に等しいか、遮蔽効果によってそれよりわずかに小さい）のハミルトニアンであり、運動エネルギーとポテンシャルエネルギーの和で表される。じつは、式 (2.2) と式 (2.3) の $\phi_a(k)$ は式 (2.34) の固有関数である。

運動量演算子を座標でもって表現すれば

$$\widehat{\boldsymbol{p}} = \frac{\hbar}{i}\nabla \tag{2.35}$$

である。$\nabla = (\partial/\partial x, \partial/\partial y, \partial/\partial z)$ はナブラ（nabla）といって座標についての偏微分である。

さて最初に解けた問題が水素原子（$Z=1$）の Schrödinger 方程式である。電子1個というきわめて簡単な系であるが、数学的には相当手ごわい問題である。ここで得られた結果をふまえて、ほかの原子やひいては分子の電子構造が整理されたので、水素原子問題は特別な位置を占める。この問題を解いてわかったことをまとめておこう。

(1) 水素の発光スペクトルの公式 (2.36) を導くことができる。

$$\tilde{\nu} = R\left(\frac{1}{n_1^2} - \frac{1}{n_2^2}\right) \tag{2.36}$$

$$R = \frac{2\pi^2 me^4}{ch^3} = 109\,678.6\,[\text{cm}^{-1}] \tag{2.37}$$

ここで、R はリュードベリー（Rydberg）定数、$n=1,2,3,\cdots$ は主量子数と呼ばれる整数である。式 (2.36) は、状態間のエネルギー差が光のエ

ネルギーと等しいことを意味している。

(2) 方位量子数 $l = 0, 1, 2, 3$ の状態をそれぞれ s, p, d, f と呼ぶ。これの状態は角運動量 $l\hbar$ をもっている。

(3) 水素原子の大きさ（半径 0.05 nm）は，電子雲の広がりの平均値として定義できる。その値は Bohr がすでに求めていた，いわゆる Bohr 半径と一致する。

(4) 光の吸収あるいは放出に伴う遷移で量子数 l の値が ± 1 だけ変化する。

このように役立った水素原子であるが，1個の電子のエネルギーが全エネルギーと同一であることが大きな誤解を生むことにもなった。例えば，アルカリ原子の最外殻 s 電子が光を吸って p 軌道に移れば，原子核付近の電荷分布が変わるので，閉殻内の電子のエネルギーにも影響を与えることを忘れてはならない。

2.3.2 角運動量の基本理論

〔1〕 **軌道角運動量** 原子・分子の量子力学で頻繁に登場するのが角運動量演算子 $\widehat{\boldsymbol{L}}$ である。式 (2.34) を極座標で表現すれば軌道角運動量が自然に導入される[3, p.126]。原子の存在する空間に異方性がないので，座標軸はどの方向にとってもよい。

$$\widehat{H}_k = \frac{1}{2m}\left(\widehat{p}_{r,k}^2 + \frac{\widehat{\boldsymbol{L}}^2}{r_k^2}\right) + V(r_k) \tag{2.38}$$

$$\widehat{p}_r = \frac{\hbar}{i}\left(\frac{\partial}{\partial r} + \frac{1}{r}\right) \tag{2.39}$$

$$\widehat{\boldsymbol{L}} = \widehat{\boldsymbol{r}} \times \widehat{\boldsymbol{p}} \tag{2.40}$$

$$\widehat{\boldsymbol{L}}^2 = -\hbar^2\left[\frac{1}{\sin\theta}\frac{\partial}{\partial\theta}\left(\sin\theta\frac{\partial}{\partial\theta}\right) + \frac{1}{\sin^2\theta}\frac{\partial^2}{\partial\varphi^2}\right] \tag{2.41}$$

式 (2.40) の形は見かけ上古典力学と同じであるが，内容はまったく異なる。軌道角運動量の固有値問題はつぎの形をとり，球面調和関数が固有関数である。

$$\widehat{\boldsymbol{L}}^2 Y_{LM} = L(L+1)\hbar^2 Y_{LM} \tag{2.42}$$

$$\widehat{L}_z Y_{LM} = M_L \hbar Y_{LM} \tag{2.43}$$

ここで

$$\hat{L}_z = \frac{\hbar}{i}\frac{\partial}{\partial \varphi} \tag{2.44}$$

である。$\hat{L}$ ではなく $\hat{L}^2$ でもって軌道角運動量の大きさを表す。この理由は $\hat{H}$ の固有関数は $\hat{L}$ の固有関数になりえないからである（章末問題参照）。磁気量子数 M_L は

$$M_L = -L,\ -(L-1),\ \cdots,\ (L-1),\ L \tag{2.45}$$

という値をとるので，磁場がない限り角運動量波動関数は $(2L+1)$ 重に縮重している。

この状況を図式的に表現したのが図 2.4 (b) のベクトルモデルである。図 (a) では角運動量ベクトルとコマの回転とを対比させている。式 (2.45) は，このベクトルの軸方向成分（射影）の大きさを示し，ベクトルの先端は，あたかもコマの歳差運動のように円を描く。そして，式 (2.42) は角運動量ベクトルの大きさが $\sqrt{L(L+1)}$ であること示唆している。

（a）コマからの類推　　（b）ベクトルモデル($L=2$)

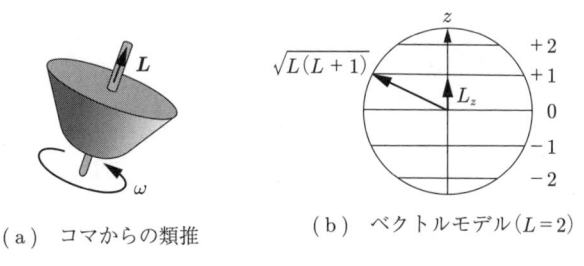

図 2.4　角運動量

〔2〕**スピン角運動量**　角運動量にはもう一つスピン角運動量がある。大きさを表す量子数が S，空間軸成分を表す量子数（磁気量子数）は M_S とする。整数はもちろんのこと半整数の量子数（$1/2, 3/2, \cdots$）も許される点が大きく異なる。磁気共鳴（9章）は磁場の中の核スピンがテーマである。

〔3〕 **角運動量の合成** 原子分光学にせよ，分子分光学にせよ，全角運動量 J が重要である．比較的軽い元素については，軌道角運動量をすべての電子について足し合わせて

$$L=\sum l_i \tag{2.46}$$

をつくり，同様にスピン角運動量を足し合わせて

$$S=\sum s_i \tag{2.47}$$

をつくり，最後に

$$J=L+S \tag{2.48}$$

を求める．これを Russel-Sauders 結合という（図 **2.5** 参照）．これらの式における総和は最外殻の電子についてのみ行えばよい．閉殻では，すべての角運動量の総和がゼロだからである．L, S, J の固有値はターム記号として整理する（表 **2.2** 参照）．

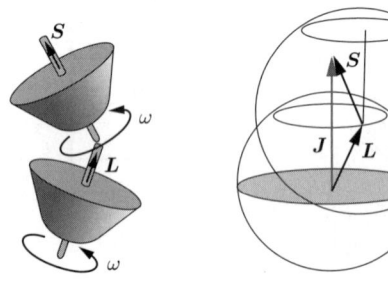

（a）コマからの類推　（b）角運動量ベクトルの合成

図 **2.5** 角運動量の合成

表 **2.2** ターム記号

L の値	0	1	2	3
ターム記号	$^{2S+1}S_J$	$^{2S+1}P_J$	$^{2S+1}D_J$	$^{2S+1}F_J$

2.3.3 原子の角運動量

〔1〕 **1 電子系**　価電子が 1 個の場合（アルカリ金属原子）が最も簡単である。s 電子であれば軌道角運動量の量子数が $L=0$, スピン角運動量の量子数が $S=1/2$, 合成角運動量は $J=1/2$ である。この状態を $^2S_{1/2}$ と表す。つぎに, p 電子であれば軌道角運動量の量子数が $L=1$, スピン角運動量の量子数が $S=1/2$ であるから, ベクトル合成を行えば, $J=1/2, 3/2$ である。よって $^2P_{1/2}$, $^2P_{3/2}$ となる。

〔2〕 ***sp* 2 電子系**　Ca, Sr, Ba の炎色反応の遷移がこれである。s 電子はスピン角運動量が $s_1=1/2$, 軌道角運動量が $l_1=0$ である。p 電子はスピン角運動量が $s_2=1/2$, 軌道角運動量が $l_2=1$ である。スピン角運動量の和は, $S=0$（スピン反平行, 1 重項）と $S=1$（スピン平行, 3 重項）である。軌道角運動量の和は, $L=1$ である。これは P 状態しかとりえないことを意味する。1 重項に対応する合成角運動量の値は $J=1$ である。一方, 3 重項に対応する J の値は $\bm{J}=\bm{L}+\bm{S}$ を計算して, $J=2,1,0$ である。つまり $^3P_2$, $^3P_1$, $^3P_0$ ができる。s_i と l_i が同じでも 3 重項のエネルギーのほうが低い。

2.3.4 LS 結合

外部磁場だけでなく電子の軌道運動で生ずる磁場によってもエネルギーがシフトしうる。これを直感的に理解するには電子の立場になって原子核の運動を考えるとよい。$L \geq 1$ であれば原子核が自分の周りを回転するように見える（図 **2.6** 参照）から磁場を感ずる。その磁場と自分自身のスピン磁気モーメントが相互作用して, ハミルトニアンは

$$\Delta H = \lambda \bm{L} \cdot \bm{S} \tag{2.49}$$

$$\lambda = \frac{1}{m^2 c^2} \frac{1}{r} \frac{dV}{dr} \tag{2.50}$$

だけ変化する。m は換算質量, V は電子のポテンシャルエネルギーであるから, 比例係数 λ は正定数と見なしてよい。式 (2.50) は

$$\Delta H = \frac{1}{2} \lambda (\bm{J}^2 - \bm{L}^2 - \bm{S}^2) \tag{2.51}$$

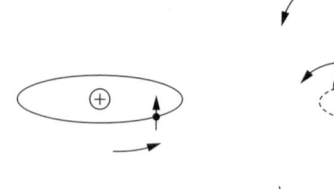

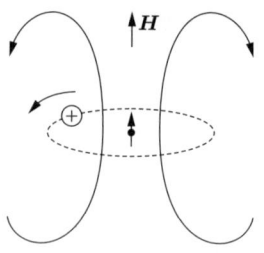

(a) スピンをもった電子が　　(b) 電子には正電荷が
　　角運動量ももっている　　　　回って見える

図 2.6　LS 結合

と変形でき，エネルギー期待値は

$$\Delta E = \frac{1}{2}\lambda\left[J(J+1) - L(L+1) - S(S+1)\right] \tag{2.52}$$

である．

例として s 電子 1 個の原子 (H, Na など) を考えよう．基底状態では $L = 0$ であるからシフトは起きない．つまり $\Delta E_0 = 0$ である．励起状態では $J = 1/2, 3/2, L = 1, S = 1/2$ であるから

$$\Delta E_1 = \begin{cases} -\lambda & \left({}^2\mathrm{P}_{\frac{1}{2}}\right) \\ \frac{1}{2}\lambda & \left({}^2\mathrm{P}_{\frac{3}{2}}\right) \end{cases} \tag{2.53}$$

となる．D 線に即していえばつぎの結果が得られる．

$$\begin{cases} {}^2\mathrm{S}_{\frac{1}{2}} & \leftrightarrow & {}^2\mathrm{P}_{\frac{1}{2}} & \cdots 589.60\,\mathrm{[nm]} \\ {}^2\mathrm{S}_{\frac{1}{2}} & \leftrightarrow & {}^2\mathrm{P}_{\frac{3}{2}} & \cdots 589.00\,\mathrm{[nm]} \end{cases} \tag{2.54}$$

［参考］　**球面調和関数** $(l = 0, 1, 2)$

$$Y_{00} = \frac{1}{\sqrt{4\pi}}$$

$$Y_{10} = \sqrt{\frac{3}{4\pi}}\cos\theta = \sqrt{\frac{3}{4\pi}}\frac{z}{r}$$

$$Y_{1\pm 1} = \mp\sqrt{\frac{3}{8\pi}}e^{\pm i\varphi}\sin\theta = \mp\sqrt{\frac{3}{8\pi}}\frac{x \pm iy}{r}$$

$$Y_{20} = \sqrt{\frac{5}{16\pi}}(3\cos^2\theta - 1) = \sqrt{\frac{5}{16\pi}}\frac{2z^2 - x^2 - y^2}{r^2}$$

$$Y_{2\pm 1} = \mp\sqrt{\frac{15}{8\pi}}e^{\pm i\varphi}\cos\theta\sin\theta = \mp\sqrt{\frac{15}{8\pi}}\frac{(x\pm iy)z}{r^2}$$

$$Y_{2\pm 2} = \sqrt{\frac{15}{32\pi}}e^{\pm 2i\varphi}\sin^2\theta = \sqrt{\frac{15}{32\pi}}\frac{(x\pm iy)^2}{r^2}$$

章末問題

【1】 He に ^{3}S $(1s^2)$ が存在しないのは，また Hg に ^{3}S $(6s^2)$ が存在しないのはなぜか．

【2】 低圧水銀灯から出る可視光の一つは，^{3}S $(6s7s) \to {}^3$P $(6s6p)$ の 435.8 nm である．どのような遷移に相当するかを図 2.2 に記入せよ．

【3】 アルカリ金属（Li 赤，Na 黄，K 紫）の炎色反応はどのような遷移で生ずるか．

【4】 2 重線である D 線の強度比は 2：1，3 重線である Ca の発光（橙色，657.2 nm）の強度比は 5：3：1 である．これらの比は，発光の始状態の縮重度 $(2J+1)$ で説明できるか．

【5】 式 (2.36) において $n \to \infty$ と置けばイオン化による連続スペクトルが説明できる．水素のイオン化エネルギーを電子ボルト単位で求めよ．

【6】 H_β 線 (486 nm) は，$n = 4 \to 2$ の遷移で生じる．遷移モーメントを表す式 (2.16) がゼロになるか否かを $4p \to 2p$ と $4p \to 2s$ について調べよ．必要とあれば位置ベクトルの表現式を用いよ．

$$\boldsymbol{r} = (x, y, z) = \sqrt{\frac{4\pi}{3}}$$
$$\times \left(-\frac{Y_{1,1}(\theta,\phi) - Y_{1,-1}(\theta,\phi)}{\sqrt{2}}, -\frac{Y_{1,1}(\theta,\phi) + Y_{1,-1}(\theta,\phi)}{\sqrt{2}i}, Y_{1,0}(\theta,\phi)\right)$$

【7】 Newton 環（図 2.7 参照）でコヒーレンスを調べることができる．中心は，明るいか暗いか．Newton 環の縞模様として適切なものを (a) と (b) から選べ．

【8】 Planck 定数の次元が角運動量のそれと一致することを示せ．

【9】 運動量 p の自由粒子が波動としての性質をもつことを固有方程式 (2.30) にもとづいて説明せよ．また，その粒子の波長（ドブロイ（de Broglie）波長）を求めよ．

【10】 1 eV の電子の de Broglie 波長を求めよ．

【11】 $\hat{A}, \hat{B}$ を演算子としよう．$[\hat{A}, \hat{B}] = \hat{A}\hat{B} - \hat{B}\hat{A}$ を交換子（commutator）と

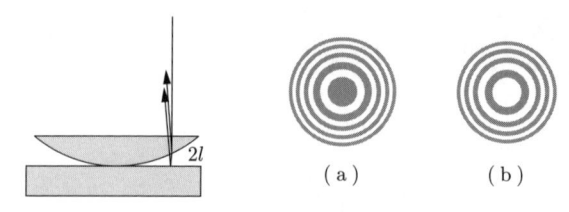

図 2.7 Newton 環

いう。つぎの交換関係が成り立つことを確かめよ。

(a) $\left[\widehat{p}_x, \widehat{x}\right] = \dfrac{\hbar}{i}\widehat{1}$ 　　($\widehat{x} = x$, $\widehat{1}$ は単位演算子)

(b) $\left[\widehat{\boldsymbol{L}}^2, \widehat{H}\right] = 0$

(c) $\left[\boldsymbol{L}_x, \widehat{\boldsymbol{L}}^2\right] \neq 0$

(d) $\left[\widehat{\boldsymbol{L}}_z, \widehat{\boldsymbol{L}}^2\right] = 0$

なお角運動量の x 成分はつぎのように表される[3, p.128]。

$$\widehat{\boldsymbol{L}}_x = -\dfrac{\hbar}{i}\left(\sin\varphi\dfrac{\partial}{\partial\theta} + \cos\varphi\cot\theta\dfrac{\partial}{\partial\varphi}\right)$$

【12】 $\left[\widehat{A}, \widehat{B}\right] = 0$ であれば $\widehat{A}$ の固有関数は $\widehat{B}$ の固有関数でもあることを示せ。

【13】 式 (2.39) の $\widehat{p}_r$ が Hermite 演算子であることを示せ。

3 誘電分光学

電磁波というよりは電気に対する応答を計測するのが誘電分光学であるが，エレクトロニクスとの関わりが深い分野である。

3.1 誘電分極とその計測

3.1.1 誘電分極と静電容量

〔1〕 **直流による分極**　これまで考えてきた電磁波からいささか話がそれることになるが，低周波の極限，つまり直流での分極を**図3.1**で考えよう。図(a)では何も挟まっていないコンデンサの電極間に電圧 V をかける。すると正負の表面電荷 Q_0 が引き合って電場 E ができる。

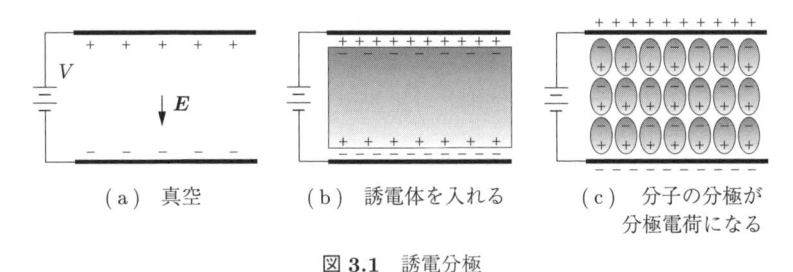

(a) 真空　　(b) 誘電体を入れる　　(c) 分子の分極が分極電荷になる

図 **3.1**　誘電分極

つぎに図(b)のように絶縁体の試料を挿入すると試料表面に分極電荷が生じる。この現象を誘電分極（dielectric polarization）という。その結果，電極表面上の電荷が増加して Q になる。表面電荷が増加した割合

$$\varepsilon' = \frac{Q}{Q_0} \tag{3.1}$$

を比誘電率という．分極電荷のもとは，図(c)のような分子レベルでの双極子モーメントである．

〔2〕 **交流による分極**　電極間にかける電圧を交流に変えると電流が流れる．しかし，オームの法則は成り立たない．このようすを**図3.2**で説明しよう．図(a)から(b)は電圧が極値に至る過程であり，電流がコンデンサに流れ込む．(b)から(c)は電圧が極値を過ぎた直後の過程であり，電流がコンデンサから流れ出す．つまり，$V - \Delta V$ が同じであっても電流の向きは同じではない．

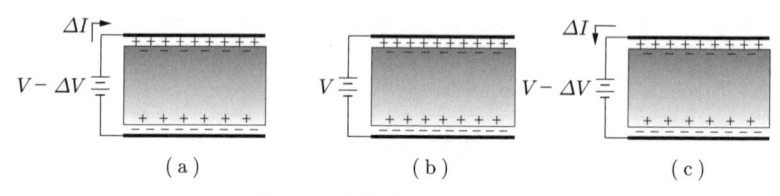

図 3.2 誘電分極における電流

この結果はつぎのように整理できる．電圧が

$$V = a \cos \omega t \tag{3.2}$$

であればコンデンサを流れる電流は

$$I = -a\omega C \sin \omega t \tag{3.3}$$

となる．この関係をオームの法則と対比させるために電圧・電流・抵抗を複素数で表すことにしよう．まず電圧を

$$V = ae^{i\omega t} \tag{3.4}$$

と置き，抵抗を

$$Z = \frac{1}{i\omega C} = \frac{1}{\omega C} e^{-\frac{1}{2}i\pi} \tag{3.5}$$

と置けば電流はオームの法則によって求められて

$$I = \frac{V}{Z} \tag{3.6}$$

である.

このように元々実数値をとる物理量を複素数に拡張して取り扱う方式をフェーザー (phasor) 法という.ただし,元々実数であった物理量(電圧と電流)は,複素数の実部をとることにするのが通例である.複素数の抵抗を複素インピーダンスあるいは単にインピーダンスという.誘電分光学とは,一言でいえば複素インピーダンスの周波数依存性を扱う学問のことである.

3.1.2 誘電分極の測定方法

〔1〕 **一般的な方法** 電圧と電流に $90°$ の位相差があることは,電磁波の電場と磁場に $90°$ の位相差があることを想起させる.実際,高周波領域では電磁波を当てることにより誘電分光が実現できる.

図 **3.3** は基本的な測定法をまとめたものである.固体(結晶または粉末を固めたもの)に電極を取り付ける図 (a) の方式は低周波向け,そして内管と外管からなる金属容器の中に液体試料を入れる図 (b) も低周波向けである.いずれもインピーダンス

$$Z(\omega) = \frac{V(\omega)}{I(\omega)} = \frac{1}{i\omega C} = \frac{1}{i\omega \varepsilon^*(\omega) C_0} \tag{3.7}$$

を,試料を入れたときと空のときとで測定する.試料が空のときは $\varepsilon^*(\omega) = 1$ であるから複素数の比誘電率

$$\varepsilon^* = \varepsilon' - i\varepsilon'' \tag{3.8}$$

が得られる.$\varepsilon' > 0, \varepsilon'' > 0$ であるから複素共役をとる.それによってコンデン

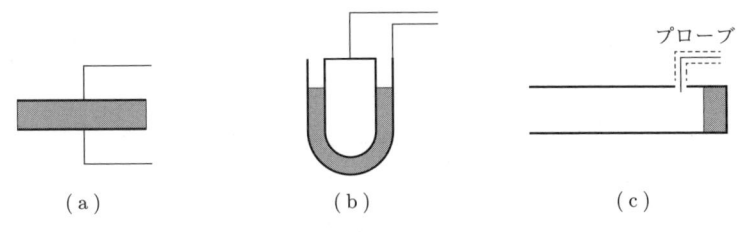

図 **3.3** 誘電率の測定方法.(a) と (b) は低周波用,(c) はマイクロ波用

サの抵抗成分でエネルギー損失の起きることが保証される。なお，＊が付かない ε もよく見かけるが，その場合は実部 ε' を意味すると思って差しつかえない。

0.3～300 GHz をマイクロ波という。波長でいえば 1 m～1 mm である。この領域では，試料を導波管あるいは同軸線路の端に置いて電場に与える影響を調べる。導波管は金属で囲んだ電波の通り道である。構造は簡単であるが周波数帯域は狭い。広い意味の同軸線路は電位の異なる二つの電極が試料を取り囲んでいる。いわゆる同軸ケーブルのように，同軸に配置されている線路が標準的であるが，電極が平行に並んだストリップラインも可能である。最も基本的な測定方法は図 3.3(c) の方式であり，導波管を伝わって左からくる電波が端面と試料によって反射される。その反射波の振幅と位相によって定在波の形状が決まる。それを調べるために，プローブ（一種の半導体センサ）を図の横方向にスライドさせて信号強度を測定する。

図 3.3(c) の方式を発展させたのがベクトルネットワークアナライザ（vector network analyzer, VNA）方式である。VNA は電波を発生させるとともに反射波の振幅と位相を計測する装置であり，50 GHz 程度まで動作する装置が市販されている。

〔2〕 **TDR 法**　一度に多くの周波数についてデータがほしければ，時間領域反射法（time domain reflectometry, TDR）という，同軸線路に試料を入れて反射を測る方法が便利である。時間領域分光法（TDS）ともいう。信号源は，立ち上がりがきわめて速い階段電圧発生器である。

図 3.4 は，50 Ω の同軸線路を左から走ってくる階段電圧（ステップ電波）の反射を四つの場合について図示している。図 (a) は短絡 $Z_2 = 0\,\Omega$，図 (b) は開放 $Z_2 = \infty\,\Omega$，図 (c) は $Z_2 = 50\,\Omega$，図 (d) は短絡終端の前に誘電体を置いた場合であり，波形から材料の誘電分散を知ることができる。

〔3〕 **電磁波の反射**　ここで図 3.4 と光学との関連性を指摘しておこう。誘電率または屈折率に不連続があれば電磁波が反射される。非磁性体の媒質 1 から媒質 2 に電磁波が進行するとしよう。電場の反射係数 r は

3.1 誘電分極とその計測

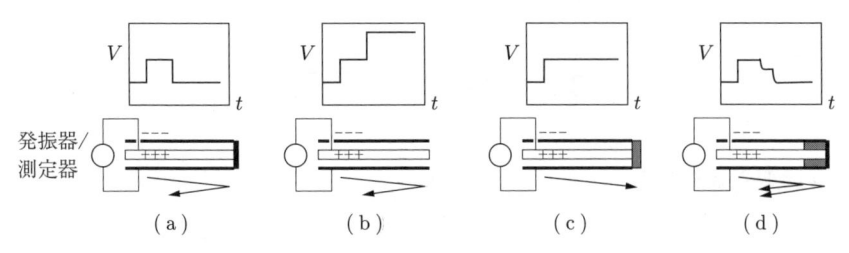

(a) (b) (c) (d)

図 **3.4** TDR 法における反射波形

$$r = \frac{Z_2 - Z_1}{Z_2 + Z_1} = \frac{\frac{Z_2}{Z_1} - 1}{\frac{Z_2}{Z_1} + 1} \tag{3.9}$$

である。反射係数は振幅について定義される量なので $-1 \leq r \leq +1$ である。終端が金属であれば $Z_2/Z_1 = 0$ なので $r = -1$ であり，終端が空気であれば $Z_2/Z_1 = \infty$ なので $r = +1$ となる。$50\,\Omega$ のいわゆる無反射終端は $r = 0$ である。

つぎにインピーダンスによる考察を比誘電率で置き換えてみよう。特性インピーダンスが $Z = \sqrt{\mu_0/(\varepsilon\epsilon_0)}$ であるから（μ_0 は真空の磁化率，ϵ_0 は真空の誘導率）

$$r = -\frac{\sqrt{\varepsilon_2} - \sqrt{\varepsilon_1}}{\sqrt{\varepsilon_2} + \sqrt{\varepsilon_1}} \tag{3.10}$$

が得られる。図 3.4 (d) の波形は，媒質 2 の r の周波数依存性考慮して解析することができる。

電磁波が光の領域では，媒質の比誘電率と屈折率 n との間に

$$\varepsilon = n^2 \tag{3.11}$$

という関係があるから

$$r = -\frac{n_2 - n_1}{n_2 + n_1} \tag{3.12}$$

となる。

3.2　誘電分極の分子論

● 誘電分極の種類

〔1〕配向分極　極性分子でできている液体では，電場の中で分子が向きを変えることによって配向分極が起きる。ただし，4章で扱う分子回転とは大きな違いがある。共鳴モデル（図1.9参照）と対比させながら説明しよう。

(1) 外部から加えられた電場が極性分子の向きを揃えようとする。この点は分子回転と同じである。

(2) 極性分子と溶媒分子との間の衝突が回転運動を乱す。回転の向きと速度は頻繁に変化するので運動方程式は単なるサイン波駆動ではない。雑音駆動[48]の視点も必要である。

(3) 配向分極では，ほかの極性分子による電場が外部電場に重畳してローレンツ（Lorentz）場をつくる。極性分子はこの電場を感じる。

(4) その結果，エネルギー吸収は鈍い。また，誘電率 ε' への寄与は直流まで及ぶ。

比誘電率 ε はつぎのクラウジウス–モソッティ（Clausius-Mosotti）の式からわかるように温度に依存する。かつては，この効果を用いて永久双極子モーメント μ_0 の大きさが調べられた。

$$\frac{M}{\rho}\frac{\varepsilon-1}{\varepsilon+2}=\frac{4\pi N_A}{3}\left(\alpha_0+\frac{\mu_0^2}{3\epsilon_0 k_B T}\right) \tag{3.13}$$

ここで ρ は密度，M は分子量，α_0 は分極率（厳密にいうと静的分極率），ϵ_0 は真空の誘電率である。

双極子モーメントの実用単位として P. Debye（デバイ）にちなんで導入された Debye 単位がよく用いられている。記号はDである。旧 e.s.u. 単位系での電荷とオングストローム〔Å〕単位（0.1 nm 単位）で表した長さの積が，Debye 単位の双極子モーメントである。SI 単位系では電荷と長さをそれぞれクーロン〔C〕とメートル〔m〕で表す。Debye 単位の関係はつぎのようになっている。

$1\,\mathrm{D} = 3.336 \times 10^{-30}\,\mathrm{C\,m}$

〔2〕 分子内の電荷分布のゆがみによる分極　分子が向きを変えなくても，分子内で電気分極が起きれば試料全体として分極が現れる。したがってこの分極は極性の有無にかかわらず，すべての分子で見られる。分子内分極の原因としては，電子雲のゆがみと分子構造のゆがみが挙げられる。共鳴（可視紫外光，赤外光）の吸収に比べて鈍く，ϵ' への寄与が直流まで及ぶ点は配向分極と同じである。

分子の感じる有効電場[38, p.38]が E_eff であれば，電荷分布のゆがみによる誘起双極子モーメント μ は

$$\mu = \alpha_0 \epsilon_0 E_\mathrm{eff} \tag{3.14}$$

という大きさである。量子論によれば x 方向の電場による x 方向の分極率は

$$\alpha_{0,xx} = 2e^2 \sum_{k>0} \frac{|x_{0k}|^2}{E_k - E_0} \tag{3.15}$$

であり，遷移モーメントの2乗を励起エネルギーで割った形である。イオン化エネルギーが小さい原子，あるいはサイズが大きい原子であれば分極率は大きい。

〔3〕 イオン分極　イオン結晶内でイオン位置がずれでも分極が起きる。強誘電体で顕著であるが，強磁性体に関連付けて説明しよう。強磁性体は自発的に磁気分極をしている。つまり N 極と S 極に分極しているから永久磁石になる。同様に，自発的電気分極を示す物質があり，強誘電体 (ferroelectics) という。例えば，KH_2PO_4（略称：KDP）は，2倍波発生や電場による光学変調など，非線形光学素子として重要である。

強誘電体の中には比誘電率が 10^4 にも達するものがある。それを生かした電子デバイスがセラミックコンデンサである。これに使われる誘電材料はおもにチタン酸バリウム $BaTiO_3$ である。

$BaTiO_3$ の類縁物質に $PbZr_{0.52}Ti_{0.48}O_3$ がある。ふつう PZT と呼ぶ。この組成はジルコン酸鉛（$PbZrO_3$）52%とチタン酸鉛（$PbTiO_3$）48%の固溶体と見なすことができる。強誘電性あるいは圧電性が消失する温度をキュリー（Curie）

温度 T_c という。PZT には $T_c > 300°C$ のものがあり，超音波洗浄器や超音波モータに用いられている。

3.3 誘電分極における分散関係

3.3.1 Debye 型の分散と緩和

〔1〕 **Debye の緩和式**　3.2節〔1〕の(4)を具体的に説明しよう。Debyeは，配向分極の周波数依存性に対して，次式が成り立つことを示した。これをDebye 型の緩和といい，多くの物質で見られる。

$$\varepsilon^*(\omega) = \varepsilon_\infty + \frac{\varepsilon_0 - \varepsilon_\infty}{1 + i\omega\tau} \tag{3.16}$$

ここで ε_0 は静的誘電率，つまり直流での誘電率である。ε_∞ は周波数が十分高いところでの誘電率であり，配向分極は発現しない。原子の場合，ε_∞ は電子雲のゆがみによって生じ，式(3.11)によって屈折率と関係付けられる。τ は誘電緩和時間と呼ばれる量である。

Debye 型の緩和式では誘電率 ε が複素数で表されている。実部と虚部を分離すれば式(3.8)と式(3.16)から

$$\varepsilon'(\omega) = \varepsilon_\infty + \frac{\varepsilon_0 - \varepsilon_\infty}{1 + \omega^2\tau^2} \tag{3.17}$$

$$\varepsilon''(\omega) = \frac{(\varepsilon_0 - \varepsilon_\infty)\omega\tau}{1 + \omega^2\tau^2} \tag{3.18}$$

となる。$\varepsilon(\omega)$ の実部 ε' はいわゆる比誘電率である。実部の周波数依存性を誘電分散という†。虚部 ε'' は誘電吸収と呼ばれ，電磁場のエネルギーが摩擦として失われる度合いを表している（1.3.3項〔2〕の共鳴吸収と比較せよ）。

図 **3.5** は水 H_2O の ε' と ε'' が周波数とともにどう変化するかを示すグラフである。ほぼ 20 GHz で大きな吸収のあることがわかる。2.45 GHz でも誘電吸収のあることが，電子レンジの実用性を保障している。

いくつかの分子について Debye 型誘電分散の定数を**表 3.1** に示す。

---

† 屈折率の場合には光学分散という。

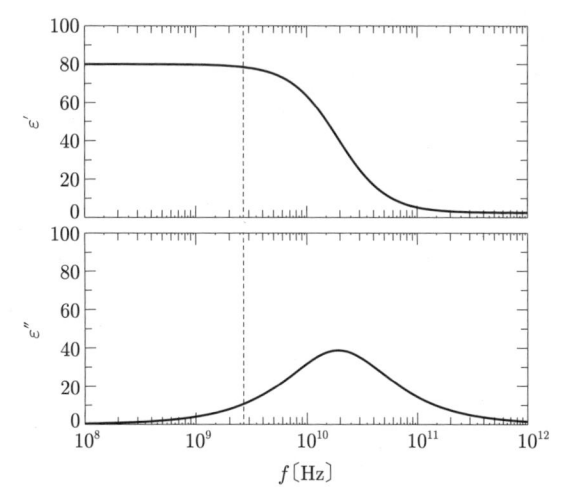

図 3.5 H_2O の誘電分散 ε' と誘電吸収 ε''。点線は電子レンジの周波数 2.45 GHz

表 3.1 Debye 型誘電分散の定数

物 質	ε_0	ε_∞	τ
$CHCl_3$	4.8	2.09[†]	6.3 ps
C_2H_5OH	25	1.85[†]	150 ps
H_2O	81	2.5	8 ps

[†]：(屈折率)^2 で近似

〔2〕 **Cole-Cole 図** 点 $(\varepsilon', \varepsilon'')$ をさまざまな ω に対してプロットして得られる軌跡を Cole-Cole 図という。図 3.6 は液体の水の Cole-Cole 図である。一般に，Debye 型の分散では Cole-Cole 図が半円になる。

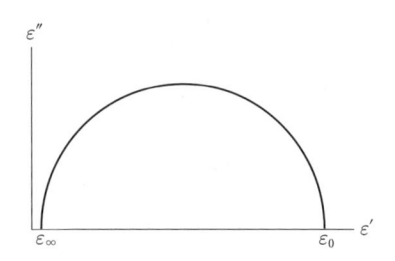

図 3.6 Debye 型誘電緩和に対する Cole-Cole 図

〔3〕 **電気伝導の効果** 現実の試料には多かれ少なかれ伝導性がある。この効果を取り入れるために，式 (3.16) をあらためて $\varepsilon_\mathrm{D}^*(\omega)$ と置こう。伝導率を σ として

$$\varepsilon^*(\omega) = \frac{\kappa\sigma}{i\omega} + \varepsilon_\mathrm{D}^*(\omega) \tag{3.19}$$

と変更する。κ は試料の大きさで決まる定数である。$\omega \to 0$ で ε^* が発散することになって違和感を感じさせるが，インピーダンスそのものには有限の伝導性が現れる。実際，十分低周波では式 (3.19) の第 1 項が効くので，式 (3.7) は

$$Z(\omega) \overset{\omega \to 0}{\to} \frac{1}{i\omega \dfrac{\kappa\sigma}{i\omega} C_0} = \frac{1}{\kappa\sigma C_0} \tag{3.20}$$

となってインピーダンスは有限の抵抗値になる。

3.3.2 非 Debye 型の緩和式と Cole-Cole 図

Cole-Cole 図が半円にならない物質は多い。それらに対しては Debye の緩和式 (3.16) が成り立たない。実用的な経験式をつぎに挙げる。Cole-Cole の緩和式

$$\varepsilon^*(\omega) = \varepsilon_\infty + \frac{\varepsilon_0 - \varepsilon_\infty}{1 + (i\omega\tau)^{1-\alpha}} \tag{3.21}$$

は対称だが，頭がつぶれた形をしている。$\alpha = 0$ のとき Debye の緩和式に一致する。Cole-Davidson の緩和式

$$\varepsilon^*(\omega) = \varepsilon_\infty + \frac{\varepsilon_0 - \varepsilon_\infty}{(1 + i\omega\tau)^\beta} \tag{3.22}$$

は左右非対称である。$\beta = 1$ のときに Debye の緩和式に一致する。章末問題で実際に曲線を描くことにしよう。

3.4 誘電分光の展開

3.4.1 エレクトロニクス

すでにコンデンサがエレクトロニクスに関係する用語である。実際，通信機

器やパソコンでは微小なコンデンサが使われている．ここではもう少し視点を変えてみよう．

〔1〕 **絶縁材料**　通信速度やクロック速度の高速化に伴い，マイクロ波，あるいはそれ以上の周波数領域で誘電分散が起きないような材料が重要となっている．信号を効率的に伝えるには，誘電吸収のないことが好ましい．

電子デバイスの分野では

$$\tan\delta = \frac{\varepsilon''}{\varepsilon'}$$

という量をデバイスの特性評価に用いる．タンジェントデルタがなまってタンデルと呼ばれる．誘電吸収が起きる周波数よりはるかに低い周波数で用いるのでタンデルの値はきわめて小さいが，ε' 自体が大きいので油断してはいけない．

〔2〕 **化学インピーダンス**　試料に周波数 $\omega/2\pi$ Hz の微弱な交流をかけながら平均直流電圧 $V(\omega)$ を加え，同じ周波数の電流 $I(\omega)$ を測定すればインピーダンス $Z(\omega)$ が得られる．Cole-Cole 図の場合と同様に $(Z'(\omega), Z''(\omega))$ をいくつもの ω に対してプロットすることができる．これを化学インピーダンスという．食品業界や医療分野でしばしば用いられる電気化学的な計測技術である[47]．

3.4.2　マイクロ波加熱

〔1〕 **電子レンジ**　電波の利用範囲は政府（総務省）によって割り当てられているが，なかでもマイクロ波は通信用に多用されているので過密である．そのなかの 2.45 GHz 帯（2450±50 MHz）は，電子レンジに使うことができる周波数帯である．図 3.5 を見ると，もっと高い周波数で動作する電子レンジができれば，いまよりも食品などの加熱が効率的にできることがわかるが，残念ながら認可されない．

〔2〕 **マイクロ波で加熱される物質**　電子レンジで加熱される物質には，2.45 GHz 帯で誘電吸収の大きい液体がまず挙げられる（**表 3.2** 参照）．これに対してベンゼン C_6H_6 やヘキサン C_6H_{14} などの非極性溶媒は室温のままである．

表 3.2 マイクロ波で加熱できる溶媒

溶媒	温度〔°C〕	沸点〔°C〕	溶媒	温度〔°C〕	沸点〔°C〕
H_2O	91	100	CH_3COOH	110	119
C_2H_5OH	78	78	CH_3COCH_3	56	56
CH_3OH	65	65	$CHCl_3$	73	77

560 W, 50 mL (「微粒子材料」(NTS, 2013) p.92)

固体でも電導性の物質であれば発熱する。炭，Co_2O_3，NiO がその例である。また，Al_2O_3 は，最初おだやかに温度が上がるが，500°C 付近で急に温度が上がることが知られている（加熱暴走という）。

〔3〕 **マイクロ波化学** マイクロ波の照射によって化学反応を起こさせることができる。必ずしも溶媒を必要としないので，グリーンケミストリー（環境への負荷が少ない化学技術）の視点で興味がもたれる。また，反応時間を短縮することができるなどの利点がある。簡単な実験では市販の電子レンジが使えるが，再現性のよい実験を行うには専用の装置が必要である。マイクロ波で特徴的な反応として，トリアジンを含む縮合反応がある。図 3.7 の反応を加熱によって進行させれば(ⅰ)〜(ⅲ)が全部できるが，マイクロ波では(ⅲ)のみが生成すると報告されている。

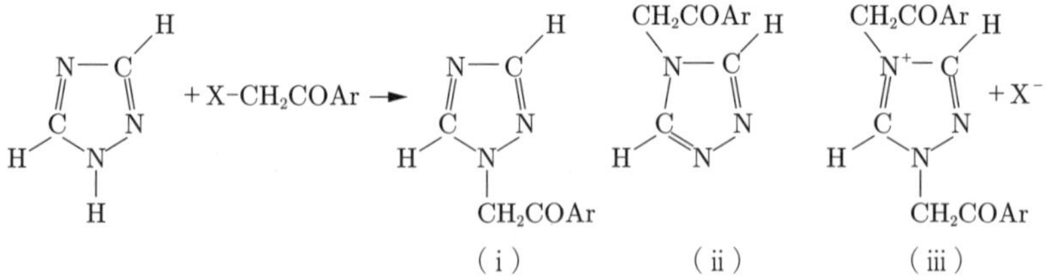

図 3.7 マイクロ波照射反応の特異性。(ⅲ) が 100%できる。$Ar=C_6H_5$-など

3.4.3 テラヘルツ分光法

〔1〕 **テラヘルツ分光法の特徴** 300 GHz（$\lambda = 1$ mm）から 10 THz（$\lambda = 30\,\mu m$）の範囲の電磁波をテラヘルツ波という。この領域は電波と光の中間であり，遠赤外線領域と呼ばれていたが，新しい技術の発展に伴ってテラへ

ルツ波と呼ばれることが多くなってきた。

　テラヘルツ波が注目される一つの理由は，衣服，封筒，ダンボール箱などのいわゆるソフトマテリアルを透過して，裏側や内側に存在する物質の情報を得ることができるからである。X線は透過性が高いが，密度情報しか得られない。テラヘルツ波なら，例えば爆発物や麻薬を同定することが可能になる。

　テラヘルツ領域のスペクトルには，分子そのもののダイナミックス（分子振動）ではなくて分子の存在形態に依存するダイナミックス，あるいは（分子内の特定部位の運動ではなくて）分子全体の運動に対応するゆるいダイナミックスが反映される。例えば，結晶の多形（化学式が同じでも分子の空間配置が異なること）が区別できる。また，結晶化度や水和のしかたに応じてスペクトルががらりと変わる。物質の違いによってスペクトルが異なることから，指紋スペクトルとも呼ばれる。赤外吸収スペクトルにも指紋スペクトルがあるが，ソフトマテリアルに対する実用性はテラヘルツ波のほうが高い。

　〔2〕 **テラヘルツ分光法の実験法**　テラヘルツ波の短波長側は光，長波長側は電波としての性格が強い。光源も，光技術の延長上にあるレーザ技術によるものと，電波技術の延長上にあるもの（電子管や固体デバイス）とに分けることができる。

　時間領域分光法（TDS）について少し触れておこう。超短パルス電場 $E_0(t)$ を物質に当てる。その Fourier 成分 $\tilde{E}_0(\omega)$ によって励起状態に上がり，パルス電場 $E_0(t)$ が消えた後にゆっくりと電磁波 $E(t)$ を放出しながら基底状態に落ちる。その信号を Fourier 変換すればテラヘルツスペクトルが得られる。

章　末　問　題

【1】　式 (3.7) と式 (3.8) で定義される $Z(\omega)$ が，純コンデンサと抵抗からなる回路のインピーダンスと等価であることを示せ。

【2】　ε^* を用いればコンデンサにおける電力損失が正の値をとることを示せ。

【3】　反射係数 r の材料に電波 $\cos(kx - \omega t)$ が入射して反射波が生じた。プローブで

振幅の二乗平均を調べると材料の前面に半波長間隔で定在波ができていること，そして $|r|$ が大きいほど定在波の縞がはっきりとすることを示せ（図3.3(c)参照）。なお材料は十分厚いものとせよ。

【4】(a) 現実の TDR 装置では有限の立ち上がり時間 τ がある（理想的波形は $\tau = 0$）。もし階段電圧が

$$f(t) = a\left(1 - e^{-\frac{t}{\tau}}\right)$$

という波形であれば，周波数成分 $g(\omega)$ はどのような角周波数依存性を示すか。なお，$t < 0$ では $f(t) = 0$ なので，周波数成分はつぎの片側 Fourier 変換で定義される†。

$$g(\omega) = \int_0^\infty f(t) e^{-i\omega t}$$

(b) $\tau = 10$ ps である。パワー $|g(\omega)|^2$ の大きさが，理想的な階段波形の周波数成分の半分になる周波数は何 Hz になるか。

【5】分極率が大きいほうの原子またはイオンを答えよ。

(a) H と Na

(b) Ne と Xe

(c) Na と Na$^+$ （電場の振動が速すぎてイオンは移動できないと考えよ）

【6】双極子モーメントの大きさを Debye 単位で答えよ。

(a) 正負の素電荷 ⊕⋯⊖ が 1 nm の間隔で存在する。

(b) ⊕⋯⊖⋯⊕⋯⊖ が 1 nm の間隔で一直線上に並んでいる。

【7】2.45 GHz における表 3.1 の物質の誘電吸収を求めよ。

【8】つぎの物質を電子レンジに入れてあたためる。温度上昇の速い順番を検討せよ。

(a) H_2O, (b) C_2H_5OH, (c) C_6H_6

【9】H_2O の誘電特性がつぎの通りであればどのような Cole-Cole 図になるか，数値計算で調べよ。

(a) Cole-Cole 型で $\alpha = 0.3$

(b) Cole-Davidson 型で $\beta = 0.4$

【10】C_6H_6 の屈折率は 1.501 である。誘電率 ϵ_0 の値を見積もれ。

---

† 発散を抑えるために，ω を $\omega - i\delta$ として計算し，最後に $\delta \to 0$ とせよ。

4 マイクロ波分光学

分子の回転が高精度で調べられる。簡単な分子の構造決定に適した方法である。

4.1 マイクロ波分光法のあらまし

4.1.1 実 験 装 置

マイクロ波の実験は，導波管の中に電磁波を閉じ込めて行う。図 4.1 は最も基本的なマイクロ波分光実験装置である。導波管の中には低圧気体（およそ 1 kPa 以下）の試料が入っており，マイクロ波の周波数を掃引して共鳴点を検出する。

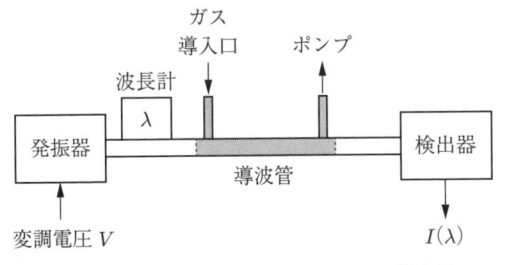

図 4.1 マイクロ波吸収スペクトルの測定法

4.1.2 回転スペクトルが見えるわけ

古典力学のモデルで 2 原子分子の回転を考えよう。電場がかかっていなければ自由回転をする。つまり竹とんぼのように回転軸は一方向を向いたままであり，図 4.2(a) の角運動量ベクトル L もランダムに向いている[†]。

[†] 逆向きに回転できる竹とんぼであれば，逆向きの L が実現できる。

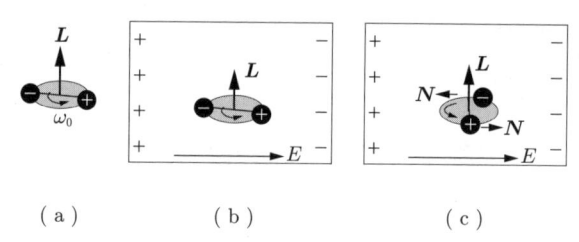

図 4.2 分子回転によるマイクロ波の吸収。(a) は自由回転，(b) では永久双極子に偶力が働かない，(c) では偶力が働く

ここに交流電場がかかると何が起こるか。じつは H_2 や CO_2 などの無極性分子では何も起きない。つまり無極性分子はマイクロ波を吸収しない。

それに対して $H^{\delta+}Cl^{\delta-}$ などの極性分子はマイクロ波を吸収する。これを理解するために，電場 E が図 4.2 (b) の向きにあり，L が電場に垂直の場合を考えよう。分子軸が電場に平行になったとき，回転には電場の影響が現れないが（図 (b)），垂直の場合には偶力 N が働いて回転が速くなる。回転の位相が 180° ずれて原子が入れ替われば逆に遅くなる。その結果，L の平均は変わらない（図 (c)）。つまり，直流電場では吸収が起きない。

しかし，電場が分子回転と同じ速さで反転する場合には，偶力が同じタイミングで働くので回転が激しくなる。つまり，1 個の分子がマイクロ波を吸収する過程は一種の共鳴現象である（図 1.9 参照）。

4.2　分子の自由回転

4.2.1　慣性モーメント

原子の平均位置 r_i に原子質量 m_i の粒子がある。粒子の相対位置は一定に保たれていて，座標系だけが重心の周りを動くと考える。外力が加わらなければ，重心の周りの運動は，ある一定の角速度 ω の回転運動となる。図 4.3 では，微小な変位についてこれを説明している[35, p.363]。空間固定の座標系から見て，分子全体が $d\boldsymbol{\theta}$ 回転すれば元々 r_i にあった分子の位置は

4.2 分子の自由回転

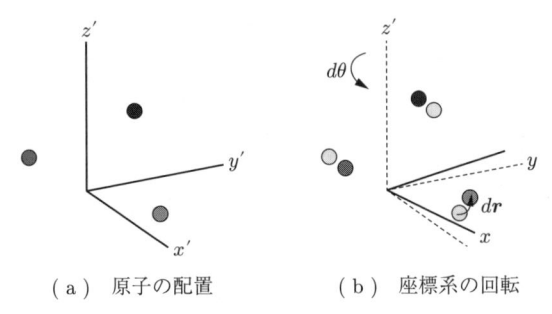

(a) 原子の配置 (b) 座標系の回転

図 4.3 分子の回転

$$d\boldsymbol{r}_i = d\boldsymbol{\theta} \times \boldsymbol{r}_i \tag{4.1}$$

だけ変位する。したがって，速度は角速度 $\boldsymbol{\omega}$ を用いて

$$\boldsymbol{v}_i = \boldsymbol{\omega} \times \boldsymbol{r}_i \tag{4.2}$$

となる。この分子の（重心の周りの）回転エネルギーを T とすると，各原子の運動エネルギーの和を考えて

$$T = \frac{1}{2}\sum m_i (\boldsymbol{v}_i)^2 = \sum_{i,j} I_{ij}\omega_i\omega_j \tag{4.3}$$

と書き表すことができる。$\boldsymbol{I}$ は慣性モーメントテンソル（または慣性テンソル）と呼ばれ，その成分は

$$I_{xx} = \sum_i m_i \left(y_i^2 + z_i^2\right) \tag{4.4}$$

$$I_{xy} = -\sum_i m_i x_i y_i \tag{4.5}$$

である。対角項（式 (4.4)）は，軸から $\sqrt{y_i^2 + z_i^2}$ の距離にある質点のモーメントを計算すればよいことを示している。

〔1〕**慣性主軸**　座標軸を上手にとると慣性モーメントテンソルが対角化できて，式 (4.5) をゼロにすることができる。このように設定された軸を慣性主軸という。慣性主軸はたがいに直交することが証明できる。

そのようにして得られた慣性モーメントを I_A, I_B, I_C と表すことにしよう。これらの相互関係によって**表 4.1** のように分類ができる。そして運動エネルギー

表 4.1　回転体の分類（および近似的な物体）

条　件	名　称	形	分　子
1) $I_A = I_B = I_C$	球形こま	サッカーボール	CH_4
2) $I_A = I_B \neq I_C$	対称こま	ラグビーボール	NH_3
3) I_A, I_B, I_C すべてが異なる	非対称こま	たいていの物体	H_2O
4) $I_A = I_B, I_C = 0$	直線型回転子	鉛筆	HCl

の式は

$$T = \frac{1}{2}I_A\omega_A^2 + \frac{1}{2}I_B\omega_B^2 + \frac{1}{2}I_C\omega_C^2 \tag{4.6}$$

となる。

〔2〕 H_2O の慣性モーメント　　図 4.4 のように慣性主軸をとると

$$I_A = \frac{2m_H m_O}{2m_H + m_O}h^2 \tag{4.7}$$

$$I_B = \frac{1}{2}m_H a^2 \tag{4.8}$$

$$I_C = I_A + I_B \tag{4.9}$$

であり，m は原子の質量である。式 (4.9) の関係は，平面型分子で成り立つ。

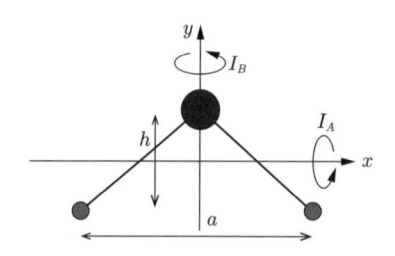

図 4.4　H_2O の慣性主軸

4.2.2　角運動量

角運動量は

$$\boldsymbol{L} = \sum_i \boldsymbol{r}_i \times \boldsymbol{p}_i \tag{4.10}$$

で定義される。慣性主軸に沿って考えると

$$L_j = I_j \omega_j \qquad (j = A,\ B,\ C) \tag{4.11}$$

となる。これを用いると運動エネルギー（式 (4.3)）は

$$T = \frac{L_A^2}{2I_A} + \frac{L_B^2}{2I_B} + \frac{L_C^2}{2I_C} \tag{4.12}$$

と表すことができる。

4.3　2原子分子の回転：剛体回転子近似

4.3.1　慣性モーメント

質量 m_1 と m_2 の原子が原子間距離 r で結合している分子を考えよう。剛体回転子とは回転によって r が変わらないことを意味する。分子軸を z 軸としよう。$x_i = 0,\ y_i = 0$ であるから，式 (4.4) と式 (4.5) はそれぞれ

$$I_{xx} = I_{yy} = \sum_i m_i z_i^2 = m_1 z_1^2 + m_2 z_2^2 \equiv I \tag{4.13}$$

$$I_{xy} = I_{xz} = I_{yz} = I_{zz} = 0 \tag{4.14}$$

である。原点が重心にあるから $z_1,\ z_2$ を r で表すことができて

$$I = \mu r^2 \tag{4.15}$$

$$\frac{1}{\mu} = \frac{1}{m_1} + \frac{1}{m_2} \qquad \left(\mu = \frac{m_1 m_2}{m_1 + m_2}\right) \tag{4.16}$$

と簡単になる。ここで μ は換算質量 (reduced mass) である。

分子軸に垂直な 2 方向（x 軸方向と y 軸方向）にしか回転しないこと（回転の自由度が 2 であること）が重要な点である。式 (4.12) より運動エネルギーは

$$T = \frac{I}{2}\left(\omega_A^2 + \omega_B^2\right) = \frac{L_A^2}{2I} + \frac{L_B^2}{2I} = \frac{1}{2I}\left(L_A^2 + L_B^2\right) \tag{4.17}$$

となる（$L_j = I\omega_j\ (j = A,\ B)$)。外力が働かなければ $\omega^2 \equiv \omega_A^2 + \omega_B^2$ を一定に保ったまま竹とんぼのように回転し続ける。

4.3.2 古典力学における運動方程式

図 4.5 (a) の球座標系 (r, θ, ϕ) を設定する。デカルト座標系で成分を表すと

$$\boldsymbol{r}_1 = \alpha r \, (\sin\theta\cos\phi, \, \sin\theta\sin\phi, \, \cos\theta) \tag{4.18}$$

$$\boldsymbol{r}_2 = -(1-\alpha) r \, (\sin\theta\cos\phi, \, \sin\theta\sin\phi, \, \cos\theta) \tag{4.19}$$

$$\alpha = \frac{m_2}{m_1 + m_2} \tag{4.20}$$

と表される。時間 t で微分して運動エネルギーは

$$T = \frac{1}{2} m_1 \dot{\boldsymbol{r}}_1^2 + \frac{1}{2} m_2 \dot{\boldsymbol{r}}_2^2 = \frac{I}{2} \left(\dot{\theta}^2 + \sin^2\theta \, \dot{\phi}^2 \right) \tag{4.21}$$

となる。図 (b) は回転面（楕円）と角運動量ベクトルの分布のようすを示している。これらは図 4.2 にランダム性を加えた図である。

(a)　球座標系　　　　(b)　回転面と角運動量ベクトル

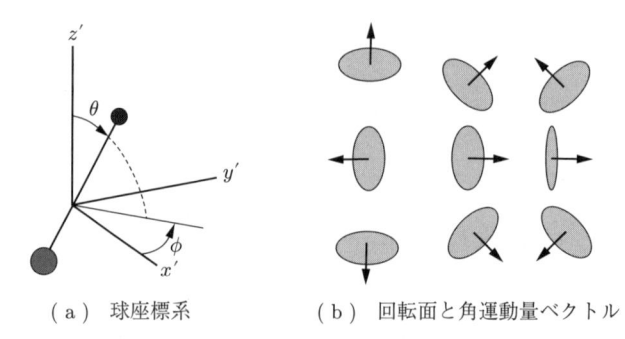

図 4.5　2 原子分子の回転

4.3.3 量子力学における運動方程式

式 (4.21) の量子力学版[3, p.121] は，T を演算子で置き換えて $\hat{T} = \hat{\boldsymbol{L}}^2 / 2I$ である。ここで角運動量演算子 $\hat{\boldsymbol{L}}^2$ は原子スペクトルのところ（2.3.2 項参照）ですでに求めてある。量子力学ではハミルトニアン $\hat{H}$ を考える。それを波動関数 ψ_{JM} に作用させて得られるのが，いわゆる Schrödinger 方程式

$$\hat{H} \psi_{JM}(\theta, \phi) = E_{JM} \psi_{JM}(\theta, \phi) \tag{4.22}$$

である。いまの場合 $\hat{H}$ は $\hat{T}$ と同じであり，その固有関数は球面調和関数 Y_{JM}

であるから，式 (4.22) は

$$\frac{\hat{\boldsymbol{L}}^2}{2I}Y_{JM}(\theta,\phi) = E_{JM}Y_{JM}(\theta,\phi) \tag{4.23}$$

に書き換えることができる．さらに，Y_{JM} が満足する関係式 (2.42) を用いて

$$E_{JM} = \frac{J(J+1)\hbar^2}{2I} = hBJ(J+1) \tag{4.24}$$

$$B = \frac{h}{8\pi^2 I} \tag{4.25}$$

が得られる．ここで B は回転定数（rotational constant）と呼ばれるパラメータであり，周波数単位である[†]．

さて，式 (4.24) にはつぎのような意味がある．

(1) 2 原子分子の回転状態（つまり波動関数）は二つの量子数 J と M で規定される．

(2) 2 原子分子の回転エネルギーは J で決まる．M には依存しない．

(3) 状態 J は M の個数分，つまり $(2J+1)$ 重に縮重している．縮重しているからエネルギーは同じでも，たがいに違う状態である（数学的にいうと波動関数が直交している）．

このようすを $J=2$ について図式的に表すと**図 4.6** のようになる．図 4.5 が連続分布なのに対して図 4.6 は離散的である．

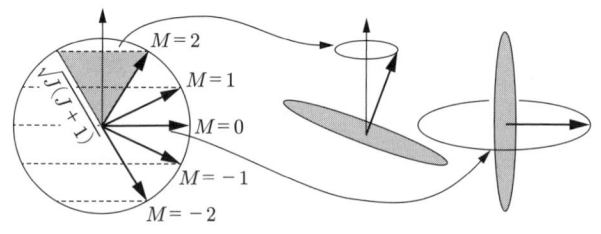

（a）$J=2$ の回転状態　　（b）$M=2$ と $M=0$ の回転状態

図 4.6 2 原子分子の回転状態

[†] 赤外分光では cm^{-1} 単位で B を表す．

4.4 簡単な分子のマイクロ波吸収スペクトル

4.4.1 XY 型 2 原子分子

原子のスペクトルを決める要因が遷移モーメント（式 (2.15)）であった（2.2.2 項参照）。2 原子分子の回転も基本的に同じである。ω は空間の任意の方向を向いているから，吸収前の波動関数を $Y_{JM}(\theta,\phi)$，吸収後の波動関数が $Y_{J'M'}(\theta,\phi)$ として，遷移モーメントは

$$\int Y_{J'M'}^*(\theta,\phi) Y_{1m}(\theta,\phi) Y_{JM}(\theta,\phi) d\Omega \quad (m=0,\pm 1) \quad (4.26)$$

に比例する。式 (4.26) がゼロにならないための条件は

$$J' = J \pm 1 \quad (4.27)$$

である[26, p.63]。もう一つの条件 $-M' + m + M = 0$ はつねに成り立つ。

$J' = J + 1$ は分子がマイクロ波を吸収して回転が速くなることを意味している。対応するスペクトルは

$$\Delta E = E_{J+1} - E_J = 2hB(J+1) \quad (J=0,1,2,\cdots) \quad (4.28)$$

であり，$2hB$ の間隔の線スペクトルとなる。実際のスペクトル形状は，J の回転準位に存在する分子数，つまり Boltzmann 分布で決まる。ただし，導波管で扱える周波数範囲に限界があるので，1 本でも吸収線が観測できれば可である。

一方，$J' = J - 1$ は分子がマイクロ波を放出することを意味している。電波天文台では星間分子から放出されたマイクロ波が観測できている†。

マイクロ波分光法で構造決定された XY 型分子のいくつかが**表 4.2** に載せてある[40, pp.13,14]。^{1}H^{2}H は，二つの CO_2 レーザの差周波数の光を光源として測定している[27]。

---

† http://www.nist.gov/pml/data/micro （2015 年 3 月現在）

4.4 簡単な分子のマイクロ波吸収スペクトル

表 4.2 マイクロ波分光法で構造決定された 2 原子分子

分 子	r [pm]	μ [D]	B [GHz]
^{1}H^{2}H	74.1	0.0009	2 674.992
^{1}H^{35}Cl	127.5	1.18	317.510
^{2}H^{79}B	141.4	0.79	127.3982
^{12}C^{16}O	112.8	0.10	57.8975
^{13}C^{16}O	112.8	0.10	55.3449
^{12}N^{16}O	115.1	0.16	51.0845
^{23}Na^{35}Cl	236.1	8.5	6.53686

4.4.2 直線型 3 原子分子のマイクロ波吸収スペクトル

XY 型 2 原子分子の場合と同じ考え方で，直線型 3 原子分子が理解できる．異種電荷を帯びた原子が重心の周りを回転すれば，双極子モーメントも回転することになってマイクロ波吸収が起きる．マイクロ波吸収スペクトルが観測された分子の例が，**表 4.3** に記載してある[40, p.30]．このデータから ABC 型 3 原子分子の慣性モーメント I が

$$I = m_A r_{AB}^2 + m_C r_{BC}^2 - \frac{(m_A r_{AB} - m_B r_{BC})^2}{m_A + m_B + m_C} \tag{4.29}$$

で得られ，式 (4.28) によってスペクトル間隔 $2hB$ が得られる．

表 4.3 直線型 3 原子分子 (ABC) の構造とスペクトルデータ

分 子	r_{AB} [pm]	r_{BC} [pm]	B [GHz]
^{1}H^{12}C^{14}N	106.8	115.6	44.31580
^{16}O^{12}C^{32}S	116.1	156.1	6.08148
^{14}N^{14}N^{16}O	112.6	119.1	12.56164

O=C=O（式 (4.29) で第 3 項が消える）ではマイクロ波吸収が起きない．この理由は，X_2 型 2 原子分子がマイクロ波吸収を起こさないのと同じであって，双極子モーメントが回転しないからである．

4.5 直線型分子の回転：高度な話題

4.5.1 遠心力の効果

これまで分子を伸び縮みしない剛体と見なしてきたが，これは単純すぎる考え方である．まず第一に，分子回転が速くなれば遠心力が働いて原子間隔が伸びる．話を簡単にするために 2 原子分子で考えると，回転により原子間隔 r は平衡原子間隔 r_0 よりもわずかに伸びる．その効果は

$$k(r - r_0) = \mu r \omega^2 \tag{4.30}$$

という釣り合いの式で見積もることができる．ここで k は 2 原子分子をばねと見なしたときの力の定数である．式 (4.25) に r を代入して

$$\frac{h}{8\pi^2 I} = \frac{h}{8\pi^2} \cdot \frac{1}{\mu r_0^2} \left(1 - \frac{\mu \omega^2}{k}\right)^2 = B - \frac{h}{4\pi^2} \frac{1}{k r_0^2} \omega^2 + \dots \tag{4.31}$$

が得られる．つぎに古典力学と量子力学を対応させて角運動量を考えると，$L = I\omega^2 = J(J+1)\hbar^2$ だから，$\omega^2 \propto J(J+1)$ と見なすことができる．よってこの式は

$$\frac{h}{8\pi^2 I} \approx B - DJ(J+1) \tag{4.32}$$

と書きあらためることができる．D は分子で決まる定数である．したがってエネルギー準位は

$$\frac{E_J}{h} = BJ(J+1) - DJ^2(J+1)^2 \tag{4.33}$$

のように修正され，スペクトル間隔も式 (4.28) ではなく

$$\frac{E_{J+1} - E_J}{h} = 2B(J+1) - 4D(J+1)^3 \qquad (J = 0, 1, 2, \cdots) \tag{4.34}$$

とすべきである．J が大きくなるにしたがって間隔がしだいに狭まることがこの式で示される．

4.5.2 Coriolis 力の効果

分子が回転すれば遠心力のほかにコリオリ（Coriolis）力も生じる[10, p.370]。遠心力との違いは，いま考えている点が v という速度ベクトルをもたなければ影響が生じないことである。一般に Coriolis 力 f は

$$f = 2mv \times \omega \tag{4.35}$$

で表される。ω は回転ベクトルである。

話をわかりやすくするために，地球の自転に由来する Coriolis 力の話からはじめよう。この場合，ω は南極から北極に向いている。大きさは北極と南極で最大であり，赤道上でゼロになる。また南半球と北半球で Coriolis 力は逆向きに作用する。多くの科学博物館にフーコー（Foucault）の振り子が展示してある。はじめ南–北を往復していた振り子が，南南西–北北東 → 南西–北東 … と振動方向をしだいに変える。向きを変えるのは Coriolis 力の効果である。Coriolis 力は，南半球と北半球で逆向きに作用する。北半球で百発百中の大砲を搭載した戦艦を南半球にもっていったら弾がすべてはずれたという逸話が残っている。

さて分光学における Coriolis 力を図 4.7 の直線型 3 原子分子の振動で説明しよう。縮重している ν_2 は，紙面に垂直な変角振動と紙面に沿った変角振動の二つがある（後出の表 5.2 参照）。もし分子が紙面上を左回りに回転すれば ω は紙面から手前に向いている。図の実線の矢印は式 (4.35) の v である。紙面に垂直な ν_2 には f が現れないが，紙面に沿った ν_2 には作用して，軸方向の伸縮振動 ν_1 と ν_3 の動きが混ざってくる[40, p.31]。このことは，縮重していた ν_2 振動が，振動数がわずかに違う二つの振動に分裂することを意味している。この分裂現象（縮重がとけること）を l-タイプダブリングという。

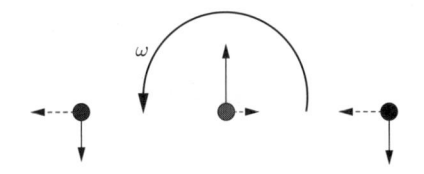

図 4.7 Coriolis 力の影響。紙面に沿った回転が，ν_2（縮重した変角振動）に影響して破線のような力が生ずる

4.5.3 「大きさ」をもつ回転子

4.4 節までは，2 原子分子を，2 個の質点が固くつながれたものであると考えてきたが（図 4.8（a）参照），実際には電子が猛烈な速さで動き回っていると考えねばならない。いくら電子が軽くてもスピードが速いからやはり角運動量 Λ の生じる可能性がある。分子が軸対称であるから，Λ の向きは分子軸と平行になる。H_2 など，多くの 2 原子分子では電子の角運動量がたがいに打ち消し合って $\Lambda = 0$ である（Σ 状態という）。しかし BeH は Π 状態なので $\Lambda = 1$ であり，回転運動の角運動量 N と合わさる。全角運動量ベクトル $J = N + L$ は分子軸から斜め方向に伸びることになる（図（b））。その結果，エネルギー準位は

$$\frac{E_J}{h} = BJ(J+1) + (A-B)\Lambda^2 \quad (J = \Lambda, \Lambda+1, \Lambda+2, \cdots) \tag{4.36}$$

と表される。ここで A は電子の角運動量に由来する回転定数であり，B よりはるかに大きい値をとるが，Λ が一定値なので回転スペクトルの出現位置をシフトさせるように働く。そのほか，J がゼロからはじまらないことも電子の角運動量の効果として指摘できる。こうして，$\Lambda > 0$ の分子は対称コマ（図（c））に似たふるまいをする[9, p.116]。

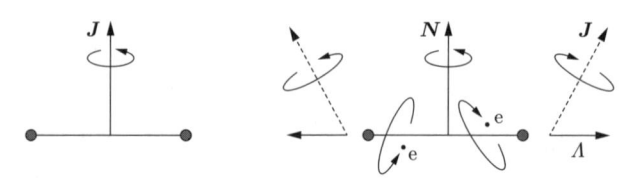

(a) 電子を考えない場合の 2 原子分子の回転

(b) 電子の分子内運動が影響を及ぼす

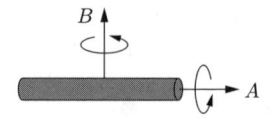

(c) あたかも対称コマのように見える

図 4.8 電子の影響

4.5.4 「見えない」対称分子

これまで「対称な直線型分子は双極子モーメントをもたないので回転スペクトルが見えない」と説明した．その理由は，電場で分子の向きを変えることができないからであった．これに対して，量子論ではまったく異なる説明をするのでここで紹介しよう[48, p.178],[8, p.96],[41, p.125]．また，CO_2 では，赤外吸収に現れる回転構造が $2B$ ではなく $4B$ の間隔であるが，これも量子論で説明できる．

ここで使う量子論の原理は，同一種類の粒子を区別することができないこと（不可弁別性，indistinguishability）に関するつぎのような対称性原理である．

(1) Bose-Einstein 統計（BE 統計）：スピンが整数の同種粒子を入れ替えると波動関数 Ψ の符号は変わらない．例は，^{2}H（重水素の原子核，核スピン $I = 1$），^{16}O（$I = 0$, 核スピンをもたない）．

(2) Fermi-Dirac 統計（FD 統計）：スピンが半整数の同種粒子を入れ替えると波動関数 Ψ の符号が変わる．例は，e（電子，$I = 1/2$），^{1}H（プロトン，$I = 1/2$）である（2.1.4 項に He の電子入れ替えの例がある）．

そこで，同じ種類の原子からなる分子の波動関数を $\Psi(A, B\,;\,1, 2, \cdots)$ としよう．ここで A, B は原子核に付けたラベルであり，$1, 2, \cdots$ は電子に付けた番号である．原子核 A と B を入れ替えれば

$$\Psi(A, B\,;\,1, 2, \cdots) = \pm \Psi(B, A\,;\,1, 2, \cdots) \qquad (\mathrm{FD} = +,\ \mathrm{BE} = -)$$
(4.37)

である．

対称な直線型分子には，対称中心が必ずあるから，そこを原点にとって $(x, y, z) \to (-x, -y, -z)$ という変換をすることができる．これを反転操作（inversion operation）† という．反転操作を巧みに使って式 (4.37) の原子核交換操作を実現することができる．

(1) 分子を構成するすべての粒子を反転させる．
(2) 電子のみを再度反転させる．

---

† 6 章では，反転操作も含めて対称操作を系統的に扱う．

最初の反転操作 (1) は，核スピンの反転，回転状態の反転，振動状態の反転，電子状態の反転に分けて考える。核スピンの反転については，符号を変えない偶関数と符号を変える奇関数がありうる。回転状態については，$J = 0, 2, 4, \cdots$ の状態は符号が変わらず（偶のパリティ），$J = 1, 3, 5, \cdots$ の状態は符号が変わる（奇のパリティ）。

振動状態については，調和振動と考えれば，振動の量子数 v が偶数なら偶関数，v が奇数なら奇関数である（通常の条件下では，基底状態は $v = 0$ にいる）。

電子状態の反転操作を行うには，まず分子全体を軸に垂直な軸の周りに $180°$ 回転させる（この段階では何も変わらない）。その後，分子軸を含み，いまの回転軸に垂直な面を鏡に見立てて電子のみに鏡映操作を施す。後者の変換について ＋ と − がありうる[†]。たいていの場合 ＋ である。

一方，後の反転操作 (2) は，符号を変えない g（gerade, ゲラーデ）と符号を変える u（ungerade, ウンゲラーデ）がある。H_2 や CO_2 の基底電子状態は，＋ と g であるから，核スピンの対称性と回転状態の対称性を考慮すればよいことになる。以下，いくつかの分子について具体的に調べていこう。

〔1〕$^{16}O^{12}C^{16}O$　式 (4.37) は正号をとる。$I = 0$ でスピンはもたないから，原子核についての反転対称性は考えなくてもよい。振動の基底状態 $v = 0$ では，反転操作で符号の変わらない回転状態，つまり $J = 0, 2, 4, \cdots$ のみが許される。一方，振動の第一励起状態 $v = 1$ では，反転操作で符号の変わる回転状態 $J = 1, 3, 5, \cdots$ のみが許される。したがって，同一の振動状態にいる限り双極子遷移 $\Delta J = \pm 1$ が許されないので，回転スペクトルは見えない。

しかし，後に述べる振動回転スペクトルでは，$(v = 0; J = 0) \to (v = 1; J = 1)$，$(v = 0; J = 2) \to (v = 1; J = 3)$ などの遷移に伴う回転状態の変化が観測される。$(v = 0; J = 1) \to (v = 1; J = 2)$ のような遷移が抜けるので，回転線の間隔は $2B$ ではなく $4B$ となる（5.5.2 項参照）。

〔2〕$^1H_2$　式 (4.37) は負号をとる。$I = 1/2$ であるからスピン状態は全部で $(2I+1)^2 = 4$ 個ある。それらの内訳は

[†] HCl のような非対称な直線型分子についても電子状態の ＋ と − が考えられる。

$$\begin{cases} \text{偶} & \alpha\alpha, \ \frac{1}{\sqrt{2}}(\alpha\beta+\beta\alpha), \ \beta\beta \\ \text{奇} & \frac{1}{\sqrt{2}}(\alpha\beta-\beta\alpha) \end{cases}$$

である。

振動の基底状態 $v=0$ では，反転操作で符号の変わらない回転状態 $J=0, 2, 4, \cdots$ の統計的重みは奇のスピン状態の数に等しく，1 である（パラ水素という）。また，反転操作で符号の変わる回転状態 $J=1, 3, 5, \cdots$ の統計的重みは偶のスピン状態の数に等しく，3 である（オルト水素という）。$\Delta J=\pm 1$ の双極子遷移はスピン状態の変化を伴うために許されない。よって，回転スペクトルは観測できない。

章 末 問 題

【1】回転スペクトルに対して双極子モーメントと慣性モーメントはどのように関わりをもつか。

【2】HD（^{1}H^{2}H, 重水素化水素, hydrogen deuteride）の双極子モーメントがゼロでない理由を重心と電荷の中心がずれているためであると考えた。これは正しいか。ただし電荷は中心に対して対称に分布しているものとする。

【3】つぎの分子のうちで直線型回転子はどれか。
H-C≡C-H, H$_2$C=CH$_2$, H$_2$C=C=CH$_2$, H$_3$C-CH$_3$, O=C=O, O=S=O

【4】H$_2$C=CH$_2$ の慣性主軸を示せ。

【5】CH$_4$ の慣性主軸を決めたい。最初に選ぶ座標軸はつぎのどちらがよいか。
  (a) 一つの C-H 軸に一致するように選ぶ。
  (b) 二つの C-H 軸を二分するように選ぶ。

【6】CH$_4$ が球形コマであることを示せ。

【7】対称コマは，ラグビーボール型（prolate）とフリズビー型（oblate）に細分できる。それぞれの分子の例を挙げよ。

【8】一般に 3 回軸以上の対称軸を 1 本もつ分子は対称コマである。NH$_3$ 型分子において軸を図 4.9 の通りにとればそれが慣性主軸となること，そしてこの分子が対称コマであることを確かめよ。

【9】^{1}H^{35}Cl の原子間距離は 0.1275 nm である。回転定数 B の値を求めよ。

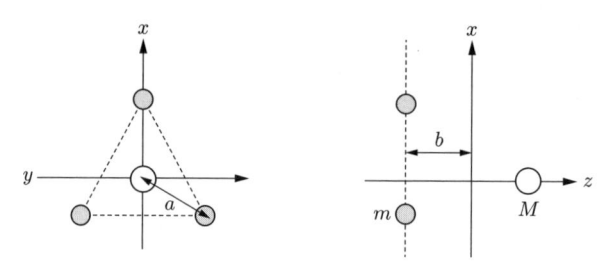

図 4.9 NH$_3$ 型分子の回転軸

- 【10】 ^{14}N^{16}O の原子間隔は 0.1151 nm である．回転定数 B の値を求めよ．
- 【11】 ^{1}H^{35}Cl の $J = 2 \to 3$ のマイクロ波吸収はどこに現れるか．
- 【12】 ^{14}N^{16}O の $J = 1 \to 2$ のマイクロ波吸収はどこに現れるか．
- 【13】 CO_2 の回転定数を計算せよ．（注）C=O 距離は 115 pm である．
- 【14】 Einstein の A 係数は，24 GHz のマイクロ波遷移と 632 nm の赤色遷移でどう異なるか．また B 係数についてはどうか．ただし遷移双極子モーメントの大きさは同じであるとする．
- 【15】 星間分子から発せられるマイクロ波は，地球に対する相対速度 V のために Doppler シフトを起こしている．回転定数を正確に求めるにはどうすればよいか．
- 【16】 式 (4.33) の負号は，原子間隔が伸びると慣性モーメントがどう変化するかを考えれば容易に理解できるという．これについて説明せよ．
- 【17】 重水素を含む水素分子 D_2 および HD の回転状態の特徴を説明せよ．

5 赤外分光学およびRaman散乱

赤外分光学もラマン散乱（Raman scattering）も分子振動についての情報が得られる。それをもとにして化学分析や状態分析が可能になる。

5.1 赤外分光学およびRaman散乱のあらまし

5.1.1 分子振動の分光学

〔1〕 ポピュラーな分析手段　分子の分光と聞くとたいていの人は赤外分光法（infrared spectroscopy, IR）を連想する。機器分析法としてそれほどまでにポピュラーである。また，スペクトルの背後にある分子振動はすべての分子のダイナミックスの基本である。例えばタンパク質のフォールディング（折りたたみ）は，多数の一重結合が内部回転（図 5.1 (a) 参照）をし合って実現する。Raman散乱も分子振動について情報をもたらしてくれる。同じ位置に両方のスペクトルが現れることもあれば，片方のスペクトルしか見えない場合もある。化学結合の変化もスペクトルとして観測できるので，IRもRも分子

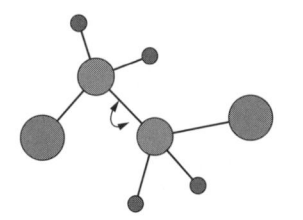

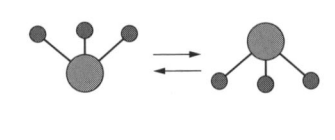

（a） CH_2Cl-CH_2Cl の内部回転　　　（b） NH_3 のトンネル効果

図 5.1　分子振動には複雑なものもある

ダイナミックスについての貴重な情報源となっている。そして化学反応における原子の移動は，振動の1周期の間（ピコ秒）に完結するといわれている。

〔2〕 **まずは古典力学で** 交流電場の中で電気双極子が共鳴振動するという1.3.3項の古典力学的モデルで，かなりのところまで理解ができる。永久双極子にせよ誘起双極子にせよ，電場と相互作用をすれば赤外吸収が起きる。日常的に経験する固有振動は，分子の基準振動と関連付けができる。Raman散乱も古典力学的モデルで直感的に理解できる。しかし本質的には量子力学によって支配される現象なので，古典力学的な理解を量子力学によって補強していこう。

〔3〕 **分子振動と一口にいっても…** 「分子が振動していれば，スペクトルに現れる」といってしまえばそれまでであるが，その振動は必ずしもばねの伸び縮みのような単純ものではない。図5.1に例を挙げた。図(a)は一重結合軸の周りの内部回転である。二つのClが180°の角度をなすtrans（トランス）異性体と120°のgauche（ゴーシュ）異性体が存在し，それぞれ平衡位置の周りで微小振動をする。しかし非置換のCH_3-CH_3であればぐるりと一周できる。図(b)はNH_3のトンネル振動である。通り抜けられないはずの穴を量子効果によってするりと抜けることができるので，両方の三角錐は対等であり，2極小ポテンシャルができる。図(a)も(b)も赤外吸収にはスペクトルとして現れるが，解析は容易ではない。以下では，このような困難な問題は除外し，ばねの伸び縮みで理解できるものに限定して話を進めていく。

5.1.2 赤外分光における試料の形態

赤外分光法は感度が高いので，気体，液体から固体まで幅広く測定できる。透明なポリマーフィルムでも，透明な気体でも，さらには吸着分子でも測定することができる。

〔1〕 **ダブルビーム・シングルビーム** 空気も赤外線を吸収する（後出の図5.14参照）ので，ダブルビーム法といって，試料を通らない赤外光と試料を通った赤外光との強度差を求めるのが普通である。両方の信号には空気による

吸収信号が同じだけ現れているので，差をとれば試料のみの信号が得られる。これに対して，試料を通った赤外光のみの強度を測定する方法をシングルビーム法という。空気による赤外吸収スペクトルはこの方法で調べる。

〔2〕**液体・溶液**　液体は，液膜法がよく用いられる。赤外線を通す KBr や NaCl でできたプレートの間に少量の液滴を挟んで試料とする。簡便な方法として溶液法がある。赤外領域で吸収の少ない四塩化炭素 CCl_4 を溶媒とすることが多いが，780 cm^{-1} 付近では溶媒による吸収が邪魔をするので注意が必要である（後出の図 5.11 参照）。

〔3〕**固　　体**　固体の場合，量が多すぎないように，粉末にしてからヌジョール（nujol）という一種のパラフィンでこねて試料とする。あるいは，KBr の微結晶と混ぜて加圧して錠剤とする。

〔4〕**気　　体**　気体は，試料セルに入れて測る。高分解能測定をするためには減圧して圧力線幅をなくす。そのかわり，吸収が弱くなるのでセルを長くしなければならない。鏡で光を何度も往復させて，実質的にセルの長さを何倍かにすることもある。

〔5〕**固体薄膜**　薄膜に対して，斜め上方から赤外線を当てて全反射を起こさせる方法がある。赤外光の偏光面を回転させれば，膜の面に対してどのような角度で振動しているかについての情報も得られる。近年は，全反射で生じる近接場（図 1.11 参照）を利用する ATR 法（attenuated total reflection method）がよく用いられる。この方法では，赤外線を通す Si ($n = 3.4$) や Ge ($n = 4.0$) の単結晶の表面上に薄膜を置き，近接場光と薄膜とを相互作用させる（図 5.2 参照）。Ge と空気の界面であれば $\theta > \sin^{-1} 1/n = 15°$ で全反射が起きる。

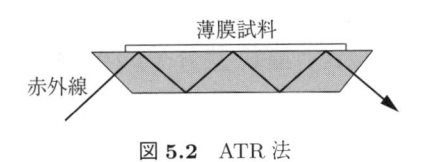

図 5.2　ATR 法

5.1.3 赤外分光の測定方法

〔1〕 **周波数掃引法**　古くからある方法であり，分光器を用いて測定する。すなわち，赤外光を回折格子に通して単一の波長の赤外線をつくり，それを試料に通して透過した光の強度を調べる。回折格子の角度を機械的に変えて測定波長を徐々に変化させるので，掃引し終わるまでにかなりの時間がかかる。

〔2〕 **Fourier 変換分光法**　FTIR（Fourier-transform infrared）法と呼ばれる。図 5.3 に示す通り，測定原理はマイケルソン（Michelson）干渉計と同じである。すなわち，鏡の位置をずらしながら干渉を起こさせると，光路差 Δx に応じて干渉縞が生じる。これを Fourier 変換すれば吸収スペクトルが得られる。短時間で計測が終わること，ノイズが低いことが特徴である。

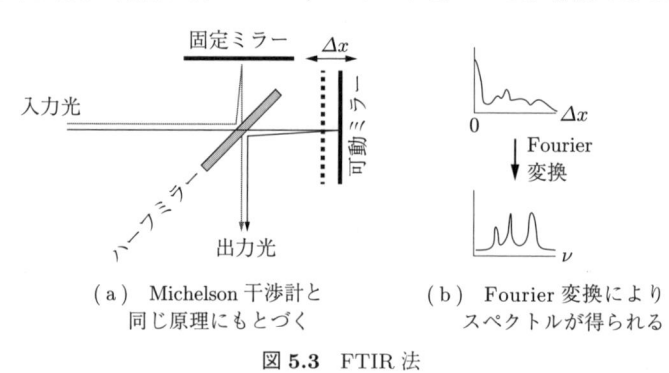

(a) Michelson 干渉計と同じ原理にもとづく

(b) Fourier 変換によりスペクトルが得られる

図 5.3　FTIR 法

5.1.4 スペクトル・データベース

有機化合物に特化したデータベース（SDBS）が独立行政法人産業技術総合研究所（AIST）によって運営されている[†]。赤外吸収，Raman 散乱のほかに NMR，ESR，質量スペクトルのデータにもアクセスできる。

5.2 直線型分子の振動

原子が一直線に並んだ系は取り扱いが比較的容易であるから，それらの系を

[†] http://sdbs.db.aist.go.jp/sdbs/cgi-bin/cre_index.cgi （2015 年 3 月現在）

5.2 直線型分子の振動

通して分子振動の基本概念を学ぼう。

5.2.1 原子間ポテンシャル

分子が振動するということは，原子が平衡位置（時間平均の位置）からずれるということである。ずれるという表現は，暗黙のうちに微小変位を意味しているが，微小という制約をとりはずしてみたらどうであろうか。話を簡単にするために2原子分子で考えよう。

図 **5.4**（a）は H⋯Cl の原子間隔が変わるとポテンシャルエネルギーがどう変わるかを，つぎのモース（Morse）関数を用いて近似的に描いたものである。

$$V_{\text{Morse}}(r) = D_e \left[1 - e^{-\beta(r-r_e)}\right]^2 \tag{5.1}$$

縦軸・横軸ともにスケールは両分子で同じである。ここで D_e は谷底から測った解離エネルギー，r_e は平衡原子間距離であり，β は

$$\beta = \tilde{\nu} c \sqrt{\frac{2\pi^2 \mu}{D_e}} \tag{5.2}$$

で定義される。$\tilde{\nu}$ は HCl の振動数 ν を光速度 c で割って波数（単位長さ[†]当り

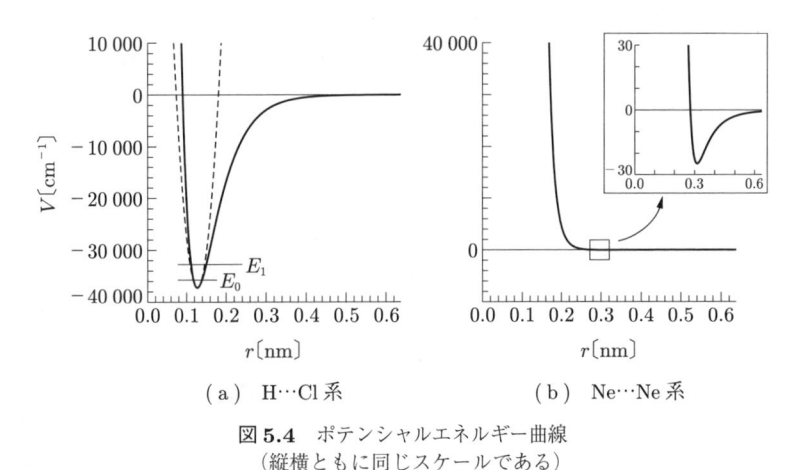

(a) H⋯Cl 系

(b) Ne⋯Ne 系

図 **5.4** ポテンシャルエネルギー曲線
（縦横ともに同じスケールである）

[†] 1 cm を単位長さにするのが慣例である。

の波の数）とした値である。μ は換算質量である。図 (b) は Ne$\cdots$Ne 系のポテンシャルエネルギーをつぎの Lennard-Jones（レナード・ジョーンズ）関数を用いて描いてある。

$$V_{\text{L-J}}(r) = 4\varepsilon\left[\left(\frac{\sigma}{r}\right)^{12} - \left(\frac{\sigma}{r}\right)^{6}\right] \tag{5.3}$$

図 (a) のポテンシャルは，式 (5.1) そのままではなく，$V(\infty) = 0$ となるように D_e を差し引いてある．その理由は，分子が解離した状態のエネルギーをゼロにするほうが広い視野で分子ダイナミックスをとらえることができるからである．その一例が原子どうしの衝突過程である．二つの原子が十分離れていればポテンシャルエネルギー V はゼロである．そこから熱運動に相当する運動エネルギー T をもってたがいに近付く．図 (a) の谷のところにくると V が負になるが，エネルギー保存則のために T が増加する．つまり速く動き出す．V が急に立ち上がるところにくると，T がゼロになって運動の向きが逆になる．この点を古典的転回点（classical turning point）という．そしてまた両原子が離れ去っていく．

このシナリオは図 (b) にも当てはまる．(a) と (b) の大きな違いは，(a) では分子を形成しうるという点である．それが可能になるのは，谷のところで増加したエネルギーをほかに移すしくみがあるためであり，一例が He などの気体が冷却用に混ぜてある場合である．He との衝突で過剰なエネルギーを失った分子は谷底へと落ちていく．ただし，量子力学によれば，図の E_0 までしか HCl のエネルギーは下がらない．室温では，図の E_1 のエネルギー状態にある HCl はほんのわずかである．

希ガス原子どうしの場合，いわゆるファンデルワールス（Van der Waals）力しか働かないので，極低温でもない限り分子は形成できない．

図 (a) の破線は，式 (5.1) を級数展開して得られる

$$V_{\text{harmonic}}(r) = \frac{1}{2}k(r - r_e)^2 \tag{5.4}$$

という形のポテンシャルであり，調和ポテンシャルと呼ばれる．この関数は，谷

底付近のポテンシャルをよく表現できている。その名が示す通り，調和関数（つまり2次関数）を使うと解析的に解けることが多いので自然科学で多用されている[37]。実際，式 (5.4) から振動数が容易に得られる（式 (5.13) 参照）。分子振動を調和振動（調和ポテンシャルにおける振動）と見なしても構わない場合が多いので，本書でも調和振動を中心にして話を進める。

5.2.2 2原子分子の振動

〔1〕 **単振動の古典力学** 直交座標系で考えれば，原子の座標は (x, y, z) の組が2個あるから全自由度は6である。つまり，6個の値が定まらないと分子の位置が決まらない。重心が動いても分子の運動はまったく変わらないから，重心の自由度3を差し引いた3が残りの内部運動自由度である。このうち原子間隔が増減する振動の自由度が1であり，残りは回転の自由度2である。

回転の自由度が2というのは2原子分子に限らず，すべての直線分子に当てはまる。これは例えば垂直に立てた鉛筆を，特定の方向に向ける操作を考えてみればすぐにわかる。まず鉛筆を適当な角度に傾け，そのまま横方向に回せば指定した方向を向かせることができる。

さて，ある軸（x軸）上に質量 m_1 の粒子と m_2 の粒子がある。おのおのの座標は x_1 と x_2 である（$x_1 > x_2$ とする）。振動の大きさは，粒子間の平衡間隔 r_0 からどれだけずれるかで決まるから

$$x = (x_1 - x_2) - r_0 \tag{5.5}$$

という変数で表すことにしよう。r_0 は平衡原子間距離であり，平衡位置では $x = 0$ である。$-\infty < x < +\infty$ が x の定義域である。粒子間距離の変化に伴うポテンシャルエネルギー V は

$$V = \frac{1}{2}kx^2 \tag{5.6}$$

という形をとる。k は力の定数（force constant）と呼ばれる定数であり，単位は N/m である。

つぎに運動エネルギーを調べよう。重心の座標

$$X = \frac{m_1 x_1 + m_2 x_2}{m_1 + m_2} \tag{5.7}$$

を導入すれば2粒子の運動エネルギーの和 T は

$$T = \frac{1}{2} m_1 \dot{x}_1^2 + \frac{1}{2} m_2 \dot{x}_2^2 = \frac{1}{2} M \dot{X}^2 + \frac{1}{2} \mu \dot{x}^2 \tag{5.8}$$

である。点の付いた $\dot{x}$ は時間微分 dx/dt のことである。$M = m_1 + m_2$ は分子質量であり

$$\frac{1}{\mu} = \frac{1}{m_1} + \frac{1}{m_2} \tag{5.9}$$

は換算質量である†。分子に外力が加わっていないから $\dot{X}$ は一定のままである。よって $(1/2) M \dot{X}^2$ は T から除外して解析を進めても構わない。

T と V がわかったら、ラグランジュ（Lagrange）の方法で力学問題を解こう。$L = T - V$ で定義されるラグランジュ関数（Lagrangian）を導入して

$$\frac{d}{dt} \left(\frac{\partial L}{\partial \dot{x}} \right) = \frac{\partial L}{\partial x} \tag{5.10}$$

を計算すれば x について

$$\mu \ddot{x} + kx = 0 \tag{5.11}$$

という微分方程式が得られる。この解は単振動の式

$$x = A \cos(\omega t + \phi) \tag{5.12}$$

である。A は振幅、ϕ は初期位相である。振動の波数が次式で得られる。

$$\tilde{\nu} = \frac{1}{2\pi c} \sqrt{\frac{k}{\mu}} \tag{5.13}$$

ここで古典的調和振動（式 (5.12)）の特徴を整理してみよう。

(1) 振幅によらず同一の振動数 $c\tilde{\nu}$ で振動し、その周波数の電磁波を吸収あるいは放出する。

(2) x の滞在時間は端点で大きい。つまり $|dx/dt|^{-1}$ は端点で大きい。この

---

† 「換算」とは誤解を招きやすい言葉である。reduced の意味は簡単になったということ、つまり μ の質量をもった単一の振動子の運動を考えてよいということである。式 (5.11) を参照のこと。

意味は，何かの振動（例えば一端を固定した下敷きの振動）を横から眺めれば，見えるのは振動の両端であり，真ん中の位置は見えないということである。

〔**2**〕 **単振動の量子力学**　運動エネルギー（式 (5.8)）の量子力学版をつくるのが第一歩である。そのために運動量

$$p = \mu \dot{x} \tag{5.14}$$

を導入する。そうすれば式 (5.8) は

$$T = \frac{1}{2\mu} p^2 \tag{5.15}$$

という形をとる。量子力学では演算子を考えるので（2.3.1 項〔２〕参照）

$$\hat{p} = \frac{\hbar}{i} \frac{d}{dx} \tag{5.16}$$

と置き換えて

$$\hat{T} = -\frac{\hbar^2}{2\mu} \frac{d^2}{dx^2} \tag{5.17}$$

が得られる。結局 Schrödinger 方程式は $\hat{T}\psi_n + \hat{V}\psi_n = E\psi_n$，つまり

$$-\frac{\hbar^2}{2\mu} \frac{d^2 \psi_v}{dx^2} + \frac{1}{2} k x^2 \psi_v = E_v \psi_v \tag{5.18}$$

である。ここで波動関数には $\psi(\pm\infty) = 0$ という境界条件が課せられる。その条件のもとで式 (5.18) を解けば

$$E_v = \left(v + \frac{1}{2} \right) hc\tilde{\nu} \quad (v = 0, 1, 2, \cdots) \tag{5.19}$$

という特別な値（数学では固有値という）でのみ解が存在する。$c\tilde{\nu}$ は，k 値と μ 値が同じ古典力学的振動子の振動数 $(1/2\pi \cdot \sqrt{k/\mu})$ である。$v = 0, 2, 4, \cdots$ であれば ψ_v は x について偶関数であり，$v = 1, 3, 5, \cdots$ であれば ψ_v は奇関数である。波動関数を具体的に書き下せば

$$\psi_v(x) = \left(\frac{1}{2^v v!} \sqrt{\frac{\lambda}{\pi}} \right)^{\frac{1}{2}} H_v(\sqrt{\lambda} x) e^{-\frac{1}{2} \lambda x^2} \tag{5.20}$$

$$\lambda = \frac{2\pi \mu c\tilde{\nu}}{\hbar} \tag{5.21}$$

である。H_v は v 次の Hermite 多項式である（付録 A.4 参照）。

遷移モーメント（式 (2.15)）が有限の値をとるのは量子数が一つだけ増減する遷移

$$\Delta v = \pm 1 \tag{5.22}$$

であり，その場合の遷移エネルギーは

$$\Delta E = \pm hc\tilde{\nu} \tag{5.23}$$

である。この結果は，電磁場との間で振動数 $c\tilde{\nu}$ の光をやりとりをするという古典論の結果と矛盾しない。

存在確率 $|\psi_v|^2$ については，$v=0$ であれば原点 $x=0$ に集中しているが，v が大きくなるにしたがって広がっていく。この傾向は，古典力学の世界における振動に近付く。なお，波動関数そのもののグラフが後出の図 7.5 に出ている。

〔**3**〕 **分光学的データ**　分子が振動することによって電磁場との間で相互作用が起きれば，すなわち XY 型の分子であれば，波数 $\tilde{\nu}$ で赤外吸収が起きる。表 5.1[12)] にいくつかの 2 原子分子について $\tilde{\nu}$ と k の値が載せてある。この表

表 5.1　2 原子分子の振動

分子	$\tilde{\nu}$ 〔cm^{-1}〕の実測値 [1)]	力の定数 [2)]
H_2	4 160 (R)	573
HD	3 632	577
D_2	2 994	577
HCl	2 886 (R)(IR)	516
HBr	2 558 (R), 2 559 (IR)	412
HI	2 233 (R), 2 230 (IR)	312
F_2	892 (R)	444
Cl_2	556 (R)	319
Br_2	321	246
I_2	213	176
CO	2 145 (R), 2 143 (IR)	1 900
NO	1 877 (R), 1 876 (IR)	1 590
O_2	1 555 (R)	1 180

1) R は Raman 散乱，IR は赤外吸収，　2) N/m 単位

には，観測されないはずの X_2 型分子についてもデータが出ているが，後述の Raman 散乱によって得られたものである。

5.2.3　3原子分子の単振動

〔**1**〕　**振動モードと運動方程式**　ここで考えるのは CO_2 型分子の振動である。3原子であるから全自由度は $3\times 3=9$ である。重心運動（並進運動）の自由度3を差し引いた残りの6が内部運動の自由度である。そのうち，二つが回転の自由度であり，残りの四つが振動の自由度である。

定量的な解析を行うために図 **5.5** のように番号と距離と角度の変数を定義しよう。対称な分子だから $m_1=m_2=m$ とする。

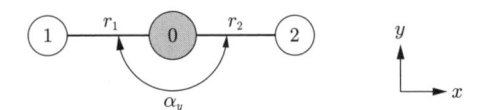

図 **5.5**　CO_2 型分子の三つの変数。原子間距離と結合角

〔**2**〕　**伸縮振動の解**　運動エネルギーの x 成分は

$$T_x = \frac{1}{2}m_0\dot{x}_0^2 + \frac{1}{2}m\dot{x}_1^2 + \frac{1}{2}m\dot{x}_2^2 \tag{5.24}$$

である。2原子分子の場合と同様に，重心運動と相対運動の成分に分ける。後者は，対称・反対称な座標 $(x_1-x_0)\pm(x_2-x_0)$ の関数として表すことができるから次式が得られる。

$$\begin{aligned}T_x &= \frac{1}{2}\frac{(m_0\dot{x}_0+m\dot{x}_1+m\dot{x}_2)^2}{m_0+2m} + \frac{1}{2}m\left(\frac{\dot{x}_2-\dot{x}_1}{\sqrt{2}}\right)^2 \\ &\quad + \frac{1}{2}\frac{m_0 m}{m_0+2m}\left(\frac{2\dot{x}_0-\dot{x}_1-\dot{x}_2}{\sqrt{2}}\right)^2\end{aligned} \tag{5.25}$$

分子軸方向の変位を平衡位置からのずれ

$$\begin{aligned}\Delta r_1 &= x_0 - x_1 - r_1 \\ \Delta r_2 &= x_2 - x_0 - r_2\end{aligned} \tag{5.26}$$

で定義し，重心運動のエネルギー（式 (5.25) の初項）を除外すれば式 (5.25) は

$$T_x = \frac{1}{2}m\left(\frac{\Delta \dot{r}_1 + \Delta \dot{r}_2}{\sqrt{2}}\right)^2 + \frac{1}{2}\frac{m_0 m}{m_0 + 2m}\left(\frac{\Delta \dot{r}_1 - \Delta \dot{r}_2}{\sqrt{2}}\right)^2 \quad (5.27)$$

となる．これらの変位に対応してポテンシャルエネルギーを

$$V_x = \frac{1}{2}K(\Delta r_1)^2 + \frac{1}{2}K(\Delta r_2)^2 + k\Delta r_1 \Delta r_2 \quad (5.28)$$

で定義しよう．K は 2 原子分子の場合と同様の力の定数であり，k は片方の結合が伸縮した場合に，もう一方の結合の力が変化することを表している．式 (5.28) は

$$V_x = \frac{1}{2}(K+k)\left(\frac{\Delta r_1 + \Delta r_2}{\sqrt{2}}\right)^2 + \frac{1}{2}(K-k)\left(\frac{\Delta r_1 - \Delta r_2}{\sqrt{2}}\right)^2 \quad (5.29)$$

と変形できる．式 (5.27) と組み合わせ，式 (5.10) の方法で解けばつぎの角振動数が得られる（図 **5.6**(a) 参照）．

対称伸縮振動：$(\Delta r_1 + \Delta r_2)/\sqrt{2}$ について解けば

$$\omega_1 = \sqrt{\frac{K+k}{m}} \quad (5.30)$$

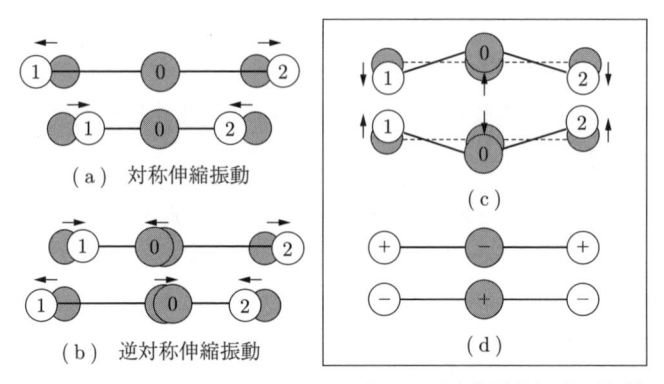

(a) 対称伸縮振動

(b) 逆対称伸縮振動

(c)

(d)

(c) と (d) は変角振動(2 重に縮重)

図 **5.6** CO_2 型分子の振動モード

逆対称伸縮振動：$(\Delta r_1 - \Delta r_2)/\sqrt{2}$ について解けば

$$\omega_2 = \sqrt{\dfrac{K-k}{\dfrac{m_0 m}{m_0 + 2m}}} = \omega_1 \sqrt{\left(1 + \dfrac{2m}{m_0}\right) \dfrac{K-k}{K+k}} \tag{5.31}$$

である。k は K に比べて十分小さいので $\omega_2/\omega_1 \approx \sqrt{1 + 2m/m_0} > 1$ であり，表 5.1 と矛盾しない。

〔3〕 **変角振動の解**　y 成分については，やはり重心運動のエネルギーを除外して式 (5.27) と同様の式が得られる。

$$T_y = \dfrac{1}{2}\left(\dfrac{m}{2}\right)(\dot{y}_2 - \dot{y}_1)^2 + \dfrac{1}{2}\left(\dfrac{1}{2}\dfrac{m_0 m}{m_0 + 2m}\right)(2\dot{y}_0 - \dot{y}_1 - \dot{y}_2)^2 \tag{5.32}$$

式 (5.32) の第 1 項を調べよう。これを書きなおすと

$$\dfrac{1}{2}\left(\dfrac{m}{2}\right)(\dot{y}_2 - \dot{y}_1)^2 = \dfrac{1}{2}(mr^2 + mr^2)\left[\dfrac{d}{dt}\left(\dfrac{y_2 - y_1}{2r}\right)\right]^2 \approx \dfrac{1}{2}I\omega^2 \tag{5.33}$$

であるから，じつは回転エネルギーを表す。ここで I は O=C=O の慣性モーメント，ω は z 軸の周りの角速度である。

つぎに式 (5.32) の第 2 項は

$$\dfrac{d}{dt}\left(\dfrac{y_0 - y_1}{r} + \dfrac{y_0 - y_2}{r}\right) = \dfrac{d}{dt}(\angle 1\text{-}0\text{-}3 + \angle 2\text{-}0\text{-}3) \approx \Delta\dot{\alpha}_y$$

である。よって，回転エネルギーを除外すれば

$$T_y = \dfrac{1}{2}\left(\dfrac{1}{2}\dfrac{m_0 m}{m_0 + 2m}r^2\right)\Delta\dot{\alpha}_y^2 \tag{5.34}$$

が変角振動の運動エネルギーとなる。この変位に対応してポテンシャルエネルギーを

$$V_y = \dfrac{1}{2}H(\Delta\alpha_y)^2 \tag{5.35}$$

で定義しよう。H は原子価角の変化に対する力の定数である。式 (5.10) の方法で解けば，つぎの角振動数が得られる。なお z 成分についても式 (5.36) と同一の結果が得られる。

変角振動：$\Delta\alpha_y$ および $\Delta\alpha_z$ についての解は

$$\omega_3 = \sqrt{\dfrac{H}{\dfrac{1}{2}\dfrac{m_0 m}{m_0 + 2m}r^2}} \tag{5.36}$$

であり，2重に縮重している。

〔4〕 **スペクトルデータ**　表 5.2 にいくつかの例を挙げた（$\tilde{\nu}$ は cm^{-1} 単位[†]）。Σ_g^+ などの記号は対称性を示す（6.3.3 項〔3〕参照）。

表 5.2　直線型対称 3 原子分子の振動

分子	$\tilde{\nu}_1\,(\Sigma_g^+)$	$\tilde{\nu}_2\,(\Pi_u)$	$\tilde{\nu}_3\,(\Sigma_u^+)$	K	H	k
CO_2	1 286, 1 388[1] (R)[2]	667 (IR)[3]	2 349 (IR)	1 550	57	130
CS_2	656 (R)	397 (IR)	1 523 (IR)	750	23	60

1) Fermi 共鳴のために分裂，2) R は Raman 散乱，3) IR は赤外吸収

〔5〕 **CO_2 型分子の振動をめぐる話題**

伸縮振動と変角振動の比較：表 5.2 では，伸縮振動より変角振動のほうが低い振動数をもつ。これは原子間の結合エネルギーが軸方向の変位に対して敏感に変化することを意味している。二つの s 原子軌道からできる σ 結合（軸対称な化学結合）を例にとって図解すると図 5.7 のようになる。軸に沿った原子の変位と軸に垂直な変位とを比較すると，前者のほうが電子雲の重なりに及ぼす影響が大きい。一般に同一の結合について，伸縮振動より変角振動のほうが低波数である（後出の図 5.21 参照）。

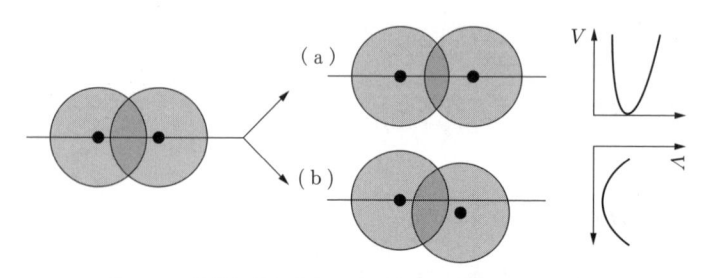

図 5.7　伸縮振動と変角振動（左側の原子は動かない）

[†] 振動モードを区別する場合は $\tilde{\nu}$ ではなく ν を用いることが多い。

5.2 直線型分子の振動

CO_2 における Fermi 共鳴：表 5.2 において，CO_2 の $\tilde{\nu}_1$ が二つ出ている。これは「ν_1 と $2\nu_2$ とがフェルミ（Fermi）共鳴を起こして ν_1 が 2 本に分裂した」と解釈する。しかし，厳密にいうと図 5.8 に示すように両方ともに相手方のモードが混ざっている。つまり，図の二つの点線は共鳴が起きないとしたときのエネルギー準位であるが，実際はたがいが喧嘩をして相手方の波動関数が混ざってレベルが離れる。

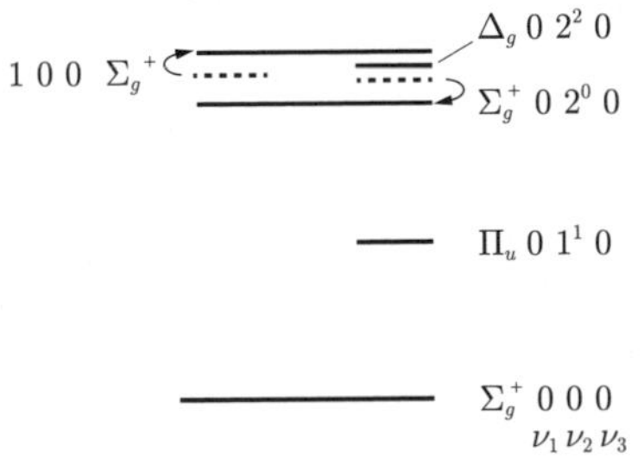

```
                         Δ_g 0 2² 0
  1 0 0  Σ_g⁺ ⟵·······        
                  ·······⟶ Σ_g⁺ 0 2⁰ 0


  ──────  Π_u 0 1¹ 0


  ──────  Σ_g⁺ 0 0 0
              ν₁ ν₂ ν₃
```

図 5.8　CO_2 における Fermi 共鳴

さて，$2\nu_2$，つまり ν_2 の基準振動で量子数が $v_2 = 2$ の縮重状態は 2^0 と 2^2 に区別することができる。2^2 の上付きの 2 は角運動量が 2 であることを意味する†。2^0 が ν_1 と相互作用をする（Σ_g^+ などは対称性を示す記号であり 6 章で説明するが，ここでは単なるラベルと割り切って構わない）。

一般に，別の振動モード（の倍音）と偶然に同じ振動数であり，かつ対称性が同じであるために分裂する現象を Fermi 共鳴，あるいは偶然の縮重という。

炭酸ガスレーザ：炭酸ガスレーザは高エネルギーのレーザとして産業界で広く用いられている。しかしその発振波長（9.4 μm, 10.4 μm）は後出の図 5.14 の波長とは異なる。この理由を調べてみよう。図 5.9 がレーザ発振機構である。炭酸ガスレーザの中では放電が起きて N_2 が $v = 1$ に励起される。この状態は CO_2 の逆対称伸縮振動の第 1 励起状態（001）とエネルギーが近いので，効率よくこの状態が生成する。この状態から赤外線を放出しながら，エネルギーの低い振動準位（Fermi 共鳴を起こしている準位）に遷移する。それらの準位に

---

† 縮重した変角振動が角運動量を生ずることを直感するには，たわみのある棒の真ん中を握って前後・上下に振ってみればよい。棒の端で円を描くことができるはずである。

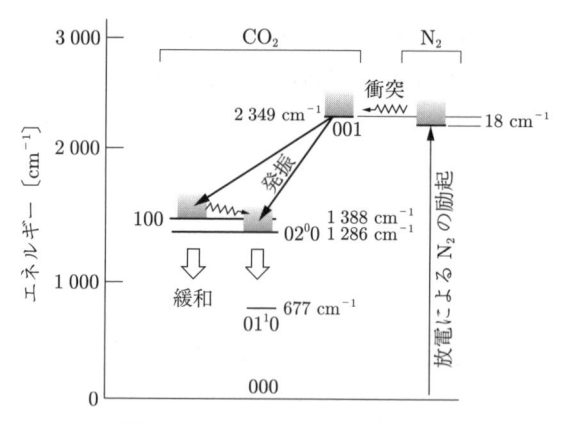

図 5.9 炭酸ガスレーザの発振機構。アミ掛け部分は回転構造，ギザギザ矢印はエネルギー移動を表す

いる分子は速やかに基底状態へと緩和するので逆転分布ができる。これがレーザ発振である。

5.3　簡単な非直線型分子の振動

5.3.1　非直線型3原子分子

〔1〕 **振動モード**　ここで考えるのは H_2O 型分子の振動である。3原子であれば全自由度は $3 \times 3 = 9$ である。重心の自由度3と回転の自由度3を差し引いた，残りの3が振動の自由度である。CO_2 型の場合に比べて回転の自由度が一つ多いのは，軸の周りで回転できるからである。**図 5.10** に振動モードを図示した。原子間距離と角度の計三つの変数で変位を表すことができる。

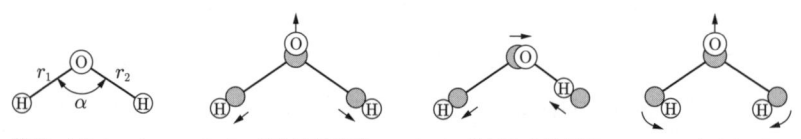

構造パラメータ　　(a) 対称伸縮振動 ν_1　(b) 逆対称伸縮振動 ν_2　(c) 変角振動 ν_3

図 5.10　H_2O 型分子の振動

[2] **スペクトルデータ**　表 5.3 にスペクトルデータを記載した。

表 5.3　非直線型 3 原子分子の基準振動

分　子	$\tilde{\nu}_1 (A_1)$	$\tilde{\nu}_2 (B_2)$	$\tilde{\nu}_3 (A_1)$
H_2O（気体）	3654.5	3755.8	1595.0
H_2O（液体）	3210	3430	1650
D_2O（気体）	2666	2789	1178.7
H_2S（気体）	2611	2684	1290
O_3（気体）	1110	1043	705
SO_2（気体）	1151	1361	519

5.3.2　正四面体型分子および関連する分子

[1] **メタンおよび類似分子**　メタン CH_4 が代表的な正四面体型分子である。この分子の振動自由度は 9 である。しかし，縮重が起きているので実際に観測されるのは，表 5.4 に示す通り IR で 2 本，Raman で 2 本である。対称性を示す A_1，E（2重縮退），T（3重縮退）は表で定義されている。Raman 活性の ν_1, ν_2 では双極子モーメントはつねにゼロである。ν_3, ν_4 は IR 活性である。

表 5.4　正四面体型分子の基準振動

分　子	$\tilde{\nu}_1 (A_1)$	$\tilde{\nu}_2 (E)$	$\tilde{\nu}_3 (T)$	$\tilde{\nu}_4 (T)$
CH_4	2914.2 (R)	1533.6 (R)	3018.4 (R, IR)	1306.2 (R, IR)
CCl_4	458 (R)	218 (R)	759, 790 (R, IR)	314 (R, IR)
SiH_4	2180 (R)	970 (R)	2183 (R, IR)	910 (R, IR)

　CCl_4 の二つの数値は CO_2 の場合と同様，Fermi 共鳴による。図 5.11 は，溶媒としてしばしば用いられる四塩化炭素の振動スペクトルを示す。表 5.4 の ν_3 が強く出ている。挿入図は Raman 散乱スペクトルである。

　[2] **メタン誘導体および類似分子**　メタンの H をハロゲン原子や OH 基で置換すると対称性が落ちるとともに，双極子モーメントが新たに生ずるので，観測される振動モードが一挙に増える（図 5.12 参照）。同様のことは CCl_4 が $CHCl_3$ に変わっても見受けられる。図 5.13 のクロロホルムのスペクトルには図 5.11 に比べて多数の吸収線が見えている。表 5.5 は類似分子の吸収位置をまとめたものである。

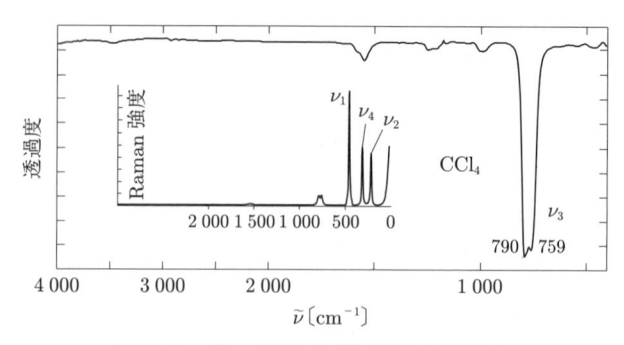

図 5.11　四塩化炭素の赤外吸収スペクトル

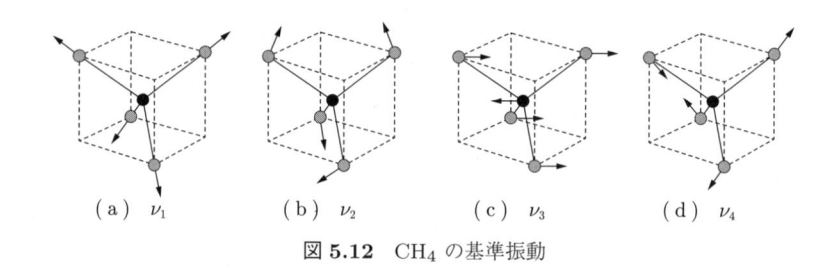

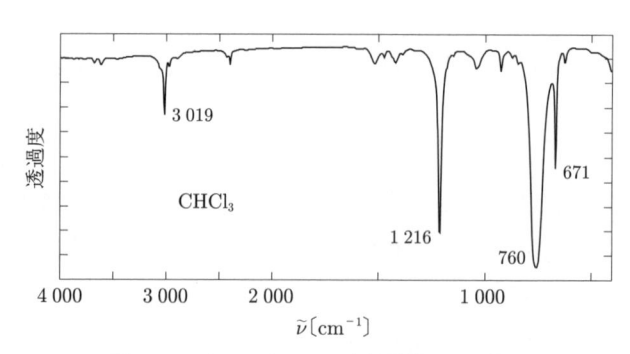

(a) ν_1　　(b) ν_2　　(c) ν_3　　(d) ν_4

図 5.12　CH_4 の基準振動

図 5.13　クロロホルムの赤外吸収スペクトル

表 5.5　メタン誘導体および類似分子の基準振動

$CHCl_3$	3 040	1 441	1 214	762	667	370	262		
CH_2Cl_2	3 048	2 985	1 424	1 262	1 159	898	742	706	286
CH_3OH	3 330	2 940	2 824	1 450	1 410	1 110	1 030	720	

5.4 現実の分子振動

5.4.1 理想的な振動系

N 原子分子であれば振動モードの個数は $3N-6$（直線形であれば $3N-5$）である。これらの振動がたがいに独立した調和振動子として扱えるのであれば理想的な振動系であり，おのおのの調和振動子の振動数が観測にかかることになる。

これらの調和振動子を基準振動といい，それを記述する変数を基準座標 ξ_i という。基準座標は結合距離や結合角などの分子内座標を組み合わせてつくられる。3 原子分子程度であれば比較的簡単な式で表すことができるが，原子数が多くなるにしたがって複雑になる。ξ_i は図式的に表すことが多い。

5.4.2 現実の分子振動

〔1〕 非調和性　　図 5.4 の例から推測されるように，調和振動は現実の分子振動に対する近似であり，もっと正確に表すには式 (5.4) あるいは式 (5.6) につぎのような 3 次の項（非調和項）を追加するとよい。

$$V_{\text{anharmonic}}(\xi) = \frac{1}{2}\mu(2\pi c\tilde{\nu})^2 \xi^2 - \varepsilon_1 \left(\frac{\xi}{l}\right)^3 \tag{5.37}$$

$$l = \sqrt{\frac{h}{(2\pi)^2 \mu \tilde{\nu}}} \tag{5.38}$$

2 次の摂動計算を実行すれば[3] 式 (5.19) は

$$\frac{E_v}{hc} = \left(v + \frac{1}{2}\right)\tilde{\nu} - \frac{15}{4}\left(\frac{\varepsilon_1}{hc\tilde{\nu}}\right)^2 \left[\left(v + \frac{1}{2}\right)^2 + \frac{7}{60}\right]\tilde{\nu} \tag{5.39}$$

に修正される。$0 \to v$ の遷移は

$$\frac{E_v - E_0}{hc} = (\tilde{\nu} - \tilde{\nu}x)v - \tilde{\nu}xv^2 \tag{5.40}$$

$$x = \frac{15}{4}\left(\frac{\varepsilon_1}{hc\tilde{\nu}}\right)^2 \tag{5.41}$$

に現れる[†]。式 (5.39) は暗黙のうちに倍音 $v = 0 \to 2$ などのスペクトルが観測可能であることを示唆している。

〔2〕**結　合　音**　〔1〕の非調和性は，特定の振動に限定されていたが，別の振動を巻き込んだ非調和性もある。この場合，両方の振動が同時に励起して $\tilde{\nu}_1 + \tilde{\nu}_2$ に吸収が起きる。さらに，倍音どうしが結合して $v_1 \tilde{\nu}_1 + v_2 \tilde{\nu}_2$ に吸収が起こりうる（振動準位が高くなるとしだいに準位間隔が狭くなるのでぴったり同じにはならない）。

結合音が存在するということは，振動モード間に相互作用があるということである。もし特定の振動モードだけを励起できればそのモードにだけエネルギーが集中することになるが，モード間に相互作用があれば，振動モードすべてにエネルギーがいきわたって熱力学的平衡状態の分子（振動温度が定義できる）ができる。

倍音・結合音は実用的にも重要である。例えば H_2O の $\nu_1 + \nu_2$ は約 7 400 cm^{-1}，つまり 1.35 μm である[10, 281]。この吸収が光ファイバの伝送性能を悪化させていたようである。実際，H_2O を徹底的に取り除いて光ファイバが製造できるようになって，伝送損失が 0.1 dB/km（1 km でパワーが 98%に減衰する）程度にまで下がった。

5.5　分子回転の影響

5.5.1　振動スペクトルに現れる回転構造

気体分子の赤外吸収スペクトルに分子回転の影響が現れることがある。まず実例から入ろう。図 **5.14** は空気をシングルビーム法で測定した IR スペクトルである。CO_2 の吸収が 2 349 cm^{-1} と 667 cm^{-1} に見られる（表5.2 参照）。2 349 cm^{-1} の 2 重線は分子回転の影響である。この部分を詳しく測定すれば挿入図の通り櫛の歯状の構造が見える。じつは 667 cm^{-1} の吸収にも回転構造を観測することができる。

[†]　文献9, pp.501-581) では $\tilde{\nu}$ と $\tilde{\nu}x$ にかわって ω_e と $\omega_e x_e$ がそれぞれ用いられている。

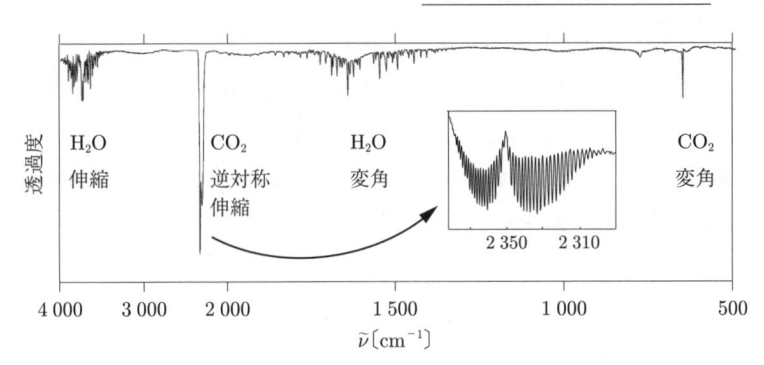

図 5.14 空気の赤外吸収スペクトル

H_2O の吸収は $3657\ \mathrm{cm}^{-1}$, $3756\ \mathrm{cm}^{-1}$, $1595\ \mathrm{cm}^{-1}$ に見られる（表 5.3 参照）。対称伸縮振動と逆対称伸縮振動は一部が重なり合っている。おのおのの振動吸収はたくさんの線から成り立っているが，これも分子回転の影響である。

じつはもっと簡単な 2 原子分子でも回転の影響が見られる。図 5.15 の HBr の赤外吸収スペクトルを見てみよう。やはり何本もの櫛の歯からできている。櫛の歯状の構造は，4 章で扱った回転スペクトルの J 依存性と同じなので，分子が振動しながら回転すれば，このようなスペクトルが観測されると推測される。このことをもう少し掘り下げて考えよう。

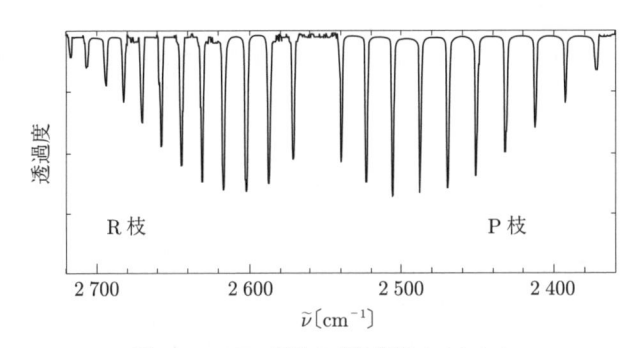

図 5.15 HBr 気体の赤外吸収スペクトル

5.5.2 回転しながら振動する直線型分子

話を簡単にするために，分子がゆっくり回転しながら振動しているものとしよう．ゆっくりということは，原子間隔が伸びない，つまり慣性モーメントや力の定数が変化しないということであり，分子の波動関数は振動波動関数と回転波動関数との単純な積で表されて，$\psi_{\text{rot},JM}\psi_{\text{vib},v}$ という形になる．このような分子がもつエネルギーは振動エネルギーと回転エネルギーの和

$$E_{v,J} = hc\tilde{\nu}\left(v+\frac{1}{2}\right) + hcBJ(J+1) \tag{5.42}$$

で表される．ただし，回転定数 B は cm^{-1} で表す．回転しながら振動する分子のエネルギー準位と遷移を図解すると図 **5.16** のようになる．エネルギー準位は (v'', J'') と (v', J') で決まるので，$v''=0 \to v'=1$ の振動遷移と $J'' \to J'$ の回転遷移が同時に起きて，全体のエネルギー変化は

$$\frac{E_{v',J'} - E_{v'',J''}}{hc}$$
$$= \begin{cases} \tilde{\nu} + 2B(J''+1) & (J'' \to J' = J''+1,\ J''=0,1,2,\cdots \quad \text{R 枝}) \\ \tilde{\nu} - 2B(J'+1) & (J'' \to J' = J''-1,\ J'=0,1,2,\cdots \quad \text{P 枝}) \end{cases} \tag{5.43}$$

である．櫛の歯の間隔が $2B$ であり，スペクトルの真ん中に対して対称に P 枝

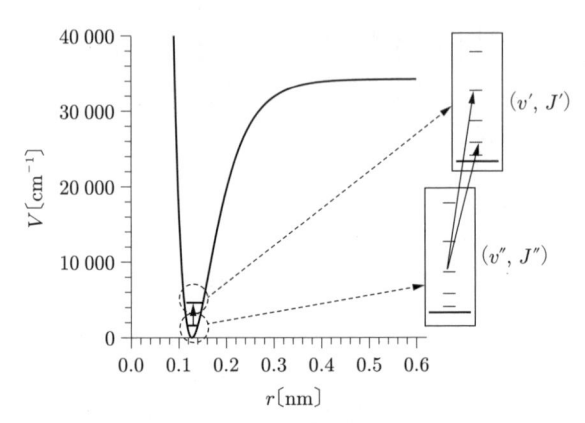

図 **5.16** 2 原子分子の振動回転遷移（$J' = J'' \pm 1$）

（P-branch）と R 枝（R-branch）が広がるという，図 5.15 の基本的特徴が説明できる．

5.5.3 櫛の歯構造をよく見ると

実際のスペクトルは，つぎの点で式 (5.43) と必ずしも一致しない．
(1) 中心から遠ざかるにしたがって P 枝は間隔が広がり，R 枝は狭まる傾向にある．
(2) J' も J'' も，範囲は 0〜10 程度にとどまっている．

項目 (1) は，式 (5.43) に高次の項を付け加えることで改善できる．試みに遠心力効果を取り入れた式 (4.34) において，B も D も $v=0$ と $v=1$ で同じ大きさであるとすると式 (5.43) は

$$\begin{cases} \tilde{\nu} + 2B(J''+1) - D(J''+1)^3 & (J''=0,1,2,\cdots \text{ R 枝}) \\ \tilde{\nu} - 2B(J'+1) + D(J'+1)^3 & (J'=0,1,2,\cdots \text{ P 枝}) \end{cases} \quad (5.44)$$

に修正される．しかし P 枝も R 枝も間隔が狭まるのでまだ不十分である．実際には，B と D の値が $v=0$ と $v=1$ で異なるとすれば説明できる．表計算ソフトを使えば容易に確認することができる[49, p.125]．

項目 (2) は，遷移の始状態（J'' の値）が有限の範囲に限られていることを意味している．つまり，J'' の準位にいる分子の数（ポピュレーションという）$N_{J''}$ が，その範囲を超えると事実上ゼロになる．実際，$N_{J''}$ は Boltzmann 分布に従うから $J'' \to J'$ への遷移強度が $N_{J''}$ に比例して

$$I_{J'' \to J'} \propto (2J''+1) \exp\left[-\frac{B''J''(J''+1)hc}{k_B T}\right] \frac{1}{Z_R(T)} \quad (5.45)$$

$$Z_R(T) = \sum_{J''=0}^{\infty} (2J''+1) \exp\left[-\frac{B''J''(J''+1)hc}{k_B T}\right] \approx \frac{k_B T}{hcB''} \quad (5.46)$$

になる．B'' は始状態の回転定数，k_B は Boltzmann 定数，$Z_R(T)$ は回転の分配関数[48, p.176]である．温度 T が高くなればなるほど線幅が広がる．章末問題でスペクトル形から温度を見積もってみよう．

5.6 一般の分子の赤外吸収スペクトル

5.6.1 簡単な有機化合物の赤外吸収スペクトル

じつに多数の有機化合物について赤外吸収スペクトルが測定されてきている。原子数 N が数十であるから振動モードの数 $3N-6$ が 100 を超える化合物もある。もし化合物ごとに異なる振動数で振動すれば，赤外分光法の実用性はずいぶんと低いものになっていたであろうが，膨大な量のスペクトルデータを整理した結果，分子ごとに異なるスペクトルと化合物群に共通するスペクトルの両方あることがわかり，赤外分光法の有用性が明らかになった。まず代表例をいくつか見ていこう。

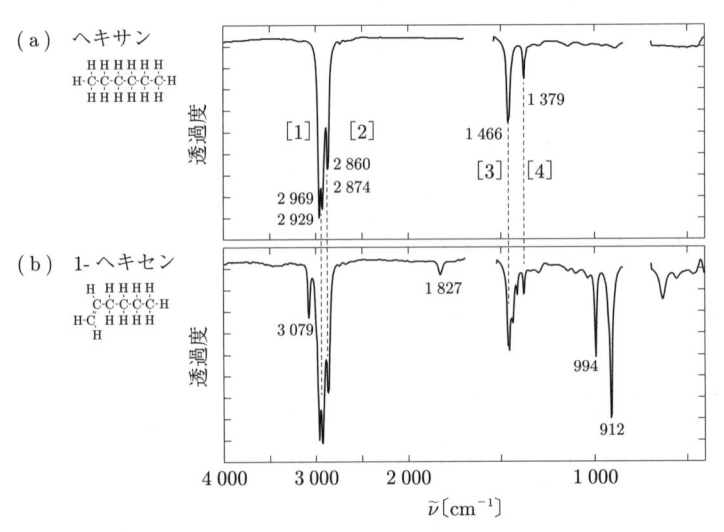

〔1〕 ヘキサンと 1-ヘキセンの赤外吸収スペクトル　ほとんどの有機化合物は C-H 結合をもっているので炭化水素を取り上げよう。図 **5.17** は，ヘキサン（飽和炭化水素）と 1-ヘキセン（不飽和炭化水素）の赤外吸収スペクトルである。両者に共通する吸収線が点線で結んである。

図 **5.17**　ヘキサンと 1-ヘキセンの赤外吸収スペクトル

5.6 一般の分子の赤外吸収スペクトル

ヘキサンのほうが化学結合の種類が少なく，構造も単純なので吸収線も少ない。1-ヘキセンには二重結合が含まれるので，それに由来する吸収線が加わる。以下でスペクトルの特徴を整理しよう。

(1) 共通する吸収：[1] CH 逆対称伸縮[†]，[2] CH 対称伸縮（いずれも 3 000 cm^{-1} よりわずかに低波数側），[3] CH$_2$ はさみ（1 466 cm^{-1}），[4] CH$_2$ 横ゆれ（1 379 cm^{-1}）。

(2) 1-オクテンで現れた振動：=C-H 伸縮（3 079 cm^{-1}），C=C 伸縮（1 827 cm^{-1}），=C-H 変角振動（994 cm^{-1}），=C-H 変角振動（912 cm^{-1}）。

メチレン基を例にとって C-H の振動様式を図 **5.18** に分類した。図の (a) と (b) をまとめて伸縮振動（stretching），(c)～(f) をひとまとめにして変角振動（bending）という。

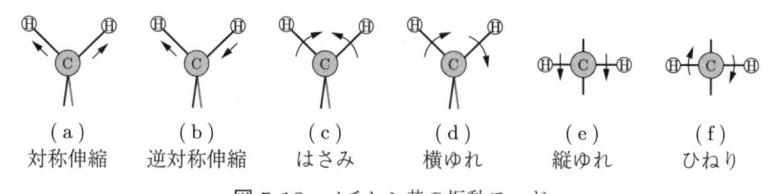

(a)	(b)	(c)	(d)	(e)	(f)
対称伸縮	逆対称伸縮	はさみ	横ゆれ	縦ゆれ	ひねり

図 **5.18** メチレン基の振動モード

〔2〕 **ヘキサンの酸素誘導体の赤外吸収スペクトル**　赤外吸収分光法の重要な応用の一つが，アルコールの酸化あるいはエステル化，およびそれらの逆反応のモニターである。いずれも C-O-H あるいは C=O を含んでおり，それぞれ特徴的なスペクトルを生じる。

図 **5.19** は，脂肪族アルコール，アルデヒド，ケトンの赤外吸収スペクトルを示す。図 5.17 と比較すると，炭化水素骨格に特徴的な吸収が現れていることがわかる（垂直な点線）。その一方で，それぞれに特徴的な吸収線が見てとれる。

(1) 2-ヘキサノン：カルボニル基 C=O に由来する強い吸収が 1 718 cm^{-1} にある。
(2) ヘキサナール：カルボニル基 C=O に由来する強い吸収が 1 718 cm^{-1} に

[†] 逆対称伸縮振動は非対称伸縮振動とも呼ばれる。

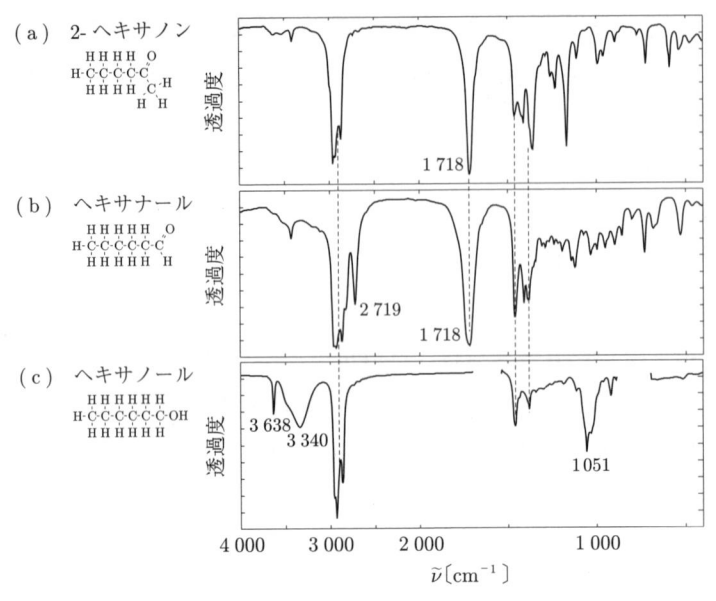

図 5.19 2-ヘキサノン，ヘキサナールおよびヘキサノールの赤外吸収スペクトル

ある．アルデヒド基–CHO の CH 伸縮振動がメチル基・メチレン基の CH 伸縮振動の右隣（$2719\,\mathrm{cm}^{-1}$）に現れている．

(3) ヘキサノール：水酸基 OH に由来する幅広い吸収が特徴的である（$3340\,\mathrm{cm}^{-1}$）．一方，$3638\,\mathrm{cm}^{-1}$ の鋭い吸収は孤立した OH による．$1051\,\mathrm{cm}^{-1}$ に C-O 伸縮振動による吸収が見られる．

ヘキサノールで OH 基の幅が広がっているのは，水素結合が原因である．つまり，隣の分子の OH との間で O-H⋯O の型の結合ができて O-H の振動が影響を受けるが，その度合いは OH ごとに異なる．また，隣の分子もランダムに入れ替わる．こうして不均一線幅（1.3.3 項〔3〕参照）ができる．一方，ランダムということは，隣に OH がない瞬間もあるということである．そのような分子は鋭いスペクトルを生じる．

〔3〕 ベンゼンとトルエンの振動スペクトル　芳香族化合物の基本であるベンゼンの赤外吸収を見てみよう．この分子は対称性が高いので Raman 散乱

5.6 一般の分子の赤外吸収スペクトル

との比較もする。これにメチル基が置換して対称性が低くなったトルエンの赤外吸収との比較もしよう。図 5.20 にスペクトルを示す。ベンゼンに見られる吸収は，強度が変わってもトルエンにも見られる。これら芳香族に特徴的な振動をまとめるとつぎのようになる。ν_i ($i = 2, \cdots, 12$) は文献 12) による。* は縮重振動であることを示す。

(1) $\nu_{12} = 3030$ cm^{-1} 付近：ベンゼン環の C-H 伸縮振動
(2) $\nu_8 = 1480$ cm^{-1} 付近：ベンゼン環の伸縮振動
(3) $\nu_4 = 1040$ cm^{-1} 付近：ベンゼン環の C-H 面内変角振動
(4) $\nu_3 = 670 \sim 730$ cm^{-1} 付近：ベンゼン環の C-H 面外変角振動
(5) $1660 \sim 2000$ cm^{-1} に見られる吸収は，倍音あるいは結合音に帰せられている。スペクトル形から置換の様式について情報が得られる[11, p.33]。

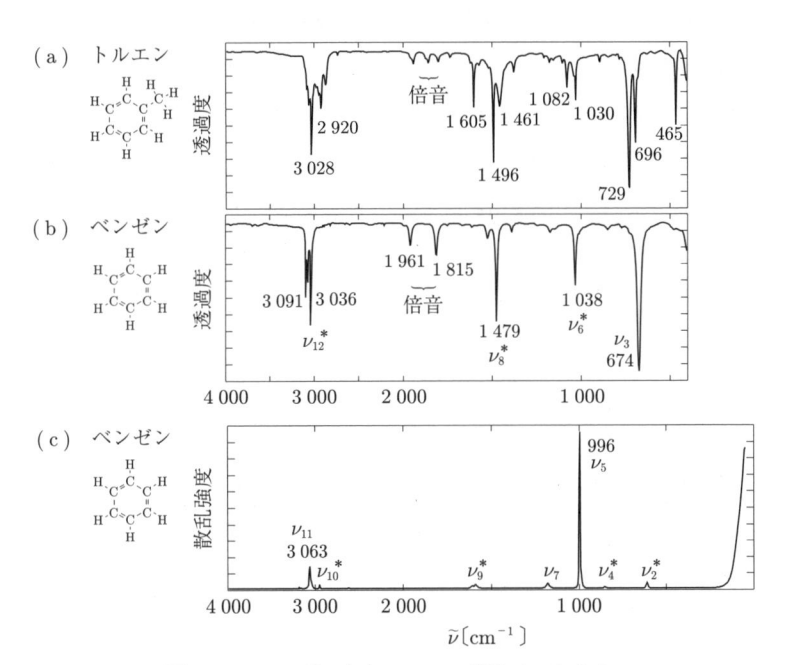

図 5.20 ベンゼンとトルエンの振動スペクトル。
(a), (b) 赤外吸収, (c) Raman 散乱

一方，トルエンでは $2920\ cm^{-1}$ に吸収が新たに現れる。この吸収はメチル基の CH 伸縮振動による（図 5.17 および図 5.19 も参照）。

5.6.2 有機化合物の赤外吸収スペクトルの特徴

〔1〕 **指 紋 領 域** $1300 \sim 800\ cm^{-1}$ 付近のスペクトルは分子ごとに異なるので，それから分子構造の特徴を推定することは困難である。むしろ，物質を同定するのに適している。そこで，この領域を指紋領域と呼ぶ。ただし，ドラッグを同定する目的にはテラヘルツ分光法が有望視されている。

〔2〕 **特 性 吸 収** 図 5.17 と図 5.19 の例から，ある種の化合物群（例えば炭化水素）や原子団（C=O，OH）は，特定の波数範囲に吸収が現れる。これを特性吸収と呼び，つぎのように分類できる。

(1) 質量がほかの部分と異なる原子からなる原子団：OH，NH，NH_2，CH，CH_2，CH_3
(2) 力の定数がほかの部分と異なる原子団：C=O，C=N，C=C，C≡N，C≡C
(3) ベンゼン骨格や 2 重結合の CH 面外変角振動

いくつかの特性吸収帯を図 **5.21** に示す。もっと詳しい一覧表は文献11) に出ている。

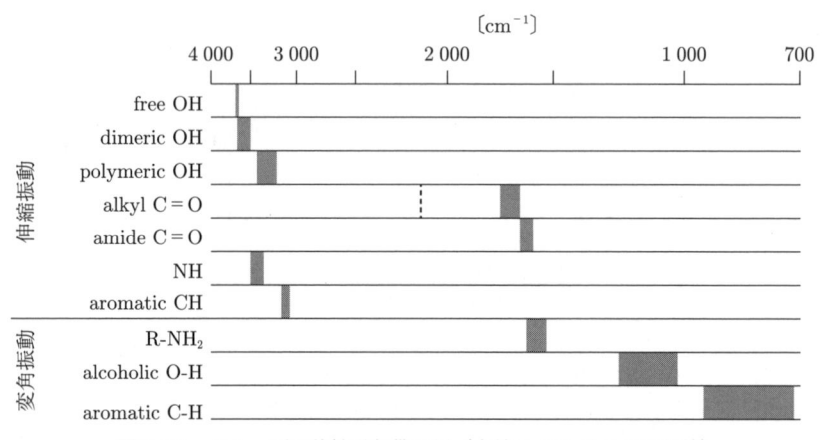

図 **5.21** グループの特性吸収帯の例（点線は CO 分子の吸収線）

複数の特性吸収を総合することによって，未知化合物の同定が可能になるが，ある程度の経験と演習が必要である[11]。ほかの測定手法，例えばNMRの結果と照らし合わせて同定を確実なものにするのが好ましい。

5.7 Raman 散乱

5.7.1 光の散乱

いままでたびたびRaman散乱に言及してきた。これは電磁波の散乱現象であり，吸収過程ではない。エネルギー保存の視点でいえば，散乱では物質の温度が上がらないが，電磁波を吸収すれば温度が上がる（厳密にいえば，そのエネルギーを消費する何かの過程が物質内で起きる）という違いがある。

しかし，物質との相互作用の結果，光の強度が落ちるという意味では同じである。また，分子構造論の立場からすれば，どちらからでも振動スペクトルが得られるので，特に区別をすることはないといえなくもない。とはいえ，違いは認識しておくべきなので，本節では一般論として散乱を取り上げる。まず，散乱と反射は似ているが，反射は電磁波の波長（通常はサブミクロン）が物質よりはるかに小さい領域で見られる。虹はその領域のグレーゾーンで起きる現象である。

散乱はその逆であり，電磁波の波長（通常はサブミクロン）が物質と同程度か，それより大きい領域で見られる。ミクロンサイズの微粒子から原子・分子までが電磁波を散乱する。

古典電磁気学による散乱過程の取り扱いは古く，ミー（G. Mie）によって完成した[44]（1908年）。しかし，Raman散乱はその枠組みを超える現象であり，量子力学でなければ完全な説明ができない。それでも，Mieの時代には知られていなかった分子構造論を取り入れれば，古典電磁気学の枠内でも定性的な説明ができる。そこで，古典電磁気学による電磁波の散乱を簡単に説明しよう。

〔1〕 **Rayleigh 散乱** レイリー（Lord Rayleigh）は散乱現象をつぎのように説明した。話を簡単にするために直線偏光で考えよう。電場 $\bm{E}_{\mathrm{inc}}$ が入射

すれば，原子や分子には双極子モーメント $\boldsymbol{\mu}$ が誘起される．すなわち

$$\boldsymbol{\mu} = \epsilon_0 \boldsymbol{\alpha} \boldsymbol{E} \tag{5.47}$$

である．ここで分極率 $\boldsymbol{\alpha}$ は一般的にテンソルである．つまり $\boldsymbol{\mu}$ は $\boldsymbol{E}_{\text{inc}}$ に平行とは限らない．

$\boldsymbol{\mu}$ は入射波と同じ周波数で振動して電磁波を放出する．このしくみは，アンテナと似ている．アンテナを中心軸としてふくらむドーナッツのように電場 $\boldsymbol{E}_{\text{inc}}$ が広がっていく[38, p.259]．

図 **5.22** は原子，あるいはもっと一般的に球形の物体からの散乱を模式的に表わしている．図 (a) は入射電場の振動方向が散乱面に垂直，図 (b) は平行である．左の図で，電磁波は紙面から読者に向かって散乱されている．θ で散乱電場を観測すれば，右の図で示す通り図 (a) では角度によらず一定であるが，図 (b) では $\cos\theta$ の依存性があり，$90°$ 方向には散乱が起きない．散乱光の強度は電場の二乗に比例するから，偏光面の傾きによって散乱強度 I の θ 依存性が異なる．入射光が自然光（非偏光）であれば

$$I \propto 1 + \cos^2\theta \tag{5.48}$$

という散乱角依存性をもつ．これがいわゆる Rayleigh 散乱であり[44, p.65]，波長に比べてサイズが小さく，等方性の散乱体（α がスカラー）で成り立つ．

Rayleigh 散乱という用語を，幅広く，光による弾性散乱（散乱の前後で波長

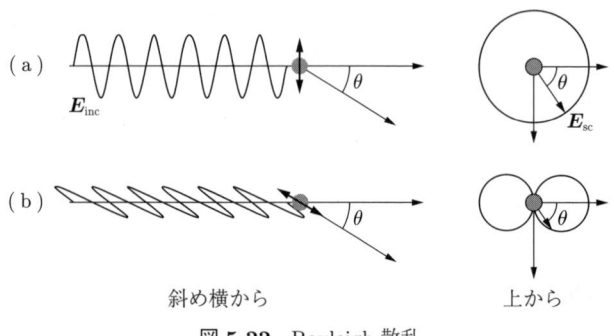

図 **5.22** Rayleigh 散乱

が変わらない）の同義語として用いることもある．例えば，ゆらぎによる物質の不均一からの散乱も，分極率の不均一に由来する Rayleigh 散乱と見なされる．昼間の空が青く，夕焼けが赤く見えるのは，波長が短いほど散乱の度合いが大きいからであるとされる．また，光ファイバの中の屈折率ゆらぎによる伝送損失も Rayleigh 散乱によるといわれている．

Rayleigh 散乱は，暗黙のうちに孤立した微粒子からの散乱を仮定しているが，レーザ光を光源とすれば，コヒーレンスがあるので二つの粒子からの散乱光の干渉を観測することが可能となる．これが動的光散乱であり，ブラウン運動の解析によって粒子サイズの分布を調べることができる．

〔2〕 **Mie 散乱** Mie は，物質による電磁波の散乱をマクスウェル（Maxwell）方程式にもとづいて厳密に取り扱った[44]．通常は Rayleigh 散乱のらち外の散乱を Mie 散乱という．例えば，振動する水中気泡のサイズを散乱で計測する場合は，Mie 散乱の問題として定量的に扱う．電磁波を吸収する金属微粒子からの散乱も Mie 散乱の対象である．

5.7.2 散乱過程としての Raman 散乱

〔1〕 **Raman 効果・Raman 散乱** Rayleigh 散乱にせよ，Mie 散乱にせよ，入射光と散乱光の波長が変わらない散乱はごく普通に起きる．散乱強度の大小はあるにせよ，どのような物体からでも起きる．

その後 C.V. Raman と K.S. Krishnan が，Rayleigh 散乱光から $\Delta\lambda$ 離れたところに微弱な散乱光があることを発見した（1928 年）．それが Raman 散乱である．固体からはブリルアン（Brillouin）散乱光がやはり Rayleigh 散乱光からわずかに離れたところに出現する．$\Delta\lambda$ が物質の内部構造を反映するものであることがわかり，いまではどちらも物質科学にとって重要な散乱過程として位置付けされている．

図 5.23 は古典電磁気学にもとづいた Raman 散乱の説明図である．$\Delta\nu$ で振動する分子では分極率も $\Delta\nu$ で振動する．

分極率の変化は双極子モーメントの変化をもたらす．いわば散乱体は，分子

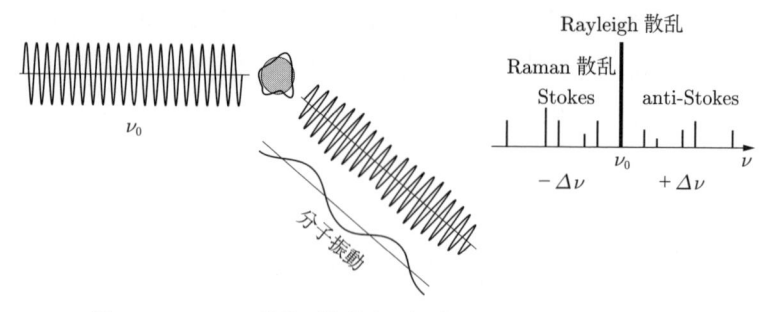

図 5.23　Raman 散乱の模式図。分子振動で電磁波が変調される

振動に応じて入射電場に振幅変調をかける。放出された電波にはキャリア（搬送波，つまり Rayleigh 散乱光のこと）の両側に分子振動に対応してサイドバンドが現れる。これが Raman 効果である。H_2 の振動も O=C=O の対称伸縮振動も赤外不活性であるが，振動に伴って分極率が上下するので Raman 効果が観測される。

サイドバンドが両側にできることは，つぎの簡単なモデルで理解できる。本来 ω_0 の周波数の波が $\Delta\omega$ で振幅変調を受けると，その効果は

$$\cos\Delta\omega t \cdot \cos\omega_0 t = \frac{1}{2}\cos(\omega_0 + \Delta\omega)t + \frac{1}{2}\cos(\omega_0 - \Delta\omega)t \qquad (5.49)$$

となって $\omega \pm \Delta\omega$ の成分が現れる。このうち，散乱波長よりも長波長側に出現する散乱線はストークス（Stokes）線，短波長側に出現する散乱線は逆ストークス（anti-Stokes）線と呼ばれる[†]。このモデルでは Stokes 線と anti-Stokes 線が同じ強さになるが，実際には Stokes 線のほうが強い。これは量子力学的モデルでないと説明が困難である（後出の図 5.25 参照）。

Raman 散乱を測定するにあたっては，光源の線幅を狭くすることと Rayleigh 光を取り除いて観測することが重要である。光源についていえば，かつては低圧水銀灯の 253.7 nm がよく用いられたが，その後 CW レーザ（連続発振の

[†] Stokes 線と名付けられたのは，「蛍光波長は入射光の波長より長波長である」という Stokes の法則に合っていると見なされたからである。短波長側に出るのは Stokes の法則に逆らっているので anti が付けられた。Stokes の法則は，吸収と散乱の区別ができていなかった時代の遺物であるが，Stokes 線は現代的意義のある用語になっている。

レーザ）にとってかわられた（例えば，Ar^+ レーザの 488 nm や 514.5 nm）。

〔2〕 **Raman 不活性な振動**　　散乱そのものは，分極率が大きいほど，いいかえれば電子雲が大きくて柔らかいほど強く起きる。しかしながら，すべての振動が Raman 散乱に現れるとは限らない。変調を起こさない分子振動がある。これを CO_2 の逆対称伸縮振動を例にとり，対称伸縮振動と対比しながら図 **5.24** で考えよう。T は振動の周期である。分子がランダムな方向を向いているから，相補的な向き（180°回転した方向）の分子も同時に考慮する。グレーで囲んだのがそれである。基準の分子とグレーの分子を同時に考慮すれば，空間平均の効果を見ることができる。

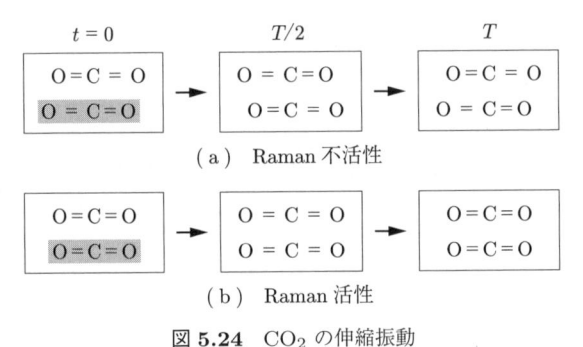

$t=0$	$T/2$	T
O=C=O O=C=O	O = C =O O = C =O	O=C=O O = C =O

（a）Raman 不活性

O=C=O O=C=O	O = C = O O = C = O	O=C=O O=C=O

（b）Raman 活性

図 **5.24**　CO_2 の伸縮振動

逆対称伸縮振動（図(a)）では，両方の分子がつねに逆方向に分極しているので，正味の分極はゼロのままで推移する。よって変調は起きない。グレーの分子ともとの分子が独立して散乱すると考えれば，変調が起きるのではないかといいたくなるが，量子論では，たとえ一つの分子であっても両方の状態が区別できないので，散乱波が打ち消し合うと考える。四角で囲んだ二つの分子をひとまとめにして考えることは，古典論的なモデルに量子論的な考えをもち込むことである。

それに対して，対称伸縮振動（図(b)）では，分子振動に同期して，正味の分極が周期的に変化しているので変調が起きる。この場合，1 個の分子で考えても散乱過程はまったく同じである。赤外不活性であった H_2 などの等核 2 原子分子でも Raman 散乱が観測されるのは，図(b)と同じ理由による。

〔3〕 **交互禁制律**　CO_2 の逆対称伸縮振動（図 5.24 (a) 参照）が Raman 不活性であることの根本的理由は，CO_2 が対称中心をもっていることであった。これを一般化したのが交互禁制律である．すなわち，対称中心をもつ分子においては，赤外吸収（R）で観測できる振動モードは Raman 散乱（R）に現れず，逆に R で観測できる振動モードは IR に現れない．

ただし，液相の試料の場合には注意が必要である．C_6H_6 は対称中心をもつが，図 5.20 をよく見ると $3\,000\text{ cm}^{-1}$ 付近に共通してピークがある．この理由としては，溶液中では他分子との衝突によって対称性が崩れるからであるとする[12, p.169]．あるいは，溶液中ではピーク位置がずれ，線幅も広がるので，見かけ上交互禁制律が破れているように見えると解釈する[10, p.366]．

5.7.3　Raman 散乱の分子論

〔1〕 **分　極　率**　図 5.24 は，対称中心をもつ分子では分極率の変調をゼロとする分子振動があることを示している．これを量子論にもとづいて示したい．そのためには，そもそも分極率がどう表されるかを知らねばならない．最も簡単な系である原子の場合，式 (5.47) の μ_x と E_y を結びつける α_{xy} は

$$\alpha_{xy} = 2e^2 \sum_{k \neq 0} \frac{\langle 0|x|k\rangle \langle k|y|0\rangle}{E_k - E_0} \tag{5.50}$$

である．右辺の分子は基底電子状態 0 と励起電子状態 k との間の遷移モーメントであり，Dirac のブラケットで表現している．分母はそのエネルギー変化（$E_k - E_0 > 0$）である．なお，入射光で直接状態 k に励起されることはない．

分子の場合には振動状態を加える必要がある．分子固定の座標系と空間固定の座標系の関係も考慮せねばならないが，議論を簡単にするために無視する．そうすると式 (5.50) はつぎのように修正される．

$$\alpha^{(\nu)}_{xy;v'v} = 2e^2 \sum_{k \neq 0} \sum_{v''} \frac{\langle 0v'|x|v''k\rangle \langle kv''|y|v0\rangle}{E_k - E_0} \tag{5.51}$$

x, y は分子固定の座標軸を示し，v, v', v'' は考えている振動状態の量子数であ

る。上付きの ν は振動モードを指定する。E_k の振動依存性は無視して v'' についての和を計算すると

$$\alpha_{xy;v'v}^{(\nu)} = \langle v'|\alpha_{xy}|v\rangle \tag{5.52}$$

となる。α_{xy} は分子の電子分極率である。この式は，振動モード ν の基準座標が分極率の対称性と合致しなければ Raman 散乱が起きない[12, p.95] ことを示唆している。

〔2〕 **CO_2 の Raman 散乱**　〔1〕の議論を CO_2 の Raman 散乱に適用しよう。図 5.24 に合わせて二つの基準座標を導入する（5.2.3 項〔2〕参照）。

$$\xi_1 = \Delta r_1 - \Delta r_2 \tag{5.53}$$

$$\xi_3 = \Delta r_1 + \Delta r_2 \tag{5.54}$$

下付きの数字は表 5.2 の数字に合わせてある。分極率を展開すると

$$\alpha_{xx} = \alpha_{xx,0} + \left(\frac{\partial \alpha_{xx}}{\partial \xi}\right)\xi_1 + \cdots \tag{5.55}$$

となる。分子軸が x 方向である。式 (5.51) に代入すると式 (5.55) の定数項は，$v = 0 \to 0$ でないと残らない。振動によって変調されないから Rayleigh 散乱に対応する。ξ に比例する第 2 項がゼロになるか否かが問題であるが，ξ についての積分は $v' = v \pm 1$ でなければゼロになる。したがって Raman 散乱が現れるか否かは $\partial \alpha_{xx}/\partial \xi$ がゼロか否かで決まる。

さて，CO_2 の片側の C=O 距離変化に対して分極が同等に進むと考えられるから

$$\left(\frac{\partial \alpha_{xx}}{\partial \Delta r_1}\right)_{\Delta r_2} = \left(\frac{\partial \alpha_{xx}}{\partial \Delta r_2}\right)_{\Delta r_1} \tag{5.56}$$

と考えてよい。よって

$$\left(\frac{\partial \alpha_{xx}}{\partial \xi_1}\right) = \left(\frac{\partial \alpha_{xx}}{\partial \Delta r_1}\right) - \left(\frac{\partial \alpha_{xx}}{\partial \Delta r_2}\right) = 0 \tag{5.57}$$

$$\left(\frac{\partial \alpha_{xx}}{\partial \xi_3}\right) = \left(\frac{\partial \alpha_{xx}}{\partial \Delta r_1}\right) + \left(\frac{\partial \alpha_{xx}}{\partial \Delta r_2}\right) \neq 0 \tag{5.58}$$

となるから ν_1 は Raman 不活性，ν_3 は Raman 活性である。

〔3〕 **Raman 散乱のダイアグラム表現**　Raman 散乱における入射光と散乱光の関係を図式化したのが図 **5.25** である。赤外吸収あるいはほかの吸収・発光過程と同じような図であるが，重要な相違点が一つある。それは，入射光によって分子が励起されるのではないということであり，このことはすべての散乱過程に当てはまる。図の破線は励起状態ではないが，分子が電磁場を感じることは確かなので，仮想状態（virtual state）あるいは仮想準位と呼ぶ。そして，式 (5.51) が分子の感じやすさをを表す。

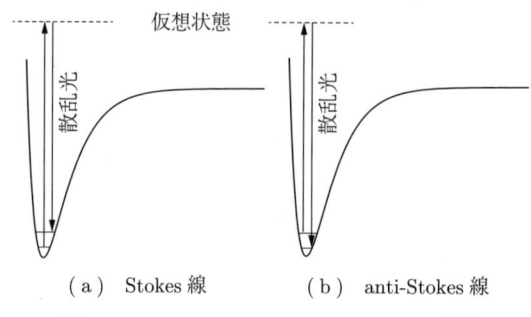

図 **5.25**　$v = 0 \leftrightarrow 1$ についての Raman 散乱

しかしながら，もし入射光のエネルギーが真の励起エネルギーに近いと（近すぎると吸収が支配的となる），分子は強い電磁場を感じることになって，Raman 散乱が強く起きる。これを共鳴 Raman 散乱という。

さて，Stokes 線のほうが強いという事実は，分子論で理解できる。有限の温度では $v = 0$ の分子のほうが $v = 1$ の分子より圧倒的に多いので，$v = 0 \to v = 1$ の起きる頻度が $v = 1 \to v = 0$ の頻度より大きい。前者の強いほうの散乱光は散乱光の波数が小さくなるので Stokes 線である。

5.7.4　より進んだ Raman 散乱

〔1〕 **CARS**　coherent anti-Stokes Raman (scattering) spectroscopy の略である。coherent が示唆する通り，レーザを二つ用いる。

図 **5.26** に示すように，角振動数が ω_1 で一定のレーザと ω_{probe} のレーザを

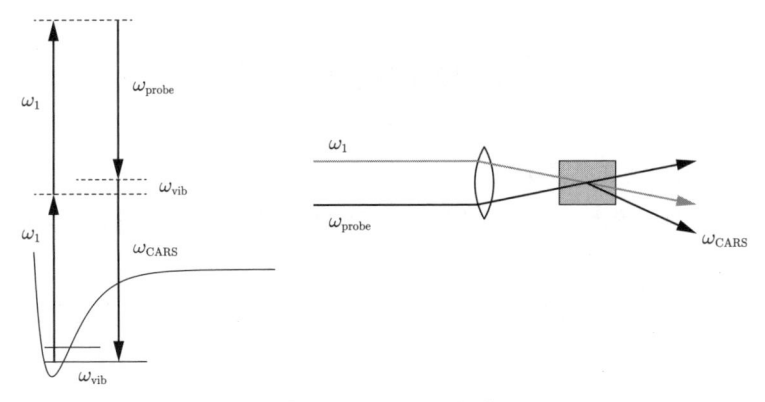

図 **5.26** CARS の原理

試料に照射する。$\omega_{\text{probe}}(<\omega_1)$ を変えていくと

$$\omega_{\text{vib}} = \omega_1 - \omega_{\text{probe}}$$

の条件が成り立つところで

$$\omega_{\text{CARS}} = 2\omega_1 - \omega_{\text{probe}} \tag{5.59}$$

の CARS 信号が現れる。ω_{vib} は試料の振動遷移に対応する角周波数である。式 (5.59) を変形すると

$$\omega_{\text{CARS}} = \omega_1 + (\omega_1 - \omega_{\text{probe}}) = \omega_1 + \omega_{\text{vib}} \tag{5.60}$$

であるから，CARS 信号は ω_1 の anti-Stokes 線と同じである。従来の Raman 散乱と異なり，空間的に一方向に強い信号となって得られるので，低濃度の分子でも Raman 線が測定できる。実際，この方法は最初，自動車エンジンの中のフリーラジカルを調べるために用いられた（1965 年）。

〔2〕 **SERS** surface enhanced Raman spectroscopy の略である。電気分解でザラザラにした金属表面に吸着した分子に対して，レーザ光を入射させて Raman 散乱を観測する。すると，通常の散乱光強度に比べて $10^{14} \sim 10^{15}$ も増強されることから enhanced といわれる。1 個の分子でも計測が可能である。金属表面にプラズモンが励起されるのが増強機構であるとの説が有力である。

5.8　環境問題と分光学

● 地球温暖化と赤外吸収

〔1〕**地球温暖化**　赤外吸収は，地球温暖化のメカニズムを理解するうえでも重要である。地球温暖化とは，文明活動に起因する平均気温の上昇をいい，CO_2 の放出が主因であるといわれている。また，地球が温暖化したことにより，生態系に不可逆的な変化が生じているともいわれている。熱放出も同時に起きているが，こちらは都市部の温暖化に効いているようである。

〔2〕**大気のない惑星・大気が光を吸収しない惑星**　まず地球と月の違いから話をはじめよう。どちらも太陽からほぼ同じ距離離れている。そして $1\,366$ $W\,m^{-2}$ の輻射熱が太陽から降り注いでいる。この数値を太陽定数[48, p.253]という。その輻射熱を受けとって天体表面が温度 T_0 にあたためられる。あたためられた天体表面からは，T_0 に対応する輻射熱がほぼ $0\,K$ の宇宙に向かって放出される。T_0 の具体的な値は，入射と放出のエネルギーバランスで決まる。

図 5.27(a) は，光のスペクトルがどう推移するかを表している。話を簡単にするために反射は起きないと仮定しているので，入射光は $6\,000\,K$ の黒体輻射，放出光は T_0 の黒体輻射である。このようすは，N_2, O_2, Ar など光を吸収しない大気をもつ惑星でも本質的には変わらない。実際には反射があるので温度は T_0 よりやや低くなる。しかし現実の地球は，こうして見積もられる値よりずっと温度が高い。この原因が H_2O と CO_2 の存在を無視したことにあると看破したのがアレニウス（S. Arrhenius）である[32]（1890 年頃）。

〔3〕**温室効果**　H_2O と CO_2 は赤外線を吸収する（図 5.14 参照）。図 5.27(b) は，図 (a) に赤外線を吸収する大気層を付け加えたものである。濃淡は密度の大小に対応するので，濃いところほど赤外線の吸光度が大きい。また，熱容量も大きいので地表面からの熱放射を吸収する。よって地表ほど温度が高く（T_1），高度とともに温度が下がる。伝導と輻射によるエネルギー移動のために大気の端では低いながらも有限の温度（T_2）となる。

5.8 環境問題と分光学

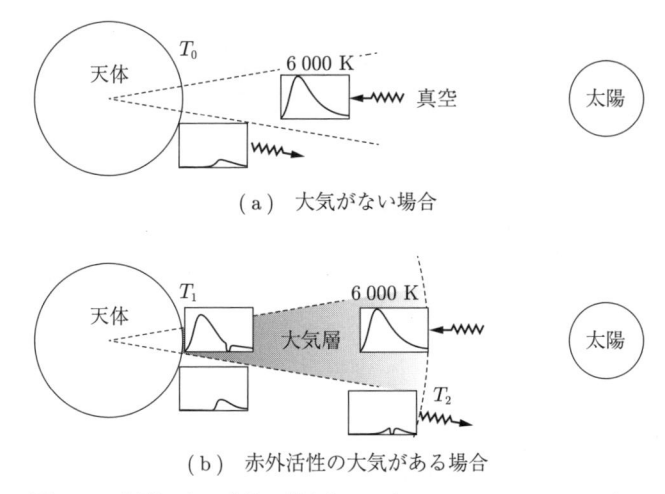

(a) 大気がない場合

(b) 赤外活性の大気がある場合

図 5.27 反射のない惑星の温度とフォトンフラックスのスペクトル

晴天の寒冷地のビニールハウス（温室）に地球環境を見立てるのは，なかなかうまいたとえである．ビニールハウスは土壌を覆っているが，地球規模では海洋，つまり H_2O が気候を決める最大要因となっている．しかし文明活動で新たに生じる H_2O は相対的にわずかなので，地球温暖化の議論では H_2O を除外するのが普通である．

そしてビニールハウスの温度を上げる作用のある気体が温室効果ガスであり，赤外領域の太陽光を吸収する分子[†]である．そして吸収ピークが高いほど，ピーク本数が多いほど，大気中に長くとどまるほど，温室効果は大きい．これを定量的に表す指標が GWP（global warming potential, 地球温暖化指数）である．

[†] 上層の O_3 は紫外領域の太陽光を吸収するが，地球温暖化には寄与しない．

章 末 問 題

【1】 1670 cm^{-1} の分子振動について，(1) 周期，および (2) 514.5 nm を光源とした Raman 散乱における変調の割合を計算せよ．

【2】 振動状態の Boltzmann 分布では，分布の相対値が $\exp[-(E_n - E_0)/k_B T]$ に比例する．$(E_n - E_0)$ が cm^{-1} 単位で表されていれば，分母は

$$\tilde{\nu}_T = \frac{k_B T}{hc}$$

で表される．27°C における $\tilde{\nu}_T$ の値を計算せよ．また，図 5.4 (a) の $(E_1 - E_0)$, 図 (b) の谷底の深さと比較せよ．

【3】 Morse ポテンシャル（式 (5.1)）から調和ポテンシャル（式 (5.4)）を導け．また $k \approx 516 \text{ N/m}$ であることを確かめよ．

【4】 2 原子分子の赤外吸収スペクトルから得られる情報は何か．
(i) XY 型分子の慣性モーメント　(ii) XY 型分子の原子間距離
(iii) XY 型分子の力の定数　(iv) X_2 型分子の慣性モーメント
(v) X_2 型分子の原子間距離　(vi) X_2 型分子の力の定数

【5】 表 5.1 を用いて，H_2, HD, D_2 の電子状態が同一であることを説明せよ．

【6】 ハロゲンの単体は，周期表の下にいくにしたがって固くなるか，柔らかくなるか（力の定数は大きくなるか，小さくなるか）．

【7】 O_2 と同じ力の定数をもつばねが，マクロのスケールで実際にあったとしよう．10 g のおもりを吊るせばどれだけ変位するか．

【8】 表 5.1 にある HCl の吸収スペクトルは，どのような状態間の遷移に対応するか．図 5.4 (a) に即して説明せよ．

【9】 式 (5.39) によれば，$v = 0 \to 1, 1 \to 2, 2 \to 3, \cdots$ に対応する吸収線が分離して見えそうであるが，通常は 1 本しか見られない．これはなぜか．

【10】 力の定数とは，ポテンシャルの谷底の曲率であるという．このことを説明せよ．（ヒント）曲線上で微小距離離れた 2 点で垂線を引く．交点までの距離が曲率半径，その逆数が曲率である．

【11】 3 原子分子の振動を体で覚えよう．首を C 原子，手首を O 原子に見立てて，CO_2 の振動モードをエクササイズ風に表現せよ．また，首を O 原子，手首を H 原子に見立てて，H_2O の振動モードをエクササイズ風に表現せよ．

【12】 表 5.2 において，CO_2 の振動自由度は CS_2 より 1 個多いと解釈しないのはなぜか．

【13】 図 5.9 において，N_2 が基底状態に緩和する速度と CO_2 が逆転分布を起こす効率はどう関係するであろうか。

【14】 ある分子のある振動モードが $v = 0 \to 2$ の遷移をしたという。どのようなメカニズムが考えられるか。

【15】 図 5.15 の真ん中から左右に 3 本目のピーク（$2\,602$ cm^{-1}, $2\,505$ cm^{-1}）は，図 **5.28** のどのような遷移に対応するか。P 枝を実線，R 枝を点線で記入せよ。

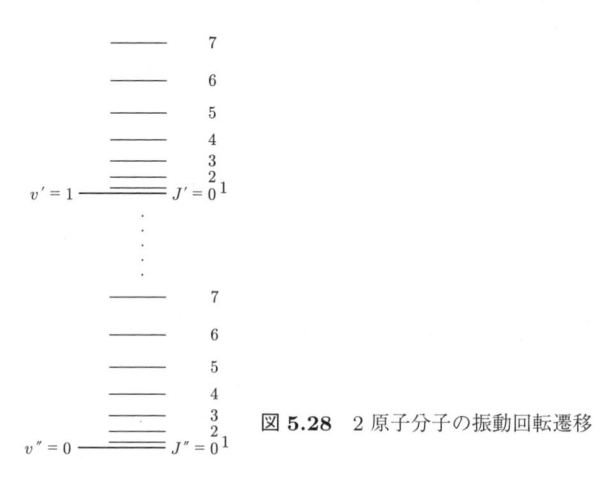

図 **5.28** 2 原子分子の振動回転遷移

【16】 図 5.15 の櫛の歯の間隔が約 18 cm^{-1} である。HBr の原子間隔を見積もれ。

【17】 図 5.15 の形状から，HBr の温度が，室温，低温，高温のどれに該当するかを推定せよ。

【18】 分子が何にも邪魔されずに，角振動数 ω_0 で 1 次元振動をすれば，$x(t) = \cos\omega_0 t$ で表される（$-\infty < t < +\infty$）。しかし圧力が有限で，ほかの分子によって振動が邪魔されれば，有限の時間しか振動が持続しない。それによって線幅が広がる。このようすを

$$x(t) = \frac{1}{1+(at)^2}\cos\omega_0 t$$

で表すことにしよう。a は圧力に対応するパラメータであり，低圧では a が小さい。a が大きくなるとしだいにスペクトル幅（$y(\omega)$ の幅）が広くなることを Fourier 変換

$$y(\omega) = \int_{-\infty}^{\infty} x(t)\cos\omega t\, dt$$

によって示せ。

（ヒント）つぎの公式を参考にせよ。
$$\int_0^\infty \frac{\cos \alpha x}{1+x^2} dx = \frac{\pi}{2} e^{-|\alpha|}$$

【19】 (a) $CH_3\text{-}CO\text{-}CH_2CH_2N(CH_3)_2$ と (b) $CH_3\text{-}CO\text{-}N(CH_2CH_3)_2$ の IR スペクトルを測定したところ，一方は $1690\ cm^{-1}$，もう一方は $1720\ cm^{-1}$ に強い吸収ピークが現れた。化合物と吸収位置とを対応付けせよ。

【20】 CO の振動数は $2145\ cm^{-1}$，C=O 基のグループ振動数は $1700\ cm^{-1}$ である。このことから CO 分子のほうが強い C=O 結合をもっているといってよいか。

【21】 図 5.29 は，酪酸エチル $CH_3(CH_2)_2COOC_2H_5$ と 4-メチル吉草酸 $(CH_3)_2CH(CH_2)COOH$ の赤外吸収スペクトルである。各スペクトルがどちらの化合物であるかを答えよ。

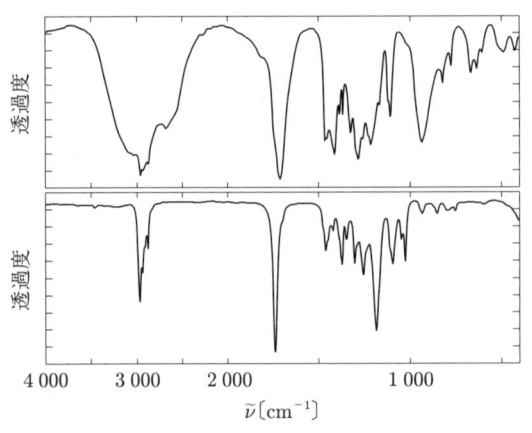

図 5.29 $C_6H_{12}O_2$ の赤外吸収スペクトル

【22】 つぎの分子のうち，交互禁制律が適用されるものを選べ。
$CH_2=CH_2$, C_6D_6, NO_2, CS_2, SO_2

【23】 CH_4 と CH_3Cl のどちらが地球温暖化作用が大きいか。

【24】 $CH_2=CH_2$ と $CCl_2=CHCl$ のどちらが地球温暖化作用が大きいか。

6 分子の対称性

赤外吸収スペクトルを議論する中で,「対称伸縮」や「対称中心」のように,対称性に言及してきた。ここでじっくり考えてみよう。

6.1 対称性とは

6.1.1 対称なモノ

〔1〕 平面図形　　具体例で対称性を考えよう。図 **6.1** にさまざまな三角形がある[†]。これらの三角形は何らかの対称性をもっている。形が整っている図 (d) の正三角形はそんな感じがするが,図 (b) の直角三角形はどうであろうか。図 (a) の三角形と比べてどこが違うか。

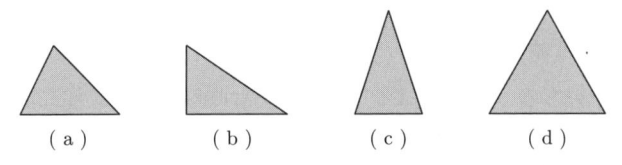

図 **6.1**　さまざまな三角形。対称要素を調べてみよう

これらの疑問に答えるには,「対称」ということの意味を掘り下げて考える必要がある。結論をいうと「これらの図形に何らかの対称操作を施して,もととまったく同じ図形が再現できるか」が対称性の具体的意味である。ここで「対称操作」という言葉が出てきたが,2 次元では,紙面に垂直な軸周りの回転 C,紙面に垂直な鏡についての反射 σ,中心点についてひっくり返すこと i がある。

[†] 2 次元で考えるので,図形をもち上げることはしない。

これらの対称操作が適用できるか（いいかえると，対称要素をもっているか）を調べてみるとつぎのようになる。
(a) 一般的な三角形には適用できる対称操作がない。
(b) 直角三角形には適用できる対称操作がない。
(c) 二等辺三角形は，頂角の二等分線上に σ をもつ。
(d) 正三角形は，頂角の二等分線上に三つの σ，そして重心位置に $\pm 60°$ の回転を行う C をもつ。

つまり，正三角形は対称要素の個数が最も多いので，一番対称な図形である。また，(a)と(b)は対称要素をもたないので対称な図形とはいえない。

〔2〕 **立体図形** 身の周りを見渡してみると対称要素（面・線・点）をもった物体が目に入る。そして，視点をミクロな世界に移せば，分子の対称性が見えてくる。海岸線に置いてあるテトラポッドとメタン分子とは，対称性が同じである。

逆説的に聞こえるが，形のない立体がある。形の単位（モチーフ）が無限に広がった物体であり，結晶がこれに当てはまる。結晶に含まれる対称操作は，本書で扱う範囲からそれる。詳しくはX線結晶学の成書を参照されたい。

6.1.2 対称なオブジェクト

形をもたないもの（ここではオブジェクトと呼ぼう）の対称性が科学では重要である。

〔1〕 **対称性をもった空間** 図形や立体を外から見て対称性を考えてきたが，原点にいて周りを見渡したときの対称性が量子力学では重要である。真空中に置かれた1個の原子は周りに何も感じないので，場は球対称である。s 電子，p 電子，d 電子は縮退している。

しかし，結晶場では原子を囲む多面体の頂点に電荷があるので，何もないときに比べて対称性が落ちている。これは d 軌道の分裂をもたらす。配位子の配置が正八面体と立方体であることが本質的な違いかという疑問には，対称性の

視点から解答が得られる。

〔2〕 **対称性をもった運動** 分子分光学では形の対称性だけでなく，振動や回転における原子集団の運動，つまり原子位置の変位ベクトルの集合がもつ対称性も重要である。例えば H_2O の逆対称伸縮振動では片方の OH が伸びればもう一方は縮む。そして，HOH の二等分面についての鏡面操作を行えば符号を変える。この際に適用できる対称操作は，分子の形にも適用できる対称操作でなければならない。

6.2 点　群

6.2.1 対 称 操 作

〔1〕 **分子に適用できる対称操作** 操作対象（分子，幾何学的図形）に空間的操作を施しても区別がつかなければその操作を対称操作といい，その操作対象は対称操作に対応する対称性（または対称要素）をもっているという。対称操作には**表 6.1** に挙げるものがある。図 6.1 では恒等操作（何の操作も行わない）を考えなかったが，今後はこれも加える。回転軸は対称軸とも呼ばれる。回映操作とは，C_n 軸で回転させた後それに垂直な面で反射させることをいう。その操作によってもとの形と区別がつかなければ回映軸をもつという（後出の図 6.4 に S_6 の例が示してある）。

〔2〕 **群とは何か** 対称操作を，集合 S の要素と見なそう。つぎのような性質をもつ集合 S は群であるという。なお，A, B, C は S に含まれる任意の要

表 6.1　対称操作

記号	名　称	内　容	分子の例
E	恒等操作	（自明）	すべての分子
C_n	回転軸（対称軸）	$(360/n)°$ 回転させても不変	NH_3 の C_3 軸
σ	対称面（鏡映面）	（自明）	H_2O の分子面
i	対称中心	原点で反転	C_6H_6
S_n	回映軸	σC_n （σ は C_n 軸に垂直）	$CH_2=C=CH_2$

素である。

(1) ［閉じている］AB も $\mathcal{S}$ に含まれる[†]。
(2) ［単位要素の存在］ $AE = A$ を満足する E が存在する。
(3) ［逆要素の存在］$AB = E$ を満足する B が存在する。B を逆要素といい，$B = A^{-1}$ と表す。
(4) ［結合則］$(AB)C = A(BC)$ が成り立つ。

〔3〕 **群を類に仕分ける**　群の要素 A, B, X, X^{-1} について次式が成り立てば B は A と共役であるという。そして左辺の形を A の相似変換という。

$$XAX^{-1} = B \tag{6.1}$$

B が A と共役であり，C が A と共役であれば B と C はたがいに共役である。共役な要素を一つにまとめたものを類（class）という。恒等操作 E はそれ自体で類を形成する。E 以外の類は E を含まない。

たいていの場合，このような演算をしなくても直感でわかる。例えば，C_6H_6 の面内にある C_2 軸には，炭素原子を突っ切るものが三つ，炭素原子の間を通るものが三つあるが，それぞれ別の類を形成する。

〔4〕 **積の表**　対称操作が群をつくることを確かめるうえで最もてっとり早いのは積の表 (multiplication table) をつくってみることである。例として図 **6.2** では過酸化水素 H_2O_2 の対称性を取り上げている。図 (a) は C_2 を

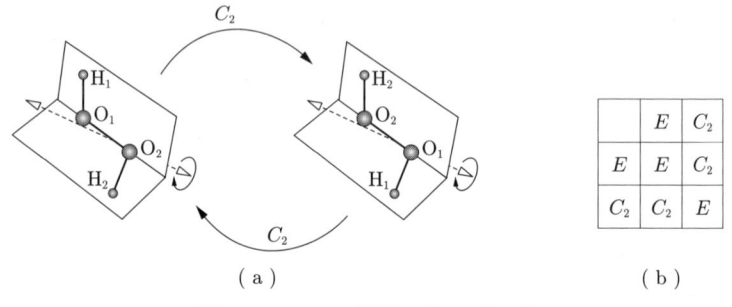

	E	C_2
E	E	C_2
C_2	C_2	E

(a)　　　　　　　　(b)

図 **6.2**　H_2O_2 の対称要素がつくる群

[†]　AB は B を施した後で A を施すことを意味する。

適用させるとHとOが入れ替わること，再度C_2を作用させるともとに戻ることを示している。図(b)から逆要素が$(C_2)^{-1} = C_2$であることがわかる。

〔5〕 **対称操作の行列表現**　図6.2(b)の表を原子座標への対称操作によっても導くことができる。それにはまず

$$\boldsymbol{P} = (\boldsymbol{O}_1,\ \boldsymbol{O}_2,\ \boldsymbol{H}_1,\ \boldsymbol{H}_2)^T \tag{6.2}$$

という$3 \times 4 = 12$成分の縦ベクトルをつくる†。ここで$\boldsymbol{O}_1 = (O_{1,x},\ O_{1,y},\ O_{1,z})^T$であり，ほかの原子についても同様である。原子座標が式(6.2)の分子に$R (= E, C_2)$という対称操作を施すということは，12×12の行列$\mathbf{A}_{\mathrm{H_2O_2}}$を用いて

$$\boldsymbol{P}' = \mathbf{A}_{\mathrm{H_2O_2}}(R)\boldsymbol{P} \tag{6.3}$$

をつくるということである。$R = C_2$については

$$\mathbf{A}_{\mathrm{H_2O_2}}(C_2) = \begin{pmatrix} \mathbf{0} & \mathbf{A}_{\mathrm{O}}(C_2) & \mathbf{0} & \mathbf{0} \\ \mathbf{A}_{\mathrm{O}}(C_2) & \mathbf{0} & \mathbf{0} & \mathbf{0} \\ \mathbf{0} & \mathbf{0} & \mathbf{0} & \mathbf{A}_{\mathrm{H}}(C_2) \\ \mathbf{0} & \mathbf{0} & \mathbf{A}_{\mathrm{H}}(C_2) & \mathbf{0} \end{pmatrix} \tag{6.4}$$

$$\mathbf{A}_k(C_2) = \begin{pmatrix} -1 & 0 & 0 \\ 0 & -1 & 0 \\ 0 & 0 & 1 \end{pmatrix} \quad (k = \mathrm{H, O}) \tag{6.5}$$

であり，$\mathbf{0}$は3×3のゼロ行列である。また，$R = E$については12×12の単位行列$\mathbf{A}_{\mathrm{H_2O_2}}(E)$と$3 \times 3$の単位行列$\mathbf{A}_k(E)$である。

これらの変換行列から集合$\{\mathbf{A}_{k'}(E),\ \mathbf{A}_{k'}(C_2)\}$ ($k' = \mathrm{H_2O_2, O, H}$)をつくると，どれをとっても図6.2(b)の積の表が再現できる。同一の群に対して表現のしかたが複数あることに留意してほしい。そして，これらは後に述べる

---

† Tは横ベクトルを縦ベクトルにするtransposeという意味である。

可約表現の例である。

6.2.2 点群

〔1〕 **点群と空間群**　対称操作を適用する対象が有限の広がりをもっていれば対称操作の集合は点群（point group）を形成する。操作対象が，規則正しく3次元的に無限の広がりをもっていれば，対称操作の集合は空間群（space group）を形成する。空間群はX線結晶学で重要である。

〔2〕 **分子が属する点群の決定法**　図6.3のフローチャート[31, p.83]に従って決定する。ここで用いられている点群の分類記号はSchoenflies（シェーンフリース）によるものである。まず特殊群（special group）に属するか否かを分子を見て判断する。HCl ($C_{\infty v}$)，O_2 ($D_{\infty h}$)，CH_4 (T_d)，cubane[†1] (O_h)，C_{60}[†2] (I_h) が特殊群に属する分子の例である。つぎに対称軸を探す。n が最大のものが主軸 C_n となる。フローチャートをたどる中であいまいさが出てきたら早い段階で YES となるようにする。エタン $H_2C=CH_2$ には C_2 軸が3本あるが，面に垂直なものを選びとる。

この図には対称面が三つ出てくる。主軸を含む σ_v（vertical=垂直），主軸に

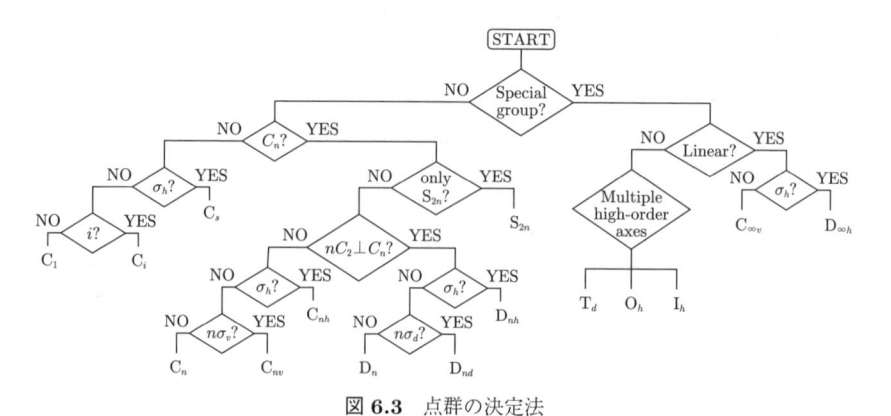

図 6.3　点群の決定法

[†1] キュバン，分子式 C_8H_8。Cでできた立方体の各頂点に単結合を解してHがくっ付いている。

[†2] フラーレン fullerene。

垂直な σ_h（h=horizontal），ほかの σ_v に挟まれた σ_d（d=diagonal）である。ベンゼン C_6H_6 はこれらの対称面をすべてもっている。

〔3〕 **代表的な点群**　個々の分子について図 6.3 のフローチャートを辿るのは煩わしい。代表的な分子について点群を覚えておき，後はそれからの類推で判断するほうが現実的であろう。代表的な点群と該当する分子を**表 6.2** に示す。そのほかの対称性については成書[31]を参照されたい。

表 6.2　代表的な点群記号

記号	C_{2v}	C_{3v}	D_{2h}	D_{3d}	D_{6h}	T_d	$C_{\infty v}$	$D_{\infty h}$
分子	H_2O	NH_3	C_2H_4	C_2F_6	C_6H_6	CH_4	HCl	C_2H_2

C_2F_6 の対称要素を **図 6.4** に示す。C_2 軸と C_3 軸をもつが C_6 軸は存在しない。しかし C_6 を施した後，軸に垂直な鏡面 σ で反射させればもとの形と同じになる。よって S_6 軸をもつ。

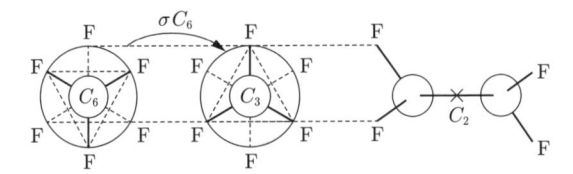

図 6.4　C_6 軸はもたないが，C_2, C_3, S_6 軸をもつ C_2F_6

6.3　指　標　表

6.3.1　点群の表現

すでに H_2O_2 を例にとって対称操作の集合 $G = \{E, C_2\}$ が群であること，行列の集合 $\{\mathbf{A}(E), \mathbf{A}(C_2)\}$ が行列のかけ算を通して G と同等であることを見てきた。例えば積 C_2E は積 $\mathbf{A}(C_2)\mathbf{A}(E)$ への対応付けができる。これらの正方行列は群を具体化したものであり「表現」という。究極の表現はどのようなものか疑問が生ずるが，これに答えるのが群の表現論である。

この理論によれば，群 $G = \{R_1, R_2, \cdots, R_n\}$ に対応して正方行列の集合 $\{\boldsymbol{\Gamma}_1(R_1), \boldsymbol{\Gamma}_2(R_2), \cdots, \boldsymbol{\Gamma}_n(R_n)\}$ が存在する．表現の集合は何通りもありうるが，つぎのような性質をもっている．なお，正方行列の次元数を位数 (order) と呼ぶことにする．

(i) 相似変換によってつぎの形に変換できる表現は，可約表現である．

$$\boldsymbol{\Gamma}_i = \begin{pmatrix} \mathbf{A}_i & \mathbf{C}_i \\ \mathbf{0} & \mathbf{B}_i \end{pmatrix} \tag{6.6}$$

ここで $\mathbf{A}_i$, $\mathbf{B}_i$ は正方行列である．$\mathbf{C}_i$ はゼロ行列でなくてもよい[21]．可約と呼ぶ理由は，群であることの条件 $\boldsymbol{\Gamma}_i \boldsymbol{\Gamma}_j = \boldsymbol{\Gamma}_k$ が成り立てば，成分についても同様の関係

$$\begin{cases} \mathbf{A}_i \mathbf{A}_j = \mathbf{A}_k \\ \mathbf{B}_i \mathbf{B}_j = \mathbf{B}_k \end{cases} \tag{6.7}$$

が成り立つからである．H_2O_2 の対称変換行列（式 (6.4)）は可約表現である．

式 (6.6) の形への相似変換が不可能な表現を既約表現という．位数が最小の既約表現は 1×1 の単位行列 (1) である．

(ii) 既約表現について規格直交性が成り立つ．

$$\sum_R \Gamma_{\alpha,\beta}^{(i)*}(R)\, \Gamma_{\alpha,\beta}^{(j)}(R) = \frac{h}{l_i} \delta_{ij} \delta_{\alpha\mu} \delta_{\beta\nu} \tag{6.8}$$

ここで R についての和は G のすべての要素（個数は h）にわたって行う．l_i は i 番目の既約表現の次元数であり

$$\sum_i l_i^2 = h \tag{6.9}$$

という関係がある．h は群の位数（オーダー）である．

さて，ここで一つ定義しておこう．表現行列のトレース† を指標 $\chi^{(i)}(R)$ という．

---

† trace, 対角成分の和のこと．

$$\chi^{(i)}(R) = \sum_\mu \Gamma^{(i)}_{\mu\mu} \tag{6.10}$$

そして $\chi^{(i)}(C_k)$ は類 C_k に属する任意の要素の指標に等しい。そうすればつぎが成り立つ。

(iii) R と S が同じ類に属すれば指標は等しい。

(iv) 第1直交関係：類 C_k の要素の数を N_k とすれば[†]

$$\sum_k \chi^{(i)}(C_k)^* \chi^{(j)}(C_k) N_k = h\delta_{ij} \tag{6.11}$$

(v) 第2直交関係：$\boldsymbol{\Gamma}^{(i)}$ が既約表現であれば

$$N_k \sum_i \chi^{(i)}(C_k)^* \chi^{(i)}(C_l) = h\delta_{kl} \tag{6.12}$$

(vi) 既約表現の個数は類の個数に等しい。

対称性に関する個々の問題で最初に得られるのは，たいていの場合可約表現である。可約表現を得た後，既約表現を利用して問題を解析するというのが，対称性についての標準的な問題解法である。

6.3.2 点群と指標表

〔1〕 **指標表の導入** 既約表現の指標が満足する2種類の直交関係式 (6.11) と式 (6.12) を具体化するものとして指標表が考案された。図 **6.5** がその基本形である。いくつかの特徴を列挙する。なお，C_i $(i=1,2,3)$ は i 番目の類であって i 回回転軸ではないので注意してほしい。

(1) 正方行列の形である。つまり既約表現の個数と類の個数は同じである。
(2) 最初の列 (a) の係数 N は各表現の次元数 l_i を示す。
(3) 最初の列 (b) の要素の二乗和は群の位数 h に等しい（式 (6.9)）。
(4) 最初の行 (c) の要素はすべて 1 である。これを単位表現という。なお，C_1

[†] * は複素共役を表す。

128   6. 分子の対称性

	(a)	対称要素のClass(類)について→			
G	C_1	N_2C_2	N_3C_3		
$\Gamma^{(1)}$	1	1	1	……	(c)
$\Gamma^{(2)}$	l_2	……	……	……	
$\Gamma^{(3)}$	l_3	……	……	……	
……	……	……	……	……	
(b)					

（縦軸：対称種←既約表現について）

図 **6.5**　点群 G の指標表の基本構成

は恒等操作 E がつくる類である。

(5) 行はたがいに直交している（式 (6.12)）。

(6) 列はたがいに直交している（式 (6.11)）。

〔2〕 **実際の指標表**　分子分光学で使う指標表には 図 6.5 の基本構成のほかにもっと情報が加わっている。点群 T_d の指標表（**図 6.6**，後出の表 6.4 参照）に即して説明しよう。

Schoenflies の点群記号／8 個の対称操作が一つの Class を形成

Order $= 1 + 8 + 3 + 6 + 6 = 24$

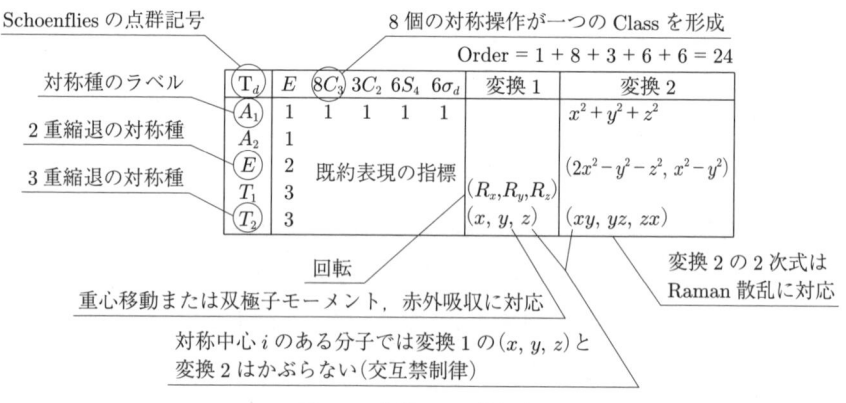

T_d	E	$8C_3$	$3C_2$	$6S_4$	$6\sigma_d$	変換 1	変換 2
A_1	1	1	1	1	1		$x^2+y^2+z^2$
A_2	1						
E	2	既約表現の指標					$(2x^2-y^2-z^2,\ x^2-y^2)$
T_1	3					(R_x, R_y, R_z)	
T_2	3					(x, y, z)	(xy, yz, zx)

対称種のラベル／2 重縮退の対称種／3 重縮退の対称種／回転／重心移動または双極子モーメント，赤外吸収に対応／対称中心 i のある分子では変換 1 の (x, y, z) と変換 2 はかぶらない（交互禁制律）／変換 2 の 2 次式は Raman 散乱に対応

図 **6.6**　点群 T_d の指標表

位数について，$h = 1 + 8 + 3 + 6 + 6 = 24$ は，対称種の次元の 2 乗の和 $= 1^2 + 1^2 + 2^2 + 3^2 + 3^2$ に等しい。

類について回転操作 C_n ($n = 2, 3$) を取り上げよう。正四面体のメタン分子には，頂点を通る 3 回軸 (C_3) がある。その軸に沿って分子を見れば正三角形

状に原子が並んで見えるからである。C_3 の前の係数 $N = 8$ は，四つの頂点に C_3, C_3^2 があることにもとづく。

2回軸 (C_2) は図 4.1 を参照すればわかりやすい。二つの CH 結合の二等分線が x 軸方向，y 軸方向，z 軸方向に合計 3 本あるから $N = 3$ である。

既約表現についていえば，ラベル（一種のニックネーム）が確立している。1次元の既約表現には A, B を付ける。主軸 C_n について指標が $+1$ なら A，-1 なら B である。必要に応じて $1, g$ の添字を付ける。反転中心 i について $+1$ であれば分光学の習慣にならって g を，-1 であれば u をそれぞれ付ける。2次元の既約表現には E を付ける。2重に縮退した振動モードはこの対称種になるであろう。そして 3 次元の既約表現には T を付ける。

変換 1 と変換 2 は分子分光学に限らず科学一般で有用な項目である。それらの変数が属する対称種を示している。x, y, z は双極子モーメントの既約表現がどの対称種であるかを示している。これらと同じ対称種の分子振動は赤外活性（IR 活性）である。同様に xy, x^2 などの 2 次形式の対称種の振動は Raman 活性（R 活性）である（5.7.3 項〔1〕参照）。対称中心 i を含む群では，x, y, z の 1 次形式と 2 次形式は絶対に同じ対称種にならない（同じ行に並ばない）。これが群論による交互禁制律の証明である。R_x など†は回転の既約表現の対称種を示している。

6.3.3 指標表の例

〔1〕 **C_{2v} の指標表**　C_{2v} の代表的な分子として H_2O が挙げられる。**表 6.3** が C_{2v} の指標表である。H_2O の二つの対称面を区別せねばならないが，水島・島内[12]では $\sigma_v(yz)$ が分子面（紙面），$\sigma_v(zx)$ が紙面に垂直である。この分子に即して C_{2v} の積の表をつくるのは賢明でない。E と $\sigma_v(yz)$ が同じ原子配置をもたらすからである。章末問題では $CH_2=CCl_2$ を選んでいる。

---

† R_x の R は rotation（回転）に由来。

130　6. 分 子 の 対 称 性

表 6.3　点群 C_{2v} (H_2O, cis-CHClC=CHCl など)

C_{2v}	E	C_2	$\sigma_v(xz)$	$\sigma_v(yz)$	変換 1	変換 2
A_1	1	1	1	1	z	x^2, y^2, z^2
A_2	1	1	-1	-1	R_z	xy
B_1	1	-1	1	-1	x, R_y	xz
B_2	1	-1	-1	1	y, R_x	yz

〔2〕 **T_d の指標表**　正四面体の対称性が T_d である．指標表は**表 6.4** であるが，すでに図 6.6 で要点を説明した．類に複数の要素が含まれていることと回映軸 S_4，そして σ_d のあることが C_{2v} と違う点である．

表 6.4　点群 T_d (CH_4 など)

T_d	E	$8C_3$	$3C_2$	$6S_4$	$6\sigma_d$	変換 1	変換 2
A_1	1	1	1	1	1		$x^2+y^2+z^2$
A_2	1	1	1	-1	-1		
E	2	-1	2	0	0		$(2z^2-x^2-y^2, x^2-y^2)$
T_1	3	0	-1	1	-1	(R_x, R_y, R_z)	
T_2	3	0	-1	-1	1	(x, y, z)	(xy, yz, zx)

〔3〕 **$D_{\infty h}$ の指標表**　CO_2 のように，対称中心をもった直線型分子の対称性は $D_{\infty h}$ であり，**表 6.5** がその指標表である．軸周りの任意の回転角 ϕ が現われている点に特徴がある．C_ϕ の前の乗数 2 は，正方向の回転操作 $\boldsymbol{C}(\phi)$ と負方向の回転操作 $\boldsymbol{C}(-\phi)$ が類を形成することによる．行列で表現すれば

表 6.5　点群 $D_{\infty h}$ (H_2, CO_2 など)

$D_{\infty h}$	E	$2C_\phi$	C_2	i	$2iC_\phi$	iC_2	変換 1	変換 2
$\Sigma_g^+(A_{1g})$	1	1	1	1	1	1	x^2+y^2, z^2	
$\Sigma_u^-(A_{1u})$	1	1	1	-1	-1	-1		
$\Sigma_g^-(A_{2g})$	1	1	-1	1	1	-1	R_z	
$\Sigma_u^+(A_{2u})$	1	1	-1	-1	-1	1	z	
$\Pi_g(E_{1g})$	2	$2\cos\phi$	0	2	$2\cos\phi$	0	(R_x, R_y)	(yz, zx)
$\Pi_u(E_{1u})$	2	$2\cos\phi$	0	-2	$-2\cos\phi$	0	(x, y)	
$\Delta_g(E_{2g})$	2	$2\cos 2\phi$	0	2	$2\cos 2\phi$	0		(x^2-y^2, xy)
$\Delta_u(E_{2u})$	2	$2\cos 2\phi$	0	-2	$-2\cos 2\phi$	0		
…	…	…	…	…	…	…		

$$C(\phi) = \begin{pmatrix} \cos\phi & -\sin\phi \\ \sin\phi & \cos\phi \end{pmatrix} \qquad (6.13)$$

である。

$C(\phi)$ がつくる類について図 **6.7** で説明しよう。式 (6.1) に $X = \sigma_v$, $A = C(\phi)$, $X^{-1} = \sigma_v$ を代入すれば図の start 配置の変化から $B = C(-\phi)$ が得られる。式 (6.13) のトレースをとって $\chi = 2\cos\phi$ が $C(\phi)$ の指標となる。ちなみに X として $C(\phi')$ を選べば $B = A$ という，至極当然な結果が得られる。

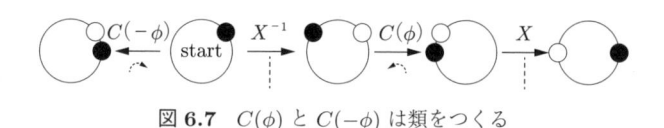

図 **6.7** $C(\phi)$ と $C(-\phi)$ は類をつくる

6.4 対称性と分子振動

6.4.1 分子の対称性と分子のダイナミックス

以上，形の対称性を調べることによって，個々の分子にどのような対称操作 (R_i) を施すことができるかを考えてきた。これはいわば幾何学の世界である。分子分光学では，形の対称性が分子振動やエネルギー状態とどう関係するかに関心がある。その基本的な方法論を以下で説明しよう。その準備として π 分子軌道の対称性を考えてみよう。原子位置に存在する p_z 軌道への対称操作のほうが，変位ベクトルへの対称操作よりも考えやすいと思われるからである。

波動関数に対する対称操作　　例としてベンゼンの π 分子軌道を取り上げ，それに D_{6h} の対称要素 $\mathcal{P}_i$ (C_6, σ_h, i, …, など) を施す。分子軌道は原子軌道の線形結合で表されているから，原子軌道への対称操作を考えることになる。そして原子軌道に対称操作を施すことは，原子軌道は固定しておいて係数を変換することで実現できる。この係数はスカラー量であるが，分子振動では原子変位というベクトル量を扱うことになる。

1) ψ_I：最低エネルギー状態（図 **6.8**（b）参照）の波動関数は

$$\psi_\mathrm{I} = c_0(\phi_1 + \phi_2 + \phi_3 + \phi_4 + \phi_5 + \phi_6) \tag{6.14}$$

と表される。ここで ϕ_j は j 番目の炭素の $2p_z$ 原子軌道であり，$c_0 = 1/\sqrt{6}$ である。図（a）の左に示す通り，すべての丸に c_0 が入る。

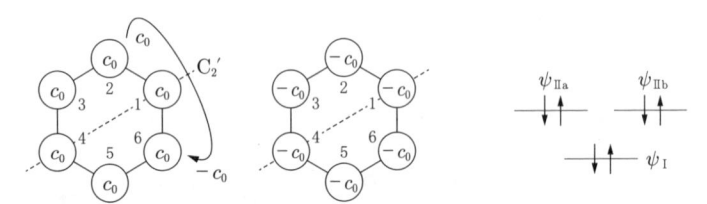

（a）最低エネルギー状態の波動関数への C_2' 操作。　（b）エネルギー準位
1〜6 の数字は原子に付けた番号

図 **6.8**　ベンゼン $\mathrm{C_6H_6}$ の π 分子軌道

まず，分子面に垂直な軸についての回転操作 C_n を施すと ($n = 2, 4, 6$)，等価な原子軌道を入れ替えることになるので分子軌道に変化は生じない。よって

$$\mathcal{P}(C_n)\psi_\mathrm{I} = \psi_\mathrm{I} \tag{6.15}$$

となる。したがってこの対称操作についての指標は $\chi(C_n) = 1$ である。

つぎに分子面に平行な 2 回回転軸 C_2' でどう変換されるか考えよう。図 6.8（a）に示す通りすべての係数が $-c_0$ になるので

$$\mathcal{P}(C_2')\psi_\mathrm{I} = -\psi_\mathrm{I} \tag{6.16}$$

となる。したがって，この対称操作についての指標は $\chi(C_2') = -1$ である。

このように，波動関数が縮退していなければ指標は +1 か −1 のどちらかになる。すべての対称操作について指標を調べれば，波動関数の対称種が決められる。

2) $\psi_\mathrm{IIa}, \psi_\mathrm{IIb}$：さらに一つ上の状態の波動関数，つまり HOMO 軌道は二つの状態が縮退していて，つぎのように表すことができる。

$$\psi_{\mathrm{IIa}} = c_1\phi_1 + c_2\phi_2 + c_1\phi_3 - (c_1\phi_4 + c_2\phi_5 + c_1\phi_6)$$

$$\psi_{\mathrm{IIb}} = c_3\phi_3 + c_3\phi_4 - (c_3\phi_6 + c_3\phi_1) \tag{6.17}$$

ここで $c_1 = 1/\sqrt{12}$, $c_2 = 2/\sqrt{12}$, $c_3 = 1/2$ である。一般に，縮退した分子軌道に対称操作を施すと，結果はそれらの組合せで表される。いまの場合も，ベンゼンに固有な対称操作 $\mathcal{P}$ に対して

$$\mathcal{P}\begin{pmatrix} \psi_{\mathrm{IIa}} \\ \psi_{\mathrm{IIb}} \end{pmatrix} = \begin{pmatrix} a & b \\ -b & a \end{pmatrix} \begin{pmatrix} \psi_{\mathrm{IIa}} \\ \psi_{\mathrm{IIb}} \end{pmatrix} \tag{6.18}$$

という形をとる。図 **6.9** は $\mathcal{P}$ が回転軸 C_6 の場合を示している。破線は節面（符号の変わる面）である。章末問題【11】を解けば $a = 1/2$ が導かれるから，指標は $\chi(C_6) = 1$ である。

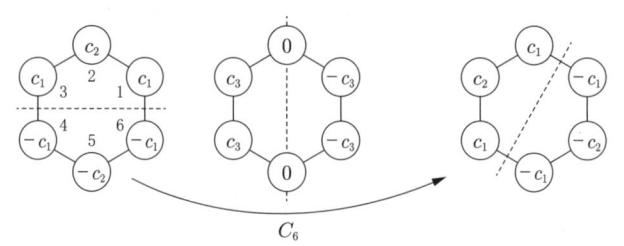

（a） HOMO。2重に縮退している　　（b） ψ_{IIa} を 60° 回転させる

図 **6.9** ベンゼン C_6H_6 の π 分子軌道

6.4.2 分子振動と対称操作

対称性にもとづいて分子振動を解析しよう。基本原理は，点群の対称種に合致するように個々の原子が微小変位をするというものである。それに従ってつくられているのが基準座標であり，点群の対称種のどれかに当てはまっている。

基準座標がわかっていなければ，すべての変位座標 (Δx_1, Δy_1, Δz_1, $\cdots$, Δx_{3N}, Δy_{3N}, Δz_{3N}) に点群の対称要素を施して分子の対称性に合致する変位の組合せを調べる。この場合，重心移動も分子回転も含まれるから，それらの寄与を差し引かねばならない。

6.4.3 H_2O の振動と対称性

H_2O を例にとって,前項で述べた方法がどう適用されるかを調べてみよう。

〔1〕**基準座標の対称性を調べる**　H_2O の基準振動が図 5.10 に示されている。これらが点群 C_{2v} のどの対称種に該当するかを調べよう。基準振動を表す変位を $\xi_{\nu_1} \sim \xi_{\nu_3}$ とし,$(E, C_2, \sigma_v, \sigma_v')$ を施す。これは C_6H_6 の波動関数の対称性を調べた際の手続きと似ている。さて,視察により ν_1 は

$$\begin{cases} E\xi_{\nu_1} = (+1)\xi_{\nu_1} \\ C_2\xi_{\nu_1} = (+1)\xi_{\nu_1} \\ \sigma_v(zx)\xi_{\nu_1} = (+1)\xi_{\nu_1} \\ \sigma_v'(yz)\xi_{\nu_1} = (+1)\xi_{\nu_1} \end{cases}$$

だから対称種は A_1 であり,変換 1 と変換 2 にそれぞれ変位 z と x^2 などがあるから,IR 活性かつ R 活性である。

つぎに ν_2 は

$$\begin{cases} E\xi_{\nu_2} = (+1)\xi_{\nu_2} \\ C_2\xi_{\nu_2} = (-1)\xi_{\nu_2} \\ \sigma_v(zx)\xi_{\nu_2} = (-1)\xi_{\nu_2} \\ \sigma_v'(yz)\xi_{\nu_2} = (+1)\xi_{\nu_2} \end{cases}$$

だから対称種は B_2 であり,変換 1 と変換 2 に成分があるから,IR 活性かつ R 活性である。

最後に ν_3 は

$$\begin{cases} E\xi_{\nu_3} = (+1)\xi_{\nu_3} \\ C_2\xi_{\nu_3} = (+1)\xi_{\nu_3} \\ \sigma_v(zx)\xi_{\nu_3} = (+1)\xi_{\nu_3} \\ \sigma_v'(yz)\xi_{\nu_3} = (+1)\xi_{\nu_3} \end{cases}$$

6.4 対称性と分子振動

だから対称種は A_1 であり，変換1と変換2に成分があるから，IR活性かつR活性である。

〔**2**〕 **原子の変位ベクトルから** n 番目の原子が (x_n, y_n, z_n) の微小変位をしたとする。対称性に合致するような微小変位の線形結合を，群の既約表現という視点で調べよう。図 **6.10** に示すように O 原子に 1，H 原子に 2，3 と番号を付け，x 軸は分子面に垂直とする。群の対称要素を変位ベクトル $(x_1, y_1, z_1, \cdots, x_3, y_3, z_3)^T$ に適用させると，つぎのような結果が得られる（縦ベクトルなので T を付けている）。C_{2v} と $\sigma_v(zx)$ では H 原子が入れ替わることに注意が必要である。

$$E\,(x_1, y_1, z_1, x_2, y_2, z_2, x_3, y_3, z_3)^T$$
$$= (x_1, y_1, z_1, x_2, y_2, z_2, x_3, y_3, z_3)^T$$
$$C_2\,(x_1, y_1, z_1, x_2, y_2, z_2, x_3, y_3, z_3)^T$$
$$= (-x_1, -y_1, z_1, -x_3, -y_3, z_3, -x_2, -y_2, z_2)^T$$
$$\sigma_v(zx)\,(x_1, y_1, z_1, x_2, y_2, z_2, x_3, y_3, z_3)^T$$
$$= (x_1, -y_1, z_1, x_3, -y_3, z_3, x_2, -y_2, z_2)^T$$
$$\sigma_v'(yz)\,(x_1, y_1, z_1, x_2, y_2, z_2, x_3, y_3, z_3)^T$$
$$= (-x_1, y_1, z_1, -x_2, y_2, z_2, -x_3, y_3, z_3)^T$$

行列のトレースを求めると

$$\chi = (\chi_1, \chi_2, \chi_3, \chi_4) = (9, -1, +1, +3) \tag{6.19}$$

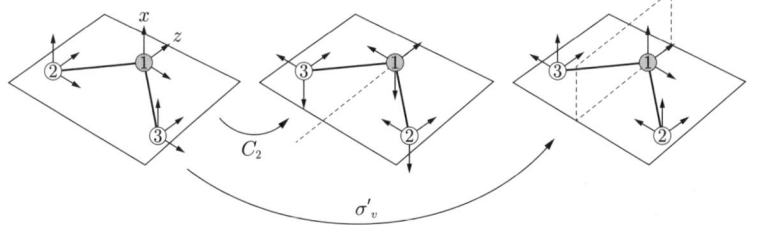

図 **6.10** H_2O の変位ベクトルへの対称操作

である。これは可約表現であるから

$$\chi = a(1, 1, 1, 1) + b(1, 1, -1, -1)$$
$$+ c(1, -1, 1, -1) + d(1, -1, -1, 1)$$

と置き，直交関係（式 (6.11)）を用いて係数 $a \sim d$ を決める．例えば，両辺に $(+1, +1, +1, +1)$ を「かけて」和をとると，$a = (9-1+1+3)/(1+1+1+1) = 12/4 = 12/h = 3$ である．以下，同様にして $b = 1$, $c = 2$, $d = 3$ であるから

$$\Gamma = 3A_1 + A_2 + 2B_1 + 3B_2 \tag{6.20}$$

のようにまとめられる．これを既約表現に分解するという．

しかしながら，式 (6.20) の中には併進（重心移動）と回転の寄与が入っている．表 6.3 から

$$\Gamma(\text{C.M.}) = A_1 + B_1 + B_2 \tag{6.21}$$

$$\Gamma(\text{rot}) = A_2 + B_1 + B_2 \tag{6.22}$$

である．これらを式 (6.20) から差し引いて

$$\Gamma(\text{vib}) = 2A_1 + B_2 \tag{6.23}$$

が得られる．これは 6.4.3 項〔1〕で得られた結果に一致する．

〔3〕 **H_2O の振動：可約表現の便利な求め方** 図 6.10 の方法をそのつど実施するのは煩わしい．幸い，簡便な方法がある．それは，対称操作で動かない原子を見つけて，それらに**表 6.6** の指標を割り振るのである．

これを H_2O に当てはめてみると**表 6.7** のようになり，式 (6.19) が確かに得られる．

表 6.6 可約表現の指標[†]（3 次元デカルト座標系）

E	σ	i	C_2	C_3	C_4	C_ϕ	S_4	S_6	S_ϕ
3	1	-3	-1	0	1	$1 + 2\cos\phi$	-1	0	$-1 + 2\cos\phi$

[†] 各対称操作によって場所を変えない原子 1 個当りの指標

表 6.7 H_2O の可約表現

	E	C_2	$\sigma_v(xz)$	$\sigma'_v(yz)$
場所を変えない原子の個数	3	1	1	3
Γ	9	-1	1	3

6.4.4 そのほかの分子の振動と対称性

〔1〕 CO_3^{2-} CO_3^{2-} は D_{3h} である。表 6.8 の表をつくって解析すると

$$\Gamma(\text{vib}) = A'_1 + A'_2 + 2E' \tag{6.24}$$

であり,四つの振動モードが存在することがわかる。

表 6.8 点群 D_{3h} (CO_3^{2-} など)

D_{3h}	E	σ_h	$2C_3$	$2S_3$	$3C'_2$	$3\sigma_v$	変換 1	変換 2
A'_1	1	1	1	1	1	1		x^2+y^2, z^2
A'_2	1	1	1	1	-1	-1	R_z	
A''_1	1	-1	1	-1	1	-1		
A''_2	1	-1	1	-1	-1	1	z	
E'	2	2	-1	-1	0	0	(x,y)	(x^2-y^2, xy)
E''	2	-2	-1	1	0	0	(R_x, R_x)	(xz, yz)

振動モードを具体的に示すと図 6.11 の通りである。対称種は,ν_1 が A'_1,ν_2 が A''_2,ν_3 と ν_4 が E' である。ν_1=1060 cm^{-1},ν_2=880 cm^{-1},ν_3=1415 cm^{-1},ν_4=1680 cm^{-1} である。ほかに,SO_3 や NO_3^- もこの型の振動を起こす。

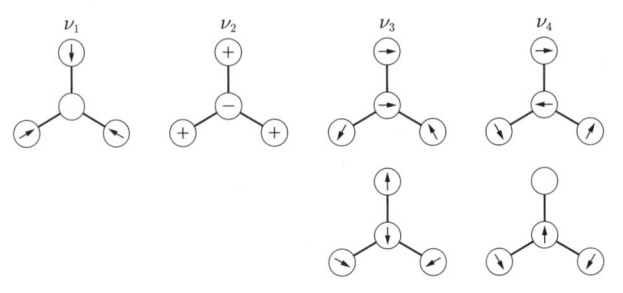

図 6.11 CO_3^{2-} の基準振動

138   6. 分子の対称性

なお，CO_3^{2-} は全体として負電荷を帯びているので，側にある陽電荷との間で双極子モーメントができるが，規則的な運動をしないので電荷をもっていることは，振動スペクトルを観測するうえで支障とならない[†]。

〔2〕 **CO_2**　　表 6.7 と同じ表をつくると**表 6.9**が得られる（章末問題では変位ベクトルの対称変換から可約表現を求めている）。

表 6.9　CO_2 の変位の可約表現と振動の既約表現

対称操作	E	$2C_\infty$	$\infty\sigma_v$	i	$2S_\infty$	C_2
場所を変えない原子の個数	3	3	3	1	1	1
Γ	9	$3+6\cos\phi$	3	-3	$-1+2\cos\phi$	-1
重心移動 Γ(C.M.)	3	$1+2\cos\phi$	1	-3	$-1+2\cos\phi$	-1
回転 Γ(rot)	2	$2\cos\phi$	0	2	$-2\cos\phi$	0
振動 Γ(vib)	4	$2+2\cos\phi$	2	-2	$2\cos\phi$	0

表 6.9 の $\chi(\text{vib}) = \chi - \chi(\text{C.M.}) - \chi(\text{rot})$ は

$$\Gamma(\text{vib}) = \Sigma_u^+ + \Pi_u + \Sigma_g^+ \tag{6.25}$$

と分解できる。Σ_u^+ は，表 6.5 によれば z 軸方向の変位（つまり双極子モーメント）の対称性だから，図 5.6 の逆対称伸縮振動（IR 活性）に対応する。Π_u は 2 重縮退の変角振動（IR 活性）に対応し，Σ_g^+ は対称伸縮振動に対応する（Raman 活性）。

6.5　結晶場の空間対称性

配位子によって遷移金属イオンの d 準位が分裂することがよく知られている。この無機錯体化学を，結晶場という空間の問題として取り扱ったのが H.A. Bethe（ベーテ）である（1929 年）[21),22)]。群論の考え方が用いられているので，

[†] 強誘電体では，格子結晶に乗っている陽イオンと負イオンが規則的にゆるやかな運動をする。これは誘電緩和として観測されうる。

要点を説明しておこう。なお,電子のスピンは影響しないと仮定する。

6.5.1 自由空間の対称性

〔1〕 **自由空間における角度関数** 自由空間とは,電場も磁場もほかの原子もまったく存在しない空間のことである。空間内の原点に置かれた原子にとっては,角度方向を区別する手がかりがまったくないので球対称の空間である。

水素原子を考えてみよう。電子が1個だけなので球対称空間の効果が純粋な形で反映されているはずである。そのような視点で波動関数を見てみると,関数形は $\psi_{nlm}(\boldsymbol{r}) = a_{n,l}(r) Y_{lm}(\theta, \phi)$ であり,球面調和関数 $Y_{lm}(\theta, \phi)$ が登場する。空間軸は任意に設定できる。

〔2〕 **角度関数と回転群** 対称操作として空間軸を (θ_1, ϕ_1) だけ傾ける操作 $\mathcal{P}_{\theta_1, \phi_1}$ を導入しよう。自由空間は球対称であるから

$$\mathcal{P}_{\theta_2, \phi_2} \mathcal{P}_{\theta_1, \phi_1} = \mathcal{P}_{\theta_2 + \theta_1, \phi_2 + \phi_1} \tag{6.26}$$

が成り立ち, $\mathcal{P}_{\theta, \phi} \equiv \mathcal{P}_R$ が群を形成することがわかる。ただし, (θ, ϕ) は連続値をとり,類は無限個ある。

6.5.2 結晶場の対称性

〔1〕 **正八面体の結晶場** 結晶場とは多面体の頂点に置かれた配位子がつくる静電場のことである。配位子場と異なり,中心金属イオンとの相互作用が比較的小さい。原点に置かれた金属イオンは球対称空間からのゆがみを感じるだけである。ここでは $[\mathrm{CoCl_6}]^{-3}$ などに見られる正八面体の結晶場を考えよう。O_h の対称性をもった場になるが,σ_h は特に違いをもたらさないので,O を考えるほうが都合がよい。

表6.10 が O の指標表である。回転角 $\phi = \pi/2, 2\pi/3, \pi$ についての回転行列 $\boldsymbol{\Gamma}(R) = \boldsymbol{C}(\phi)$ が登場する。$\boldsymbol{C}(\phi)$ が作用する相手は

$$\boldsymbol{\lambda} = (Y_{l,l}, Y_{l,l-1}, \cdots, Y_{l,-l+1}, Y_{l,-l})^T \tag{6.27}$$

という $(2l+1)$ 成分の一種のベクトルである。C_n $(n = 2, 3, 4)$ 軸に対する回転操作を $\mathcal{P}_n$ で表せば

表 6.10 点群 O

O	E	$8C_3$	$3C_2$	$6C_2$	$6C_4$	変換 1	変換 2
A_1	1	1	1	1	1		$x^2+y^2+z^2$
A_2	1	1	1	-1	-1		
E	2	-1	2	0	0		$(2z^2-x^2-y^2, x^2-y^2)$
T_1	3	0	-1	-1	1	(x,y,z) (R_x, R_y, R_z)	
T_2	3	0	-1	1	-1		(xy, xz, yz)

$$\mathcal{P}_n \boldsymbol{\lambda} = \boldsymbol{\Gamma}\boldsymbol{\lambda} \tag{6.28}$$

である.ここで Γ は対角行列

$$\Gamma_{ii} = e^{-i\alpha} \quad \left(i = -l, \cdots, l;\ \alpha = \frac{2\pi}{n}\right) \tag{6.29}$$

である.そして,この表現の指標は

$$\chi = \sum_{m=-l}^{l} e^{-m\alpha} = \frac{\sin\left(l+\frac{1}{2}\right)\alpha}{\sin\frac{1}{2}\alpha} \tag{6.30}$$

である.

〔2〕 d 軌道準位の分裂 $l=2$ (d 軌道)の場合の正八面体結晶場における指標を式 (6.29) にもとづいて計算すると,表 6.11 の可約表現 Γ になる.E の指標は式 (6.29) で $\alpha \to 0$ と置いて $\chi(E) = 2l+1$ である.これを既約表現に分解すると

$$\Gamma = E + T_2 \tag{6.31}$$

となって 2 重と 3 重の二つに分裂する.しかし,どちらの準位が下になるかは群論では決まらない.静電反発の強さのような化学的な知見が必要である.

表 6.11 点群 O における $l=2$ の可約表現

O	E	$8C_3$	$3C_2$	$6C_2$	$6C_4$
Γ	5	-1	1	1	-1

章 末 問 題

- 【1】 正方形, 長方形, 菱形の対称要素を調べよ。
- 【2】 正四面体と正八面体はどちらも O_h に属することを説明せよ。
- 【3】 過酸化水素分子 H_2O_2 はどの点群に属するか。
- 【4】 $CH_2=C=CH_2$ の S_4 軸についてつぎの問いに答えよ。
  - (a) S_4 軸の向きを示せ。
  - (b) σC_4 が対称操作であることを示せ。
  - (c) $\sigma C_4 = C_4 \sigma$ を証明せよ。
- 【5】 点 $P(x,y,z)$ に対してつぎの対称操作を行うとどう変換されるか。
  - (a) C_2 の回転操作を z 軸について作用させる。
  - (b) yz 平面についての鏡面操作 σ_x を作用させる。
- 【6】 $\sigma_z = iC_2 = C_2 i$ が成り立つことを示せ。
- 【7】 CH_2Cl_2 の対称要素 $(E, C_2, \sigma_v, \sigma_v')$ が群をつくることを示せ（積の表をつくれ）。
- 【8】 NH_3 は, 付録の表 A.4 に示すように対称要素として (E, C_3, σ_v) をもっている。二つの回転操作 C_3 と C_3^2 が類を形成すること, そして三つの対称面 $\sigma_v, \sigma_v', \sigma_v''$ が別の類を形成することを説明せよ。
- 【9】 T_d の指標表 6.4 について, 規格直交性が成り立つことを示せ。
- 【10】 C_{2v} の指標表（表 6.3 参照）について, 規格直交性が成り立つことを示せ。
- 【11】 式 (6.18) の a と b を $\mathcal{P} = C_6$ の場合について求めよ。
- 【12】 図 6.9 の係数 c_1, c_2, c_3 の値を求めよ。
- 【13】 $\mathcal{P} = i$ の場合に ψ_{IIa} と ψ_{IIb} がどう変換されるかを調べよ。
- 【14】 有機化合物の sp^2 混成軌道は, $120°$ ずつあけて $\psi_I, \psi_{II}, \psi_{III}$ が存在すると考える。3 回軸についての回転操作 C_3 によりどのように変換されるかを調べよ。
- 【15】 CO_2 の表 6.9 の Γ が, 微小変位の対称変換でも得られることを確かめよ。
- 【16】 CO_2 の表 6.9 の最後の行が $\Sigma_u^+ + \Pi_u + \Sigma_g^+$ に等しいことを確かめよ。
- 【17】 H_2 の振動スペクトルが Raman 散乱でしか見られないことを $D_{\infty h}$ の指標表（表 6.5 参照）にもとづいて説明せよ。
- 【18】 CH_4 の振動モードのうち, IR 活性と Raman 活性のものはそれぞれいくつずつあるか。
- 【19】 CH_3Cl の振動モードのうち, IR 活性と Raman 活性のものはそれぞれいくつずつあるか（表 A.4 参照）。
- 【20】 正八面体結晶場に置かれた希土類元素の f 軌道は, どのように分裂すると予想されるか。

7 可視・紫外・X線の分光学

UV（ultraviolet, 紫外線）と VIS（visible, 可視光線）は同じ原理にもとづいて発現し，同じ原理で観測されるので，ひとまとめにして UV-VIS（紫外可視）と呼ばれる．本章では，このエネルギー領域の分光学に力点を置くが，X 線まで話題を広げて説明する．

7.1 分子の電子遷移

7.1.1 一般論

電子状態間の遷移に対応した電磁波の吸収あるいは発光スペクトルが見えるのは，原子の場合と同様であり，エネルギー準位・遷移確率・スピンの概念が有効である．しかし，角運動量は 2 原子分子でのみ用いられる．

正電荷が複数個ある中を電子が運動しているのが分子であるから，分子振動によって原子の位置が時々刻々変わる．そして，そのつど電子エネルギーも変わる（図 5.4 のポテンシャルエネルギー曲線を想起してほしい）．したがって，分子の電子遷移のスペクトルには振動構造が現れる．振動構造に対応する波長間隔 $\Delta\lambda$ を見積もるために，振動遷移を $\Delta\tilde{\nu} \sim 1\,000\ \mathrm{cm}^{-1}$，電子遷移の波長を $\lambda_0 = 1/\tilde{\nu}_0 \sim 500$ nm と仮定しよう．

$$\lambda_0 \pm \Delta\lambda = \frac{1}{\tilde{\nu}_0 \mp \Delta\tilde{\nu}} = \lambda_0 \pm \lambda_0^2\,\Delta\tilde{\nu} = (500 \pm 25)\ \mathrm{nm} \tag{7.1}$$

よって振動構造は 10^1 nm 程度と見積もることができる（実例は後出の図 7.6 と図 7.8 参照）．

さらに，分子回転が電子の運動に影響を与える．ただし，回転構造は振動構

造より細かいので気体分子でないと観測はできない。

分子の電子スペクトルは温度によっておおいに影響される。それは，振動準位と回転準位のポピュレーションが温度に影響されるからである。

7.1.2　スペクトル測定法の原理

波長領域が紫外でも可視でも，スペクトル測定には分光器（モノクロメータ，monochromator）を用いる。図 **7.1** の回折格子を用いるタイプが標準である。入射光を回折格子で分散させて，出射スリットを通過した波長成分の強度を光電管などの検出器で測定する。短時間に測定を終了したければ，分光器の出射口にアレイ型半導体検出器[†1]を置いて広い波長範囲を同時に測定する。

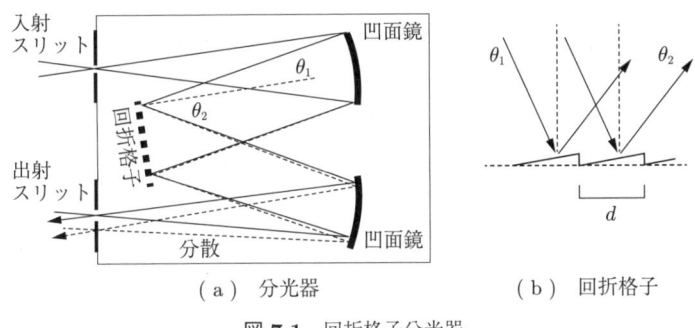

図 **7.1**　回折格子分光器

回折格子は，いわば反射型の分光シート（1.1.3 項参照）である。回折格子の垂線についての入射角が θ_1，出射角が θ_2，溝間隔が d，波長が λ であれば

$$d(\sin\theta_2 - \sin\theta_1) = m\lambda \tag{7.2}$$

が成り立つ[†2]。$m = \pm 1, \pm 2, \cdots$ は回折の次数である。溝の形状がブレーズ波長（blaze wavelength，最も効率のよい波長）に影響する。

[†1]　細い短冊状の半導体光センサが 1 次元に並んだ検出器。2 次元 CCD セルを 1 次元にまとめたタイプが多い。

[†2]　溝の傾き角は回折条件に関与しない。

7.1.3 測　定　対　象

〔1〕　**実験室での発光と吸収**　可視・紫外光であれば光を試料に照射すること，また試料から取り出すことが比較的容易なので，気体・液体・固体の試料が幅広く扱われている。ただし，空気によって吸収される 10～200 nm の光（真空紫外）の場合には測定に工夫が必要である。もちろん，もっと波長の短い光では，光源（X 線発生装置）あるいは観測施設（放射光施設）の制約が加わる。

　水溶液で透過率が測れるのが可視吸収測定の強みであるが，溶媒分子との不規則な衝突のために不均一線幅が大きくなり，幅広いスペクトルとなる。透過率を定量的に表すパラメータが吸光度 ε であり，濃度 C および試料の厚み l と合わせて Lambert-Beer の法則（1.2.1 項参照）が成り立つ。

〔2〕　**さまざまな発光**　発光現象は感動や驚きを与えてくれる。代表的なものをいくつか取り上げよう。

　オーロラ：太陽風（電子などの荷電粒子）に励起されて発光する。空気の構成物質から生じた励起状態の N （青），N_2^+ （赤）や N_2 （紫）[9, p.485]，そして励起状態の O （557.7 nm）[7, p.266] からの発光である†。N_2 からは紫外線も出ている。

　摩擦発光：N_2 からの発光は，ある種の結晶が破壊するときの摩擦発光[14]にも見られる。氷砂糖を歯で噛み砕いたときにかすかに光ることがわかって話題を呼んだことがある。吸着している N_2 が微小な放電で励起されるためとされている。結晶分子が励起されて生じる蛍光も摩擦発光に混ざっている[13]。それと似た発光に応力発光[46]があり，機械工学への応用が進んでいる。

　音響発光・音響化学発光：超音波を水などの液体に照射するとキャビテーションが生成する。これは一種の気泡であるから断熱圧縮によって一瞬の間，数千度ないし数万度の高温になる。それによって生じた OH ラジカルが化学発光を起こす。ルミノールによる音響化学発光は，水溶液中で超音波がどう広がって

---

† 中性 O 原子の励起状態は O I と記す。これを O^- と誤解してはならない。

いるかの診断に使える[16]。図 **7.2** は，両側から 250 kHz の収束超音波を照射したときの発光であり，半波長ごとに定在波の縞模様のできることが肉眼で見てとれる。実験方法を工夫すれば，プラズマ由来の音響発光も見える[17]。硫酸中にナトリウム塩を入れれば，周囲を暗くしなくても D 線の明るい発光が観測できる[18]。

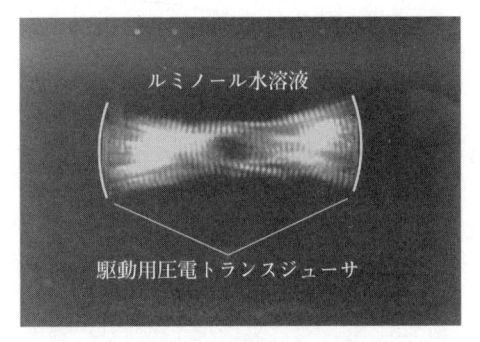

図 **7.2**　ルミノール水溶液の音響化学発光

デバイス：身近な発光現象といえば，固体物質の中には実用性の高い発光材料が数多くある。蓄光材料がその例である。発光ダイオードは広い意味の発光材料，というよりは発光デバイスである。測定する立場からすれば，分子分光となんら区別することはない。

7.2　ポテンシャルエネルギー曲面

7.2.1　ケーススタディ：N_2

〔1〕 **N_2 のポテンシャルエネルギー曲線**　前節で触れたように N_2 はさまざまな発光過程に関与している。原子では縦軸にエネルギーをとったダイアグラムで光の放出過程を記述できた（例えば図 2.2）が，分子では形の違いを盛り込まねばならない。二原子分子ではそれが簡単に実現できる。図 **7.3** は，N_2，N_2^+，N_2^- についての文献19) にもとづき，Morse 関数を用いて再構成したものである。必ずしも正確とはいえないが特徴はとらえている。グラフ左の挿絵で

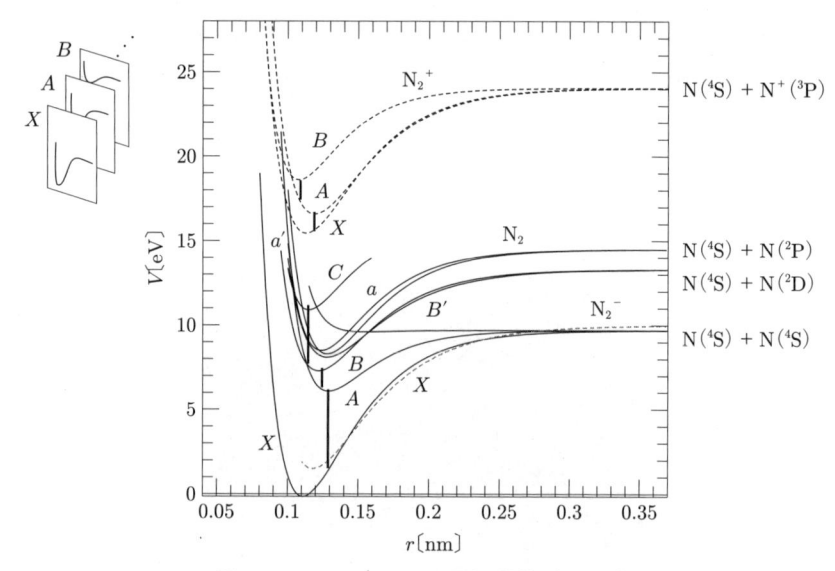

図 7.3 N_2, N_2^+, N_2^- の電子状態(の一部)

示すように，$N_2 \cdot N_2^+ \cdot N_2^-$ は電子状態ごとにポテンシャルエネルギー曲線が存在する。それらを一つにまとめたものが図 7.3 であり，横軸は原子間距離である。もっと多くの曲線が存在するが，かなり省略した。また振動準位も省略してある。

N_2^+ はイオン化エネルギーの分だけ N_2 より上にある。N_2 は電子を受け取っても安定にならないので，N_2^- は不安定な化合物である。よって図の N_2^- 曲線(一番下の破線)は一部しか描けていない。

この図において X は基底電子状態を示す記号である。それとの間で許容遷移を起こす励起状態を $A, B, \cdots$ で示す。これらの遷移にはつぎのようなニックネームがついている[10, p. 449]。

(1) $A \to X$：Vegard-Kaplan バンド
(2) $B \to A$：第1ポジティブグループ
(3) $C \to B$：第2ポジティブグループ

一方，X に遷移しない状態は $a, b, \cdots$ で示す。図 7.3 では省略したが，a あるいは a' に至る多数のバンドがある。これらの状態は衝突などによってエネ

ギーを失い，いずれ X に至る。

　ここに描いた曲線は，下向きの釣鐘状であり，有限個の振動状態を維持できるが，一つだけ右下がりの曲線が入っている。これは解離に関係する。

　曲線の右端には，原子間距離を無限に広げたときにどのような電子状態のN原子に至るかが示されている（N_2^- については省略した）。N原子の電子配置は $1s^2 2s^2 2p^3$ であるが，角運動量は $2p^3$ のみ考慮すればよい。角運動量のベクトル和が ↑→↓ ($L = 0$)，そしてスピン角運動量のベクトル和が ↑↑↑ ($S = 3/2$) であれば図の ^4S になる。

　オーロラでは，荷電粒子との衝突によってまず高エネルギー状態（図7.3の上方）の N_2, N_2^+, N が生成する。おそらく，運動エネルギーも大きい。そしてしだいにエネルギーを失って（この過程は上層大気の密度に依存する），図7.3に描かれたさまざまな状態を経由しながら最終的に X 状態に落ち着く。稲妻でも同様の発光過程が関わっているが，励起状態の密度がオーロラよりはるかに高いこと，瞬間的にしか生成しないことに特徴がある。

〔2〕 **N_2 の電子状態**　ここでは図7.3を量子化学的に掘り下げた議論をする。この部分は読み飛ばしても差しつかえない。

　図7.3の X, A, B, ⋯ は，詳しくいうと $X^1\Sigma_g^+$, $A^3\Sigma_u^+$, $B^3\Pi_g$, ⋯ である。$^1\Sigma_g^+$ などは分子の電子波動関数がもつ対称性とスピン多重度を示す。これらの記号は $D_{\infty h}$ の対称種（表6.5参照）の記号の左肩にスピン多重度を追加したものであるから，分子軸 (C_∞^ϕ) 周りの角運動量 (Σ, Π, ⋯)，分子軸を含む鏡面操作 σ_v ($+, -$)，パリティ i (g, u) をつぎの分子軌道について調べる。

$$(1\sigma_g)^2 (1\sigma_u)^2 (2\sigma_g)^2 (2\sigma_u)^2 (1\pi_u)^a (3\sigma_g)^b (1\pi_g)^c (3\sigma_u)^d$$

すでに8個の電子が分子軌道に割り振られているから，6個の電子について $0 \leq a \leq 4$, $0 \leq b \leq 2$, $0 \leq c \leq 4$, $0 \leq d \leq 2$ である。ただし，各準位が満杯であれば角運動量もスピンもゼロ，σ_v について $+$，そして i について g であるから，充満していない準位について考えればよい。ここで σ 軌道は分子軸に沿った角運動量が $\boldsymbol{\lambda} = 0$，π 軌道は $\boldsymbol{\lambda} = 1\hbar$（単に 1 とする），⋯ である。そして各

電子の λ をベクトル的に足し合わせて合成ベクトル Λ をつくる。注意点は，原子では横向きのベクトルがあったが（図 2.5 参照），2 原子分子では分子軸について「同じ向き」「逆向き」しか現れないことである。例えば，$\pi(1)\pi(2)$ であれば，$\Lambda = 1 \pm 1 = 0, 2$，つまり Σ と Δ の可能性がある。一方，スピンについては原子の場合と同じように，分子軸に関わりなく加算する。

(1) X 状態は $a = 4, b = 2, c = d = 0$ である。すべての準位が満杯であるから角運動量もスピンもゼロである。よって $^1\Sigma$ が決まる。さらに g と $+$ が加わって $^1\Sigma_g^+$ となる。

(2) A 状態は $a = 3, b = 2, c = 1, d = 0$ である[19]。π 電子が 4 個あるが，1 個が抜けた，つまり空孔ができたと考えれば話は単純になる。そうすれば π が二つということになるから $\Lambda = 0$，つまり Σ ができる（Δ は別の電子状態である）。

合成スピンについては注意がいる。Fermi 粒子であるから，任意の電子の入れ替えについて波動関数の符号が変わらねばならない。そこで，二つの π 軌道 π_a と π_b から

$$\phi(1,2) = \pi_a(1)\pi_b(2) - \pi_b(1)\pi_a(2) \tag{7.3}$$

という反対称波動関数をつくろう。この波動関数は Σ に対応する。実際，軸周りの角運動量演算子 $\boldsymbol{\Lambda} = \boldsymbol{\lambda}_1 + \boldsymbol{\lambda}_2$ を適用すると

$$\boldsymbol{\Lambda}\phi(1,2) = 0 \tag{7.4}$$

である。よってスピン波動関数は対称関数でなければならないので $^3\Sigma$ である。さらに，σ_v について $(-) \times (-) = (+)$, i について $u \times g = u$ であるから $^3\Sigma_u^+$ が導かれる。

7.2.2 ポテンシャル曲面上の分子ダイナミックス

Born-Oppenheimer 近似 N_2 の発光を考えるにあたって（特に図 7.3），原子核の位置（つまり原子間隔）を基準にして電子状態を議論してきた。電子は

原子核に比べて十分速いので，分子の回転が電子の運動に与える影響は小さなものであろうというわけである。そして電子状態が決まれば，原子核の位置に対応してポテンシャル関数が決まる。それにより振動状態，そして最後に回転状態が定まる。この考え方を定式化したのが分子波動関数に対するボルン–オッペンハイマー（Born-Oppenheimer）近似である。解離やイオン化が重要な役割を果たす原子衝突の分野では，断熱近似とも呼ばれる。Born-Oppenheimer近似では波動関数を積の形

$$\Psi(\boldsymbol{R}_A, \boldsymbol{R}_B, \boldsymbol{r}_1, \cdots, \boldsymbol{r}_n) \approx \Phi(\boldsymbol{R}_A, \boldsymbol{R}_B)\psi(\boldsymbol{r}_1, \cdots, \boldsymbol{r}_n; \boldsymbol{R}_A, \boldsymbol{R}_B) \quad (7.5)$$

に表す。ここで Φ は原子核の座標のみの波動関数，ψ は原子核が固定されている中での電子の波動関数である。ψ のセミコロン「;」は $\boldsymbol{R}_A, \boldsymbol{R}_B$ にはパラメータ的にしか依存しないこと，つまり $X = R_A, R_B$ について

$$\frac{\partial \psi}{\partial X} \approx 0, \quad \frac{\partial^2 \psi}{\partial X^2} \approx 0$$

などと置けることを意味している。Φ と ψ はそれぞれつぎの波動方程式を満足する。

$$-\sum \frac{\hbar^2}{2M_\alpha} \nabla_\alpha^2 \Phi = [E - U(R)]\Phi \quad (7.6)$$

$$-\frac{\hbar^2}{2m} \sum \nabla_i^2 \psi + V\psi = U(R)\psi \quad (7.7)$$

式 (7.7) の V は原子核が $\boldsymbol{R}_A, \boldsymbol{R}_B$ にあるときの電子のポテンシャルエネルギー，U はそのときの電子の全エネルギーである。図 7.3 の縦軸は $U(R)$ である。発想が直感的でわかりやすいが，分子分光学としては分子回転が軽視されているといわざるを得ない。なお，この近似は多原子分子一般に適用でき，Φ は振動の波動関数と回転の波動関数に分離できる。

Born-Oppenheimer 近似を超える取り扱いも研究されている。詳細は省略するが[2, pp.116,120]，分子の全ハミルトニアンを電子エネルギー $\hat{H}_\mathrm{E}$，回転 $\hat{H}_\mathrm{R}$，振動 $\hat{H}_\mathrm{V}$，並進 $\hat{H}_\mathrm{T}$ に分割することができる。最初からポテンシャル関数に回転エネルギーの項が入るという意味で優れた方法であるが，わかりやすさが犠

性になる。

7.2.3 二つのポテンシャルエネルギー曲線

図 7.3 の複雑なポテンシャルエネルギー曲線群から二つを取り出して，その間の移行ダイナミックスを考えよう。このプロセスは紫外・可視分光に関係する。例として，青色レーザで蛍光を発する I_2 の電子状態を図 **7.4** に示す。$^1\Sigma_g^+$ と $^3\Pi_{0u}^-$ が関与している。光励起（約 $18\,000$ cm^{-1}）と蛍光が矢印で示してある。

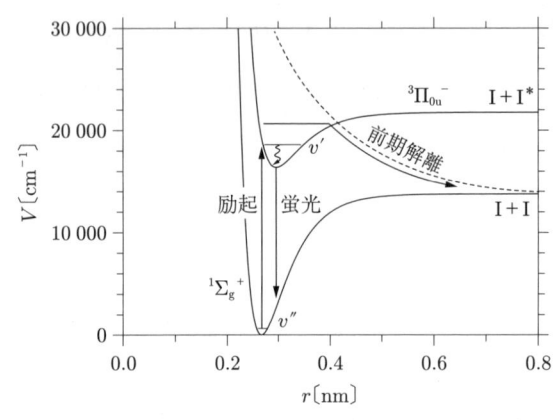

図 **7.4** I_2 の電子状態と可視光に対する応答

〔1〕 **Frank-Condon の原理**　図 7.4 の遷移（二つの矢印）は垂直に描かれている。これには意味がある。光エネルギーを受け取る前，原子核は静止している。つまり，基底電子状態の谷底（厳密にいえばゼロ点準位）にいる。電子が光エネルギーを受け取れば，電子は軽いからすぐに運動のしかたが変えられるが，原子核は重いから最初の場所を動かない。つまり，電子が励起された直後，原子核は古典的転回点（5.2.1 項参照）にあって振動を開始する。これが垂直遷移の意味である。基底電子状態の谷底から伸ばした垂線が電子励起状態のポテンシャル曲線と交わる場所が，その電子状態における原子核のダイナミックスを決める。垂直遷移の原理はフランク–コンドン（Franck-Condon）の原理とも呼ばれる。

図 7.4 の矢印をよく見ると，先端が振動準位の横線に達しているが，これは厳密にいうと，その近くにある振動準位への遷移が最も確率が高いという意味である．図 **7.5** には振動の波動関数が描かれている．1 Å は 0.1 nm であり，縦の位置はエネルギー準位に合わせてある．量子数 v が大きくなるにしたがって波動関数が外側に広がっていくことがわかる．

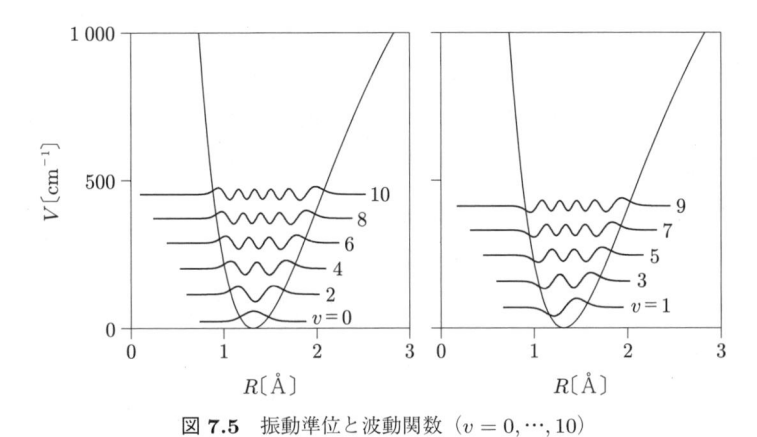

図 **7.5** 振動準位と波動関数（$v = 0, \cdots, 10$）

$v'' \to v'$ の遷移確率を定量的に表す因子が Franck-Condon 因子である．これは振動の波動関数の重なり積分と称すべきものであって次式で定義される．

$$\mu(v', v'') = \int_0^\infty \psi_{v''}(r)\psi_{v'}(r)dr \tag{7.8}$$

ここで，$\psi_{v''}$ は基底状態のポテンシャルにおける振動波動関数，$\psi_{v'}$ は励起状態のポテンシャルにおける振動波動関数である．ポテンシャルの谷底の位置が同じであれば $0 \to 0$ 遷移が強いが，一般には谷底の位置が異なるので，電子遷移では v'' が v' に対して増えることも減ることもある．そこが赤外吸収による振動遷移との違いである．

〔**2**〕 **前 期 解 離**　図 7.4 の破線は解離過程を表す．$21\,000$ cm^{-1} の光で励起すれば $^3\Pi_{0u}^-$ の高振動状態にいったん励起される．そして破線に乗り移り，I+I になることができる．このプロセスを前期解離といい，解離の主因となっ

ている。

　エネルギー収支でいえば，$14\,000\ \mathrm{cm}^{-1}$ 以上であれば直接に解離することができそうであるが遷移確率は低い。振動状態から前期解離チャンネルへの移行のほうが速い。

〔3〕**振動緩和**　ポテンシャル曲線の上部，つまり振動励起状態から，赤外光を放出せずに振動基底状態に至る過程である（そもそも対称2原子分子では赤外吸収も放出もありえない！）。周りを取り巻く分子との衝突によりすみやかにエネルギーを失う。つぎに述べる無輻射遷移の一種と見なすことができる。

〔4〕**無輻射遷移**　無輻射遷移とは，電子励起状態から光を放出せずに基底電子状態に至る過程であり，脱励起あるいは失活とも呼ばれる。最終的にこの電子エネルギーは，もとの分子を含む系全体で均一に分配されて温度が上昇する。無輻射遷移は蛍光などの発光過程と競争関係にある。

　この電子励起エネルギーが失われていく過程のうちで最も可能性が高いのはつぎのようなものであろう。もとの分子の振動自由度にこのエネルギーが移行し，電子状態は基底状態に落ちる。この分子は激しく振動することになるが，周囲分子と衝突してその勢いを伝えていく。

　周囲分子は，結晶であれば同種分子，溶液であれば溶媒分子である。この考え方によれば，振動自由度あるいは周囲分子へのエネルギー移行が抑制できれば無輻射遷移の速度が小さくなるが，その実例としてろ紙やシリカゲルの固体表面に分子を吸着させる室温燐光（RTP）を挙げることができる。

　凝縮相（固体・液体・溶液）ではつねに無輻射遷移が介在する。励起光を周期的に断続すれば，試料温度も周期的に変化し，媒質中を音波として伝搬する。また，試料に接した空気層にも音波が発生する。これを利用した分析法が，光音響分光法（photoacoustic spectroscopy, PAS）である。幅広い試料に適用できるのが特徴である。

〔5〕**蛍　　光**　蛍光性分子の吸収スペクトルと蛍光スペクトルを比較すると，スペクトル形が対称の場合がしばしばある。これは図 7.4 から理解で

きる。もちろん吸収スペクトルは短波長側である[†]。なお，「蛍光は1重項状態から生ずる，3重項と1重項との間の遷移は禁制」というのが常識であるが，重原子を含む化合物では成り立たないことが多い。Hg の共鳴線も3重項からの遷移である。また，I_2 の蛍光寿命は 200 ns 程度なので，蛍光にしては遅い。

7.3　2原子分子の発光

7.3.1　炎のスペクトル

オーロラほどエキサイティングではないが，身近なところにも2原子分子からの発光がある。それが炎である。表 7.1 に示すように，有機化合物が燃えるとたいていの場合 C_2 ラジカルが発生して青い炎となる。

表 7.1　燃焼に伴う遷移

化学種	遷移	波長（色）	燃焼物質
OH	$A\ ^2\Sigma^+ \to X\ ^2\Pi$	310 nm（紫外）	水素やアルコールなど
C_2	$d\ ^3\Pi_g \to a\ ^3\Pi_u$	470〜570 nm（青）	炭化水素など
CH	$A\ ^2\Delta \to X\ ^2\Pi$ $B\ ^2\Sigma^- \to X\ ^2\Pi$	431.5 nm（紫） 390 nm（紫外）	炭化水素など
CN	$B\ ^2\Sigma^+ \to X\ ^2\Sigma^+$	360〜460 nm（紫）	含窒素有機化合物

7.3.2　2原子分子のスペクトルを計算する

〔1〕電子遷移モーメント　　Born-Oppenheimer 近似および Franck-Condon の原理を用いて2原子分子 AB の発光スペクトルを計算しよう。電子状態が $\alpha' \to \alpha''$，回転状態が $J' \to J''$，振動状態が $v' \to v''$ の双極子遷移を考える。原子の遷移モーメント $\Sigma_i e \langle m|\boldsymbol{r}_i|n\rangle$（2.2.2 項〔1〕参照）の分子版は

$$\boldsymbol{\mu} = \sum_i e\boldsymbol{r}_{i,A,B} \tag{7.9}$$

の行列要素として得られる。AB 間の振動と AB 軸の回転が新たに加わる。Born-

[†] かつてはこれを Stokes の法則といった。Raman 散乱の Stokes 線の由来がこれである。

Oppenheimer 近似のもとで分子の遷移モーメントが次式で得られる。

$$\langle \alpha' v' J' | \boldsymbol{\mu} | \alpha'' v'' J'' \rangle = \langle \alpha' J' | \boldsymbol{\mu} | \alpha'' J'' \rangle \, \mu(v', v'') \tag{7.10}$$

〔2〕 **発光強度** 式 (7.10) を用いて Einstein の A 係数(式 (2.19))を計算し,さらに $h\nu$ をかければ発光強度は[9, p.200]

$$\begin{aligned}I_{\text{em}}(\alpha' v' J'; \alpha'' v'' J'') \\ = \frac{64\pi^4}{3} c N_{v'} \nu^4 \, \langle \alpha' J' | \boldsymbol{\mu} | \alpha'' J'' \rangle^2 \, \mu(v', v'')^2 \end{aligned} \tag{7.11}$$

となる (em は emission 発光から)。$\langle \alpha' J' | \boldsymbol{\mu} | \alpha'' J'' \rangle^2$ は,発光強度の回転状態依存性を表すから,積の形 $\langle \alpha' | \boldsymbol{\mu}_\text{e} | \alpha'' \rangle^2 S(J', J''; \Lambda_{\alpha'}, \Lambda_{\alpha''})$ に分離することができる。ここで $\langle \alpha' | \boldsymbol{\mu}_\text{e} | \alpha'' \rangle$ は量子化学計算で得られる。$S(J', J''; \Lambda_{\alpha'}, \Lambda_{\alpha''})$ は,分子軸に沿った角運動量が $\Lambda_{\alpha'}$ と $\Lambda_{\alpha''}$ の間の回転遷移確率[9, p.208]であり,J' の多重度 $(2J'+1)$ と同程度の大きさである。したがって式 (7.11) は

$$\begin{aligned}I_{\text{em}}(\alpha' v' J'; \alpha'' v'' J'') \\ = \frac{64\pi^4}{3} c N_{v'} \nu^4 \, \langle \alpha' | \boldsymbol{\mu}_\text{e} | \alpha'' \rangle^2 \, \mu(v', v'')^2 S(J', J''; \Lambda_{\alpha'}, \Lambda_{\alpha''}) \end{aligned} \tag{7.12}$$

という形に整理できる。

実測のスペクトルと比較するためには式 (7.12) に振動の始状態のポピュレーションを組み入れねばならない。すなわち温度 T の Boltzmann 分布によりエネルギーの高い状態は相対的に少ないから

$$\begin{aligned}I_{\text{EM}}(\alpha' v' J'; \alpha'' v'' J''; T) = I_{\text{em}}(\alpha' v' J'; \alpha'' v'' J'') \\ \times \frac{1}{Z_V(T)} \exp\left(-\frac{E_V(v')}{k_B T}\right) \frac{1}{Z_R(T)} \exp\left(-\frac{E_R(J')}{k_B T}\right)\end{aligned} \tag{7.13}$$

とする。ここで $E_V(v')$ は量子数 v' における振動エネルギー,$E_R(J')$ は量子数 J' における回転エネルギーである。$Z_V(T)$[48, p.178] と $Z_R(T)$ は規格化のための分配関数であり,回転状態であれば式 (5.46) で表される。その式の $(2J'+1)$ は実質的に $S(J', J''; \Lambda_{\alpha'}, \Lambda_{\alpha''})$ に含まれている。絶対強度を比較するのでない限り $Z(T)$ は無視して構わない。

〔3〕 **C_2 ラジカルの発光スペクトル** 図 **7.6** は,C_2 の構造データ[9],[34]

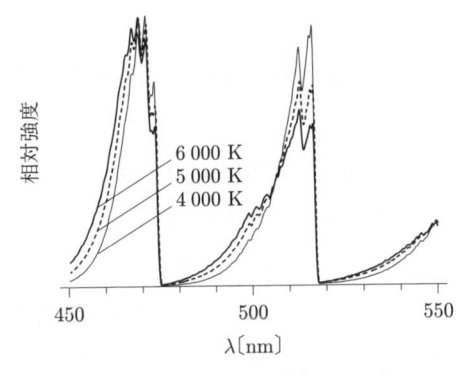

図 **7.6** C_2 ラジカルの発光スペクトル

を用いて式 (7.13) を計算した結果である．計算精度を上げるために Morse 型の核間ポテンシャル（5.2.1 項参照）を用いた．通常の炎より温度が高いが，音響発光ではこれぐらいの温度になっている可能性がある．

図 **7.7**（a）は図 7.6 のスペクトルを振動状態ごとに分割して示したものである．図（b）は $v'=0 \to v''=0$ のスペクトルを拡大したものであり，回転遷移に伴う線が櫛の歯のように出現していることが見てとれる．振動しながら回転しているために，右側の山が途中で折り返されており，スペクトルの形状に大きな影響を及ぼしている．実際には線幅があるために櫛の歯は観測されない．

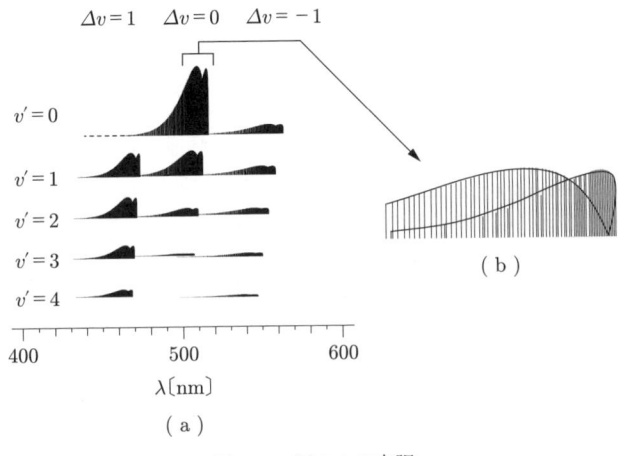

図 **7.7** 図 7.6 の内訳

7.4　一般の分子の電子スペクトル

7.4.1　可視・紫外領域における典型的な電子遷移

可視・紫外領域における吸収は，比較的容易に測定できる。

π-π* 遷移：多くの有機化合物の色はこのタイプの吸収による。例えば，色素の色はたいていの場合，共役 2 重結合（ベンゼン環を含む）の π-π* 遷移による。つまり π 分子軌道（結合性）から，π* 分子軌道（反結合性）に 1 電子励起が起きる。

ベンゼン環を含む有機化合物ではつねに 250 nm 付近に紫外吸収帯が見られる。これは HOMO→LUMO の電子遷移に対応する吸収であり，$\pi \to \pi^*$ 遷移の一例でもある。図 **7.8** では振動構造と回転構造が見えている。図の説明の B_{2u}, A_{1g} の意味は巻末の付録表 A.8 で示されている。縮退した分子軌道の対称性（E_{1g} または E_{2u}）をもとにして電子状態の対称性が計算される[8, p.284]。

n-π* 遷移：カルボニル基 CO やニトロ基 NO_2 をもつ分子では n-π* 遷移が起きる。つまり孤立電子対（非結合性）から，π* 分子軌道（反結合性）に 1 電

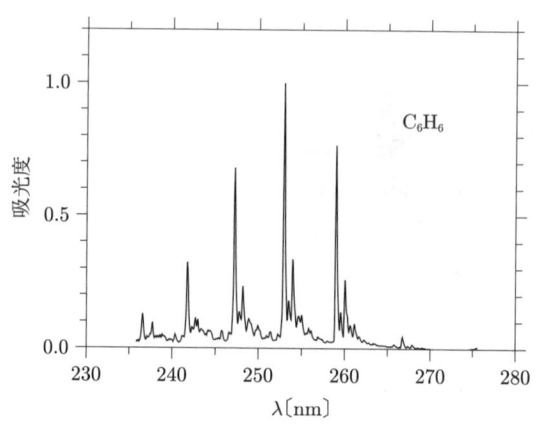

図 **7.8**　気体 C_6H_6 の UV スペクトル（$^1B_{2u} \leftarrow {}^1A_{1g}$）

子励起が起きる。

電荷移動：電子供与性（donor）の分子と電子受容性（acceptor）の分子が会合して光吸収を起こすことがよくある。この会合状態は，つぎのように量子力学的共鳴構造で表される。

$$D + A \leftrightarrow D^+ + A^-$$

遷移モーメントが有限の値となることが理解できる。

7.4.2 蛍光と燐光

〔1〕 **電子励起状態の生成**　分子は基底電子状態（2原子分子では X，多原子分子では最低1重項の意味で S_0），つまりもっとも電子エネルギーの低い状態にある。これに何らかの方法でエネルギーを与えてやれば電子励起状態（多原子分子では $S_1, \cdots$ とする）に到達する。典型的な方法は光を照射することであり，この場合は双極子遷移が起きる。通常，基底電子状態はスピンをもたない1重項状態なので，電子励起状態も1重項状態である[†]。

図 **7.9**（a）は光による励起を模式的に表している。光を吸収して分子はつぎの1重項 S_1 に励起される。その後分子は蛍光を発して基底電子状態に戻るか，あるいは3重項（triplet）T_1 に移行する。後者を項間交差（intersystem crossing）

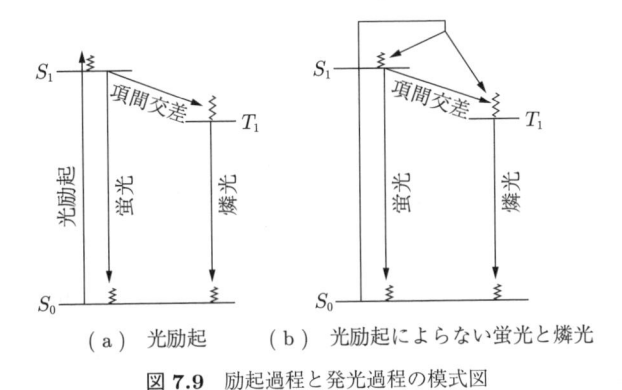

図 **7.9** 励起過程と発光過程の模式図
（a）光励起　（b）光励起によらない蛍光と燐光

[†] 重原子ではそうならないことも多い。図 2.2 の Hg の共鳴線がその例である。

という。$T_1 \to S_0$ は原則として禁制なので，それが破れたとしても遷移は遅い。これが光励起で起きる燐光である。

図（b）は，とにかく励起状態がつくられれば蛍光や燐光が起きることを示している。電子ビームによる励起（陰極線管 CRT）では非双極子遷移が起きる。固体デバイス内での励起もこのカテゴリーに属する。

固体デバイスの発光は，蛍光や燐光と呼ばずルミネッセンスと呼ぶのが普通である。周期構造があるために，個々の分子あるいは特定の結晶単位からの発光とは解釈できない。励起状態を励起バンドととらえるほうが適切である。例えば，エレクトロルミネッセンス（EL）や発光ダイオード（LED）では，伝導帯の中の正孔と電子が再結合をして放出するエネルギーが励起の原動力になっている。

図 7.10 は EL の模式図である。hole（正孔）と electron（電子）は相手方に向かって移動し，発光層の中で再結合して 1 重項あるいは 3 重項の励起状態をつくる。励起状態が基底状態に落ちるときに発光する。

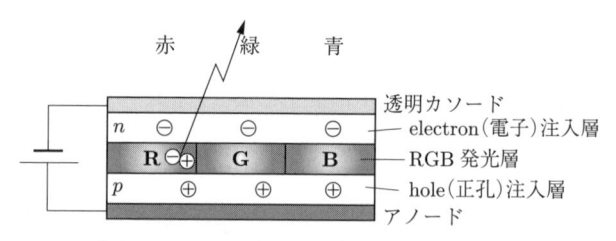

図 7.10　エレクトロルミネッセンスの模式図

〔2〕 **GFP**　2008 年，下村 脩 氏のノーベル化学賞受賞で話題になった GFP は green fluorescent protein（緑色蛍光蛋白質）の略である。1960 年代，オワンクラゲの体内物質として見つかった。オワンクラゲ体内ではイクオリン（aequorin）からエネルギーを受け取って化学発光（chemiluminescence）を示すが，GFP 単独では緑色（508 nm）の蛍光を発する。GFP は生物学のさまざまな分野で，その場（*in situ*）解析の目的で利用されている。

〔3〕蛍光の消光　　図 **7.11** は，X という分子が光励起した後の脱励起過程をまとめたものである．(a) は蛍光放出，(b) は無輻射遷移である．(c) は Q という分子（消光剤 quencher という）が衝突によってエネルギーを奪う過程である．X^* が脱励起する速度は A が周囲にどれだけあるかに比例する．もし X^* が蛍光性であれば蛍光強度の変化から X^* の濃度変化がわかる．そこで Q の濃度を変えて蛍光強度を測る実験を考えてみよう．速度方程式と蛍光強度はそれぞれ

$$\frac{d[X^*]}{dt} = k_{\text{ex}}[X] - \left(\frac{1}{\tau}[X^*] + k_{\text{nr}}[X^*] + k_{\text{q}}[Q][X^*]\right) \tag{7.14}$$

$$I_{\text{f}} = \frac{\alpha}{\tau}[X^*] \tag{7.15}$$

である．ここで，k_{ex} は励起光強度に比例する係数，τ は蛍光寿命，k_{nr} は無輻射遷移の速度定数，k_{q} はエネルギー移動のしやすさを表す係数，α は反応速度と発光強度を関係付ける係数である．

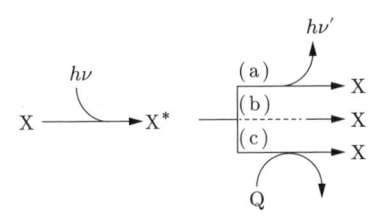

図 7.11　蛍光の消光

式 (7.14) に定常状態近似 $d[X^*]/dt = 0$ を適用しよう（暗に $[X^*] \approx 0$ を意味している）．$[X^*]$ を求め，式 (7.15) に代入して蛍光強度がつぎのように求められる．

$$I_{\text{f}} = \frac{\alpha k_{\text{ex}} \frac{1}{\tau}[X]}{\frac{1}{\tau} + k_{\text{nr}} + k_{\text{q}}[Q]} \tag{7.16}$$

Q が存在しないときの蛍光強度を I_{f}^0 とすれば

$$\frac{I_{\text{f}}^0}{I_{\text{f}}} = 1 + k_{\text{q}}\tau'[Q] \tag{7.17}$$

$$\tau' = \frac{\tau}{1 + k_{\text{nr}}\tau} \tag{7.18}$$

となる。τ' は発光寿命の実測値である。I_f^0/I_f を濃度 [Q] に対してプロットしたものを Stern-Volmer プロットといい，勾配が $k_q\tau'$ の直線となる。強度だけでなく，発光寿命や量子効率の [Q] 依存性も Stern-Volmer プロットという[43, p.246]。

〔4〕 **燐　　光**　3重項状態の分子は，燐光（phosphorescence）を発してエネルギーを吐き出し，もとの1重項基底状態に戻ることができる。3重項から1重項への遷移確率は小さいので，寿命は長く，マイクロ秒〜ミリ秒程度である。一般に同じ空間対称性をもった波動関数は，3重項状態のほうが1重項状態よりエネルギーが低い。したがって，いったん1重項状態に光励起された後，3重項状態に移ることができる。この過程を項間交差という（図7.9参照）。

〔5〕 **オゾンホール**　オゾンホール生成は，地球規模の紫外吸収過程の破壊を意味する。図 **7.12** に示す通り，O_2 は波長の短い紫外線（140 nm の真空紫外光[†]）を吸収し，O_3 はそれよりも波長の長い紫外線（250 nm）をよく吸収するので，地上には波長の比較的長い UVA 紫外線が到達する。大気の紫外吸収において O_3 が重要な役割を果していることをまず認識せねばならない。

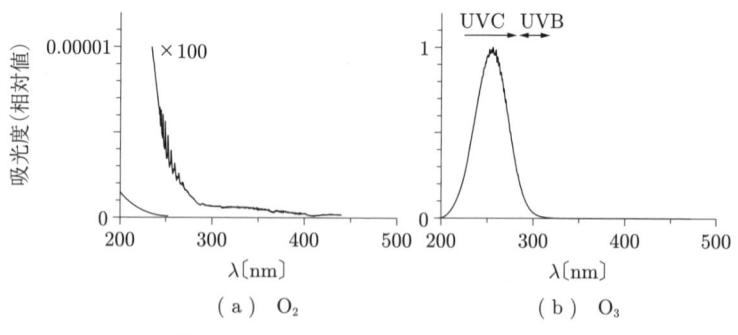

図 7.12　O_2 と O_3 の紫外吸収スペクトル

しかし，有機塩素化合物が成層圏に存在すると，光分解で生じた塩素ラジカルがオゾン生成を阻害して，オゾンの薄い領域（オゾンホール）をつくる。その結果波長の短い紫外線も地上に到達して，人類に危険を及ぼすようになる。

[†]　R.E. Hudson, NSRDS-NBS 38 (1971) 参照。

有機溶剤として多用されたトリクレンではつぎのような解離反応が起きる。

$$\text{CH}_2\text{Cl-CHCl}_2 \xrightarrow{h\nu} \text{CH}_2\text{-CHCl}_2 + \text{Cl}$$

7.4.3 衝突イオン化とマススペクトル

エネルギーの高い粒子（低速電子線や準安定状態に励起したアルゴン原子線）と衝突すると，分子はフラグメントイオンになって壊れる。結合が弱いところから壊れるので，フラグメントのでき方を見ればもとの分子を推定することができる。これがマススペクトロメトリー（質量分析法）の原理である。低速電子線でフラグメントイオンを生成させる方式を EI (electron impact, 電子衝撃) 法という。古くからある方式であるが細かく切れるので，大きな分子になると複雑になってしまう。そこでさまざまなフラグメントイオン，あるいは親イオンの生成法が開発された。

(1) SIMS 法 (secondary ion mass spectrometry)：稀ガスイオン（1次イオン）を固体試料に当てて，表面から出てきたフラグメント（2次イオン）を分析する。

(2) 電子スプレー法 (electrospray, electron spray)：試料を含む液滴を帯電させ，液が蒸発して最終的に $[\text{MH}]^+$，あるいはいくつかのフラグメントイオンを生成する。

(3) MALDI 法 (matrix-assisted laser desorption/ionization)：練った試料にレーザを照射してイオンを生成させる。

(4) FAB 法 (fast atom bombardment)：高速の中性原子を試料に当てイオンを生成させる。

7.4.4 電子エネルギーの分子間移動

無輻射遷移は，「熱浴」を形成する分子集団に電子エネルギーが移動し，そこから振動準位に散逸しても起きる。そこで，分子軌道準位にもとづいて個々の分子への電子エネルギー移動

$$D^* + A \rightarrow D + A^*$$

をもう少し詳しく調べることにしよう。

〔1〕 **Förster 機構**　　図 7.13 は HOMO および LUMO のエネルギー準位を D および A について示している。白丸は電子である。

(a) 電磁場を介する Förster 機構

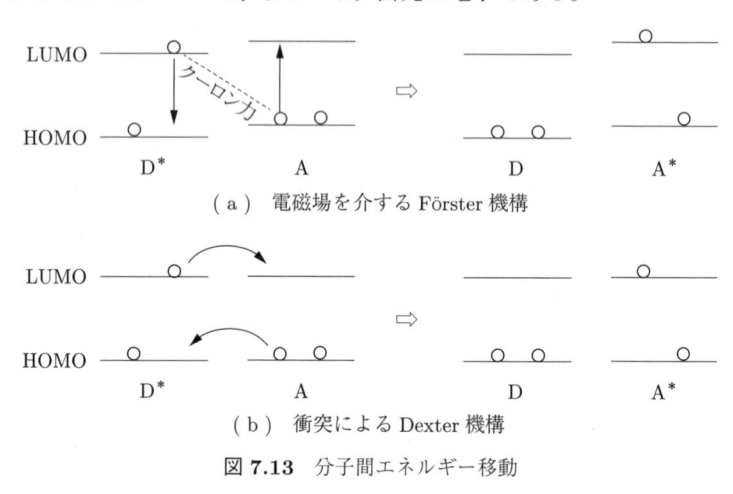

(b) 衝突による Dexter 機構

図 7.13　分子間エネルギー移動

図 (a) では電子が分子間で受け渡しされないが，エネルギーが移動する。その原因は電磁場にあり，T. Förster（フェルスター）が提唱した。電磁場を介する分子間相互作用の例が London（ロンドン）の分散力であり，そのエネルギー ΔE は R^{-3} に比例する。Förster によれば，励起エネルギー移動の速度定数は $(\Delta E)^2$ に比例する。つまり $k_{\mathrm{ET, F}} \propto J R^{-6}$ であり，J は蛍光スペクトルと吸収スペクトルの一致度を表すパラメータである。D と A で遷移エネルギーが等しいことが，速くエネルギー移動が起きるための条件である。

〔2〕 **Dexter 機構**　　図 7.13(b) は電子が分子間で受け渡しされているので，分子間衝突で発現する。D.L. Dexter（デクスター）によればエネルギー移動の速度定数は $k_{\mathrm{ET, D}} \propto J \exp[-2(R - R_0)/R_0]$ である。ここで R_0 は Van der Waals 相互作用による分子間接触距離である。分子がたがいに離れてしまえばこの相互作用は発現しない。振動準位も含めてたがいのエネルギー準位が接近していることが，速くエネルギー移動が起きるための条件である。

7.5 電子分光法と光電子分光法

7.5.1 電子分光法

電子分光法（または電子損失分光法, electron-loss spectroscopy）とは単色の電子線（エネルギー E）を物質に当てて，電子がどれだけエネルギーを失ったか（$E - \Delta E$）を調べる分光法である．図 7.14 に示す通り，電子銃からの電子を加速した後単色化し，気体に当てる．角度 θ で散乱された電子のうち，エネルギーを ΔE だけ失ったものの量を測る．光吸収は双極子遷移が主であるが，電子衝突ではそれ以外の遷移（いわゆる禁制遷移）も起きるので，光吸収を起こさない電子状態についての情報が得られるという利点がある．また負イオンができる過程など，光励起では実現しない過程も観測できる．

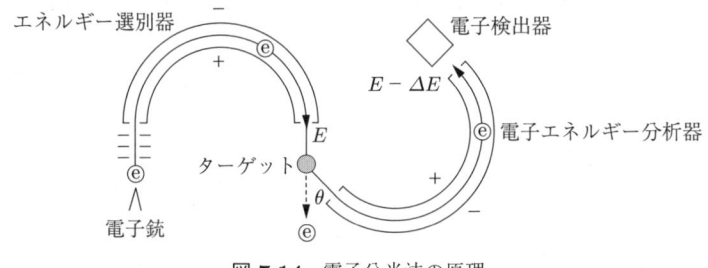

図 7.14 電子分光法の原理

7.5.2 光電子分光法

光のエネルギーが十分大きければ物質をイオン化することができる．これは光電効果と呼ばれ，試料が金属の場合にはつぎの関係式

$$E_K = h\nu - W$$

から仕事関数 W の情報が得られる．E_K は放出電子のエネルギーである．

仕事関数はバンド構造を反映するが，分子で同様の実験をすれば分子または原子の電子状態が反映される．当然のことながら E_K にエネルギー準位に対応

したピークが現れる（だから光電子分光法という）。光が到達でき，電子が外に出てこなければならないので，10 nm 程度の深さまでの物質情報が得られる。

　光源として紫外線（He 放電管からの 58.4 nm の紫外線がよく用いられる）を用いる方法を UPS（ultraviolet photoelectron spectroscopy）という。分子軌道準位の情報が得られるので理論化学にとって重要である。また吸着分子の電子状態や吸着方向についての情報も得られる。

7.5.3　XPS（X 線光電子分光法）

　光源として X 線を用いる方法は XPS（X-ray photoelectron spectroscopy）とも，あるいは発明者 Siegbahn（ジークバーン，1954 年）が名付けた ESCA（electron spectroscopy for chemical analysis）とも呼ばれる。図 7.15 に原理を示す。X 線源としては，Mg K_α（1 253.7 eV, 1 253.4 eV）や Al K_α（1 486.7 eV, 1 486.3 eV）といういわゆる軟 X 線が用いられる。ターゲットから飛び出てくる電子の運動エネルギー E_K を測定してスペクトルを得る。つまり

$$E_K = h\nu - E_B \tag{7.19}$$

において $h\nu$ が一定であるから，E_K がわかれば結合エネルギー E_B がわかる。ここでいう結合エネルギーとは，K 殻や L 殻の電子エネルギーである。元素ごとに内殻電子準位が異なるので元素分析ができる。さらに，ピーク位置のシフ

（a）装置　　　（b）X 線のエネルギーから電子の結合エネルギーを引いた値が電子の運動エネルギーになる

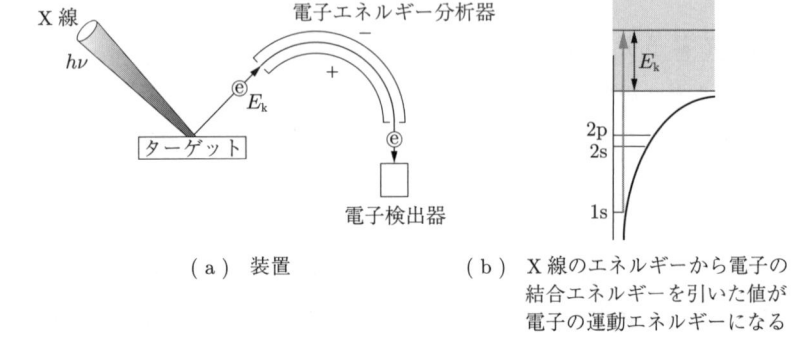

図 **7.15**　XPS の原理

ト（化学シフトという）から化学結合の情報も得られる。

図 7.16 は表面に吸着した分子の XPS スペクトルである。アセトン $(CH_3)_2CO$ と二酸化炭素 CO_2 の XPS スペクトル。同じ O(1s) でも，また同じ C(1s) でも，分子が違えばピーク位置が異なる。また，同じ分子内炭素の 1s でも C=O と CH_3 ではピーク位置が異なる。

さまざまな分野で，XPS は表面分析の手段として欠かせない。

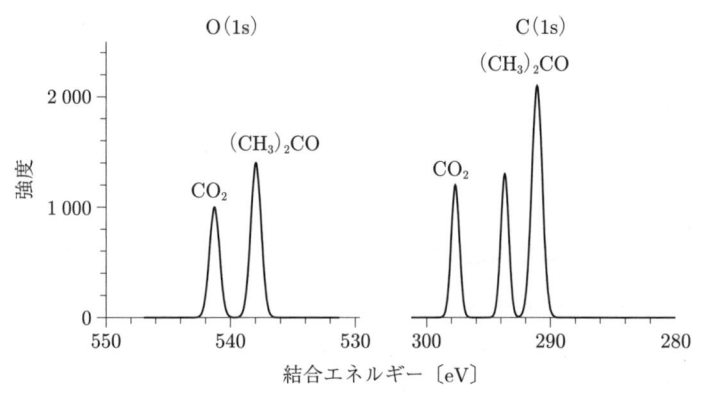

図 7.16 アセトン $(CH_3)_2CO$ と二酸化炭素 CO_2 の XPS スペクトル

7.6 内殻電子の励起を伴う分光法

7.6.1 内殻電子の励起過程

前節の XPS は内殻電子の励起を伴う過程の一つに過ぎない。別の X 線を放出することもありうるし，異なる種類の電子を放出することもありうる。それらの放出過程に対応して，原子の電子構造が変化する。そこで，電子の抜けた後空孔がどうなるかを考えよう。

まず，内殻電子を叩き出すには X 線照射だけでなく，十分なエネルギーがありさえすれば電子線衝撃でもイオン衝撃でもよいこと，もちろん γ 線照射でもよいことを指摘しておこう。

さて，一般にエネルギー準位が深くなるほど不安定なので，空孔ができればすぐ上の準位の電子がそれを埋める．例えば K 電子が放出されれば K 殻が埋められて L_1 殻に空孔ができる．それでもまだ $\Delta E = E_{L_1} - E_K\ (>0)$ のエネルギーが残るので，つぎに述べるような過程が起きる．

蛍光放出：ΔE のエネルギーをもった特性 X 線が一種の蛍光として放出される．XRF（X-ray fluorescence, 蛍光 X 線）という．

Auger 電子放出：$\Delta E + E_{L_2}\ (>0)$ の運動エネルギーをもった L_2 電子が放出される．固体試料では表面を飛び出すための仕事関数[47)]の分だけ運動エネルギーが減る．この電子の分光を AES（Auger electron spectroscopy, オージェ電子分光法）という．

7.6.2 X 線吸収微細構造（**XAFS**）

XAFS（X-ray absorption fine structure, ザフス）とは，X 線吸収のスペクトルに現れる微細構造のことである．図 **7.17** に典型的なスペクトルを模式図によって示す．このうち，吸収端の間近にある微細構造を XANES（X-ray absorption near-edge structure, ゼインズ）といい，吸収端から離れたところにある微細構造を EXAFS（extended, エグザフス）という．30 eV が EXAFS と XANES を分ける目安とされている．

XAFS の始状態は原子の内殻準位であり，K 殻 $(1s^2)$, L_1 殻 $(2s^2)$, L_2 殻

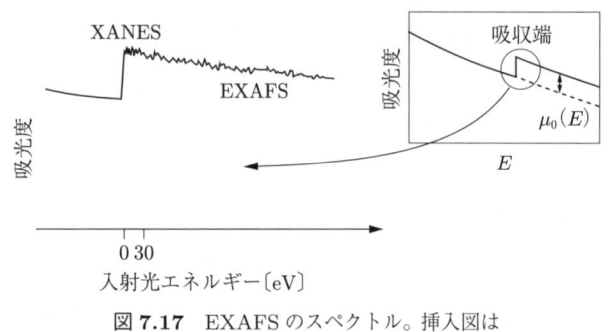

図 **7.17** EXAFS のスペクトル．挿入図は X 線吸収スペクトルの概形

$(2p_{1/2}^2)^\dagger$, L_3 殻 $(2p_{3/2}^4)$, M_1 殻 $(3s^2)$, M_2 殻 $(3p_{1/2}^2)$, M_3 殻 $(3p_{3/2}^4)$ が分離される。これらの準位の深さは原子によって異なる。

一方，終状態は系によって異なるが，結晶であれば Fermi 準位の上の非占有軌道（金属や半導体であれば伝導帯，分子であれば LUMO）である。X 線で励起された光電子は，それらの空いた準位に遷移する（図 **7.18** 参照）。それらの光電子は基本的に自由電子なので，周囲の原子によって散乱されながら結晶内を動き回る。このようすは粒子より波動でとらえると都合がよい。XAFS スペクトルの微細構造の一因が，散乱波ともとの波との干渉であると考えられているからである。そのほか，光電子が抜けることによってエネルギー準位がシフトすることも微細構造に影響する。

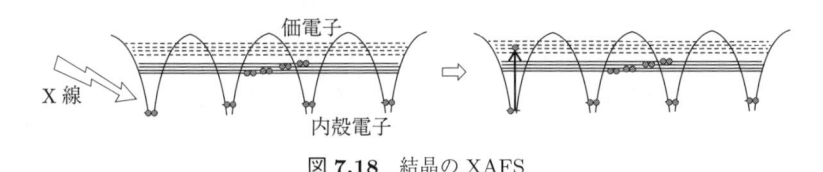

図 7.18 結晶の XAFS

XAFS を観測するためには単色の X 線源が必要であり，通常シンクロトロン放射光が利用される。単にスペクトルを得るだけならば数分で終わる。真空中でなくても観測できることから金属触媒や電極が働いている「現場」のようす，例えば原子の周りの配位数を知ることができる。その意味でユニークな観測手段である。

EXAFS スペクトルのモデル関数　スペクトルの振動構造を

$$\mu(E) = \chi(E)\mu_0(E) \tag{7.20}$$

と表す。係数 $\chi(E)$ は，内殻励起によって生ずる光電子が周囲の原子とどのように相互作用するかを反映する。複雑に振動するのが特徴であり，何らかの干渉が起きているのではないかと推測される。有力な考え方として，光電子が周囲

---

† 添字の 1/2 および 3/2 は，個々の電子の角運動量 $j = l + s$ に対応する量子数を示す。なお，j の和で全角運動量 J を考える方式のことを jj-coupling という。

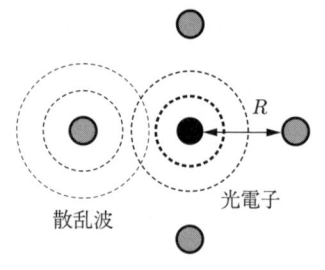

図 7.19 XAFS のモデル

原子によって散乱されてもとに戻って干渉を起こすというものがある（図 **7.19** 参照）。これを説明しよう。

光電子が励起される終状態は，中心原子の d 軌道が非局在化した準位であると考えられる。結晶の異方性が無視できれば，励起電子は中心原子を中心にして $kF\,e^{ikr}/kr$ のように広がっていくと考えられる。F は球面波の振幅である。そして中心原子から R_j にある配位原子に到達すれば $kF\,e^{ikR_j}/kR_j$ という値をもつ。k は光電子の波動ベクトルの大きさであり次式を満足する。

$$\frac{\hbar^2 k^2}{2m} = E - E_0 \tag{7.21}$$

E_0 は内殻電子の励起エネルギーである。

配位原子からは $kf\,e^{i\delta}$ の相対確率で散乱される。この二次散乱波はやはり e^{ikR_j}/kR_j のように散乱されて中心原子に戻ってくる。一連の散乱過程の大きさは

$$\begin{aligned}(F^*F)\frac{\exp(ikR_j)}{kR_j}\left(kf_j\,e^{i\delta_j}\right)\frac{\exp(ikR_j)}{kR_j} \\ = |F|^2 f_j \frac{\exp(2ikR_j + i\delta_j)}{kR_j^2}\end{aligned} \tag{7.22}$$

と表すことができる。式 (7.22) は光電子についての一種の応答関数であり，虚部がエネルギー吸収を表す。結局，中心原子の周りで和をとってつぎのモデル関数が導かれる。

$$\chi(k) = \sum_j N_j f_j \frac{\sin(2kR_j + \delta_j)}{kR_j^2} \tag{7.23}$$

ここで，N_j は配位数であり，中心原子をいったん決めれば散乱振幅 F は固定されるのでモデル式から除いた。なお，χ は元々エネルギー空間で定義されていたが，式 (7.23) では運動量空間（k 空間）の量へと，とらえ方が変わっている。

精密な解析のためにはパラメータの数が多いほうが有利である。そこで，熱運動によるぼやけと吸収による減衰を考慮して

$$\chi(k) = \sum_j N_j f_j \frac{\sin(2kR_j + \delta_j)}{kR_j^2} \exp(-2\sigma^2 k^2) \exp\left(-\frac{R_j}{\lambda}\right) \quad (7.24)$$

という形にする。ここで λ は電子の平均自由行程である。つぎにモデル関数を用いてフィッティングを行う。すなわち，実験で得られた $\chi(k)$ を最もよく再現するようなパラメータの組を探し出す。通常は非線形最小二乗法が用いられる。

こうして得られた最適解の式 (7.23) を化学的センスで解釈して解析が終わる。触媒の動作状態が解析できたということで有名になった XAFS であるが，実際の解析においては，バックグラウンドのとり方に任意性があること，シンクロトロン放射光の不安定性がデータの系統誤差となって現れることを考慮に入れねばならない。

章 末 問 題

- 【1】 式 (7.2) において $m = 0$ を鏡面反射というが，分光実験では利用しない。それはなぜか。
- 【2】 式 (7.2) にもとづいて角度分散 $d\theta_2/d\lambda$ を計算せよ。
- 【3】 図 7.3 にもとづいて N_2 のイオン化エネルギーを見積もれ。
- 【4】 図 7.3 の縦棒は 1 eV から 4 eV にまたがっている。波長に換算せよ。
- 【5】 電子遷移のスペクトルに振動構造や回転構造が現れるのであれば，あらためて振動スペクトルや回転スペクトルを測る必要はないというのは正しいか。
- 【6】 式 (7.6) から原子間距離 $R = |\boldsymbol{R}_A - \boldsymbol{R}_B|$ についての振動波動関数を導け。
- 【7】 Franck-Condon 因子（式 (7.8)）の中の波動関数は動径 r の関数である。これは 5.2.2 項の 1 次元波動関数と同じか。
- 【8】 垂直遷移では特定の一，二の振動準位が励起されそうに見える（例えば図 7.4）が，実際はどうであろうか。たがいに a 離れた調和ポテンシャルについて Franck-

Condon 因子 $\mu(v', v'')$ を数値計算して調べてみよう。

【9】 アルコールランプの炎（メタノール）よりブランデー（エタノール）の炎のほうが鮮やかである。ラジカル発光にもとづいてこの理由を説明せよ。

【10】 直鎖炭化水素において，共役二重結合が長いほど吸収波長も長くなることを自由電子モデルで説明せよ。

【11】 直鎖状共役二重結合系をヒュッケル近似分子軌道法で解くと，π 軌道のエネルギー準位は

$$E_k = \alpha + 2\beta \cos \frac{k\pi}{n+1} \qquad (k = 1, 2, \cdots, n) \tag{7.25}$$

である。n は π 電子の個数である。共役二重結合が長いほど吸収波長も長くなることを式 (7.25) にもとづいて説明せよ。

【12】 図 7.8 の強いピーク（259.2 nm，253.1 nm など）が何に由来するか考えよ。

8

粒子線の分光

本来，分光とは文字通り光を波長に応じて分けることであったが，波長とエネルギーが対応することから，粒子線を速度に応じて分けることも分光と呼ぶ。

8.1 粒子線の計測

粒子線の計測は，かつて素粒子や放射線の研究分野でなされていた。もちろんコンピュータのない時代である。粒子線検出器から電気パルスとして信号が得られるのでパルス計測とも呼ばれた。このような大型実験施設の方法論がしだいに一般の測定器にまで広まってきたのである。

8.1.1 粒子線のデータ処理

通常，分光器からの信号は電圧（単位はボルト）かパルスレート（カウント／秒）で得られる。いずれにしても時間について連続的な信号が得られると思ってよい。それに対していわゆるパルス計測では，パルスの到達頻度が低いので，以下に述べるポアソン（Poisson）分布[42]にもとづく統計的な処理が必要である。単位時間当りのパルスカウント数を n とする。その平均値が μ であれば，n そのものの分布は

$$P_\mu(n) = \frac{1}{n!}\mu^n e^{-\mu} \tag{8.1}$$

に従うと考えられる。n の期待値 $\langle n \rangle$ はもちろん μ である。標準偏差（ランダム誤差）σ は

$$\sigma^2 = \langle (n-\mu)^2 \rangle = \mu \tag{8.2}$$

である．相対誤差は $\sigma/\langle n \rangle = 1/\sqrt{\mu}$ である．

実際の測定では，真の信号がバックグラウンド雑音の中に埋もれていることが多い．この場合，**図 8.1** のようなサイクルを繰り返して測定する．ON サイクルでは信号パルスが存在し，OFF サイクルでは雑音のみである．しかし，両者のカウント数に差はあまりない．このような場合，まず，ディスクリミネータ (discriminator) を用いて波高の低いパルス (図 8.1 の破線) を捨てる．こうして余計な雑音を減らす．i 番目のサイクルにおける ON と OFF のパルス数をそれぞれ A_i と B_i とすると，そこまでの累積カウント数は $\Sigma A_i \pm \sqrt{\Sigma A_i}$ および $\Sigma B_i \pm \sqrt{\Sigma B_i}$ である．両者の差が信号であるから

$$\sum (A_i - B_i) \pm \sqrt{\sum (A_i + B_i)} \tag{8.3}$$

が誤差も含めた計測値となる．計測時間を N 倍にすると相対誤差は $1/\sqrt{N}$ になることがわかる．

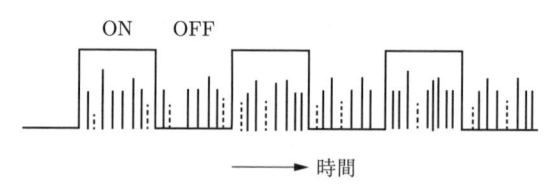

図 8.1 粒子線実験におけるパルス列

8.1.2 モジュール化された計測器群

パルス計測の分野では，必要に応じて計測器ジュールを組み合わせる手法が確立されている．**表 8.1** にいくつかを示す．これらを組み合わせれば多様な計測が実現できる．このうち遅延回路は，独立した計測器として，あるいは自作して用いることが多いが，機能としてはモジュールである．

代表的なモジュール規格に NIM (nuclear instrumentation module) 規格，CAMAC (computer automated measurement and control) 規格，VMEbus (versa module european) 規格がある．

表 8.1　パルス計測用モジュールの例

モジュール	機能
ディスクリミネータ discriminator	パルス高さが低すぎ，あるいは高すぎであれば排除。
MCA multi-channel analyzer	パルス高さごとにチャンネルに仕分けをして計数。 横軸は 2 048～8 196 チャンネルがふつう（図 8.2 参照）。
TAC time-to-amplitude converter	start/stop の時間差に比例する電圧を出力。
コインシデンス・ユニット coincidence unit	同時に複数パルスが到達した場合にのみパルスを出力。 論理回路でいえば AND ゲートに相当。
遅延発生器 delay genereator	パルスの伝搬を遅らせる。数ナノ秒の精度。 光パルスを光ファイバに通す手法もある。

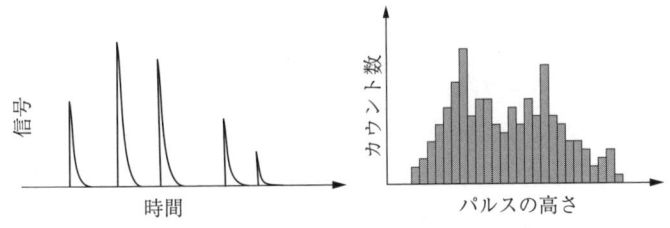

図 8.2　マルチチャンネルアナライザで
　　　　パルス高さの分布を調べる

8.1.3　時間相関単一光子計数法

　計測モジュールの応用例として，パルス列を形成する光パルスの持続時間 τ を求めることを考えよう．τ がナノ秒かそれ以上の長さであればオシロスコープで観測できるが，それより短い場合には図 8.3 の時間相関単一光子計数法（time-correlated single photon counting）が有効である．原理を式 (2.24) で述べたので，ここでは実験方法に力点を置いて説明しよう．

　いま，パルスの 1 ショット内の確率分布関数を $f(t)$ $(t \geq 0)$ とする．検出器を二つ用い，一つは TAC の start への入力信号，もう一は T_D だけ遅らせて stop への入力信号とする．この遅れを入れるのは，間隔が短すぎて計測できないトラブルを避けるためである．start と stop の時間間隔

$$\Delta t = T_\mathrm{D} + t_1 - t_2 \qquad (n \geq 1) \tag{8.4}$$

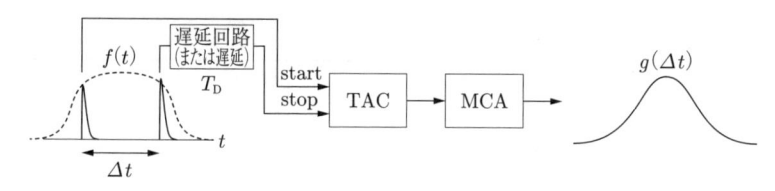

図 8.3 時間相関単一光子計数法

に対応する TAC の出力を MCA で処理すれば $t_1 - t_2$ の分布関数 $g(t_1 - t_2)$ が得られる。f と g をつなぐ式 (2.27) に逆演算を施すことによって分布関数 $f(t)$ が求められる。

8.2 荷電粒子線の分光

8.2.1 静電場による分光

イオンや電子など，電荷をもった粒子線を速度に応じて選別することが粒子線の分光である。例えば，図 7.14 や図 7.15 では電子線の速度を選別あるいは分析している†。電子分光器の構造は，入射してきた電子を電場で曲げるようになっている。速すぎたり遅すぎれば電極表面に衝突するが，ちょうどいい速度の電子が出射スリットから出てくる。図 7.14 や図 7.15 の半球型分光器のほかに，図 8.4 (a) の 127° 同軸型分光器も用いられる。この 127° という数値は，入射スリットから入った粒子線の収束位置である。

理想的な分光条件は，幾何学的に完璧な電極の間を 1 個の荷電粒子が進行する場合であるが，そのような条件は実現できない。電子線の場合，空間電荷（space charge）が邪魔をする。空間電荷とは，電極面から反射された電子や空気などの残留ガスを電子がイオン化することによって生じた電荷のことであり，空間電荷の影響が小さくなるような運転条件のもとで電子の分光を行う。例えば，電子線の密度をできる限り小さくして実験をする。

---

† 選別器（selector）はある定まった速度の粒子線をつぎに送り出す装置，分析器（analyzer）は特定の速度の粒子線の強度を測定する装置であるが，用途を除けば本質的に同じ装置である。

8.2 荷電粒子線の分光　　175

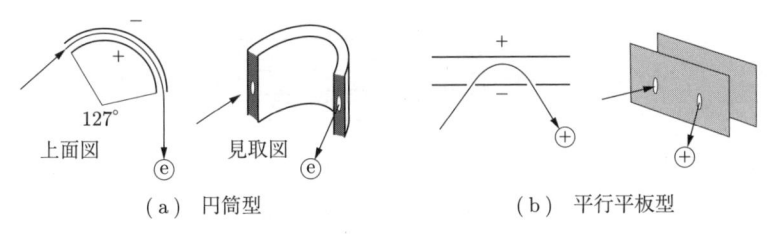

(a) 円筒型　　　　　　(b) 平行平板型

図 **8.4**　荷電粒子線分光器の例

イオンの場合には，スリットが二つ付いた平行平板に逆電圧を加えて分光をする方式（図 (b) 参照）がよく用いられている．

8.2.2　飛行時間による分光

実験条件によっては，荷電粒子の飛び出る瞬間を明確に定義できることがある．例えばバイオ関連の分子量が大きな分子の質量分析に威力を発揮するMALDI法では，パルスレーザを試料に照射するので，その瞬間を $t=0$ とすることができる．生成したイオンを加速用静電場に導入すれば，最終速度 v_∞ は

$$\frac{1}{2}m\left(v_\infty^2 - v_0^2\right) = e\Delta V \tag{8.5}$$

となる．ΔV は加速電場の電位差である．飛行時間（time of flight, TOF）は

$$t_{\text{TOF}} = \frac{a}{v_\infty} \tag{8.6}$$

である．a はビームが等速度で走る距離である．t_{TOF} を計測するには，周波数カウンタが有用である．

8.2.3　4重極電場による分光

m/e 値の比較的小さいイオンの質量分析に用いられるのが4重極分光器である（図 **8.5** 参照）．向かい合う2対の電極間に高周波電圧をかけると，特定の m/e 値をもったイオン以外は軌道が不安定になって弾き出されてしまう．コンパクトな質量分析計（Q-mass, あるいはマスフィルタという）として広く用いられている．

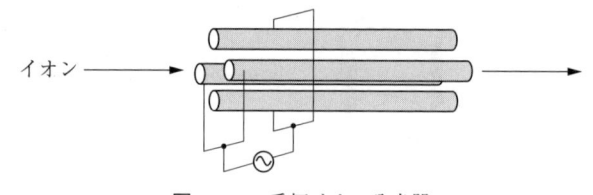

図 **8.5** 4重極イオン分光器

8.2.4 放射線計測

3.11 福島第一原発事故以来，放射線計測が国民的関心事となった．透過力の大きい γ 線とイオン化作用の大きい β 線（高速電子線）を計測することにより放射性同位体 $^{137}_{55}\mathrm{Cs}$, $^{90}_{38}\mathrm{Sr}$, $^{131}_{53}\mathrm{I}$ の存在を検知し，濃度を調べて，食品や生活環境が安全かを調べるのである．γ 線は電磁波であるが，原子核の β 崩壊に伴って1個ずつフォトンとして発生するので，β 線と同様に粒子線計測として扱うことができる．α 線（$^{4}_{2}\mathrm{He}$ 原子核）は内部被ばくすれば作用は大きいが，α 崩壊する核種が限られており，透過力も小さいのであまり話題にはならない．

これらの放射線を計測するということは，どのようなエネルギー E をもった放射線がどれだけの頻度 J で発生するかを調べるということである．放射線そのものは光速，あるいは光速に近い速度で検出器に入るから相互作用時間はサブナノ秒であるが，実際には幅の広がったパルスが出力される．それによって毎秒検出できるカウント数の上限が決まる．

図 **8.6** はその原理を模式的に示している．放射線が通った後，イオン化が起きてミクロに双極子ができる．そのため電極間の電圧が瞬間的に上昇してパルス V_P が発生する．やがて双極子は消滅し，あるいは電荷が電極へとドリフトして電圧がもとに戻る．イオン化の効率は E に依存するのでパルス高さから E を推定することが原理的に可能である．ただし，イオン化は確率的に起き，放射線の通り道は毎回異なるので，パルス高さには幅ができる．

放射線検出器を分類するとつぎのようになる．コストと性能は相反する．

(1) **ガイガーミュラー（Geiger-Müller）検出器**：気体中の放電で生じた電

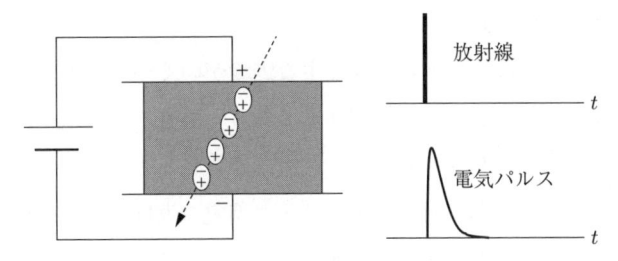

図 8.6 電離性放射線検出器の原理。双極子が生成して電圧パルスが発生する

気パルスが出力される。安価である。イオン化が内部増幅されるので感度はよいが，E の弁別は難しい。したがって核種の区別は困難。

(2) **シンチレーション検出器**：NaI などのシンチレータが発する光パルスを電気パルスとして取り出す。原発事故以来世の中に広まった。核種の区別はかなりできる。

(3) **半導体検出器**：半導体の中を通り抜けるときに生じる電気信号を取り出す。高価だが核種の分析性能は最も高い。

8.3 中性粒子線の分光

電荷をもたない原子や分子の運動エネルギーの分光は，荷電粒子線に比べてやりにくい点とやりやすい点がある。

やりにくい点とは

a) 物質との相互作用が弱いので検出が困難。
b) 電場や磁場による制御ができない。

一方，やりやすい点は

c) 直進することが明らか。ただし平均自由行程[48] が十分あること。
d) 空間電荷など非理想的状況を考慮する必要がない。

a) については，電子ビームかパルスレーザによってイオンに変えるのが一般的である。c) を活用した事例があるのでつぎに紹介しよう。

● 気体分子運動論の実験的証明

20 世紀初頭に Maxwell 理論を検証する実験がいくつもなされた。そのうちで特筆に値するのが，分子線速度選別器である。図 8.7 のように，軸周りに羽根を少しずつずらせて何段も重ねる。軸方向から見ると羽根が重なっているので向こう側が見えないが，軸を回転させると特定の速度の分子は羽根の間をかいくぐって向こう側に到達することができる。中性粒子が直進することを巧みに利用した速度選別器である。

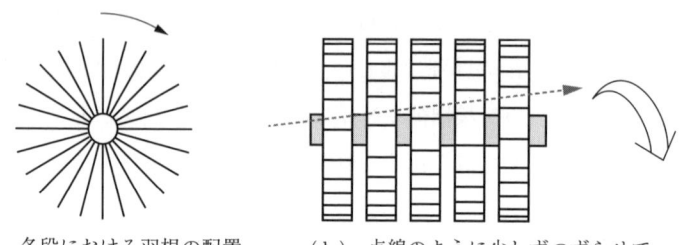

(a) 各段における羽根の配置　　(b) 点線のように少しずつずらせて羽根を取り付ける。軸周りに回転させると分子速度の分布がわかる

図 8.7　分子線速度選別器

中性粒子線の検出には，赤熱した W（タングステン）表面に分子線をぶつけてイオン化させる手法が用いられた。表面処理を工夫することによって，アルカリ金属（K など）とその塩 （KCl など）に対する応答を変えることができた。いまならイオン化して質量分析をするところである。

現代流に TOF の手法を応用して速度分布を調べるとすれば図 8.8 のような構成となる。まずビームチョッパーで分子線パルスをつくる。ビームチョッパーは，いわば回転型スリットである。センサとタイミングを合わせればビームが飛び出した瞬間を光パルスで知ることができる。分子線パルスの中には速い分子と遅い分子が混在しているから，検出器からの信号は間延びする。それを解析すれば速度分布関数 $f(v)$ がわかる。章末問題で考えよう。

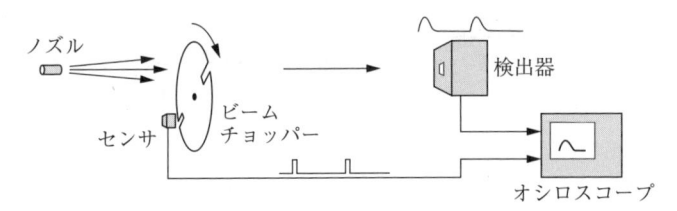

図 8.8　TOF による速度分布の解析

8.4　ガンマ線を用いる分光

8.4.1　ガンマ線とは

〔1〕**共鳴線の一種**　ガンマ線で誰もが連想するのが「透過力の大きい危険な放射線」であろう．X 線よりもさらに高エネルギーであるから，透過力が大きいのは当然である．というのは，物質内の電子を跳ね飛ばすことによってエネルギーを失うが，それが起きる確率は低く，また一回のイオン化で失うエネルギーが微小量だからである．

この説明は粒子線としての側面を強調しているが，電磁波としてガンマ線をとらえれば共鳴線という別の顔が見えてくる．共鳴線とは原子の内部状態の遷移に伴う強い発光であり，低圧水銀灯の紫外線や炎色反応の発光が代表的な共鳴線である．共鳴線は，同種原子によって効率よく再吸収される．

ガンマ線は原子核の内部励起態間の遷移に伴って放出される電磁波である．励起状態はベータ崩壊によってつくられることが多いが，図 8.9 では K 電子捕獲で生じている．14.4 keV という比較的低エネルギーのガンマ線が得られる．

この場合の再吸収は Fe→ Fe* への遷移である．効率よく起きそうであるが，じつは問題がある[52]．

〔2〕**ガンマ線の再吸収**　ガンマ線が通常の電磁波と大きく異なる点は，運動量

$$p = \frac{E}{c} \tag{8.7}$$

180   8. 粒子線の分光

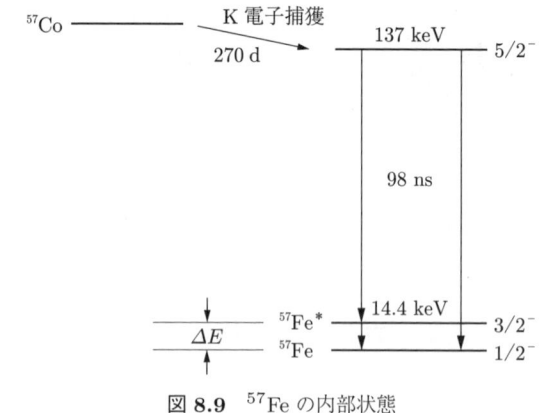

図 8.9 ^{57}Fe の内部状態

をもった粒子としてふるまうことである。ガンマ線が放出される方向は統計的に見て等方的であるが，1 個のフォトンを放出する際には，特定の向きについて運動量がつり合う。そのようすを**図 8.10** を参照しながら説明しよう。最初，原子は静止しているから運動量 P はゼロである（図 (a)）。原子が運動量 p をもったガンマ線を放出すれば，$P = p$ の運動量が原子に与えられる（図 (b)）。原子核は

$$E_\mathrm{R} = \frac{P^2}{2M} \tag{8.8}$$

の運動エネルギーを受け取るから，ガンマ線のエネルギーはその分だけ低エネルギー側にシフトする。このシフト量はガンマ線のスペクトル幅 $\varGamma$ よりはるかに大きい。相手方の原子にとって再吸収できないエネルギーである。

それならば，エネルギーシフトが十分小さければ再吸収は起きるのであろう

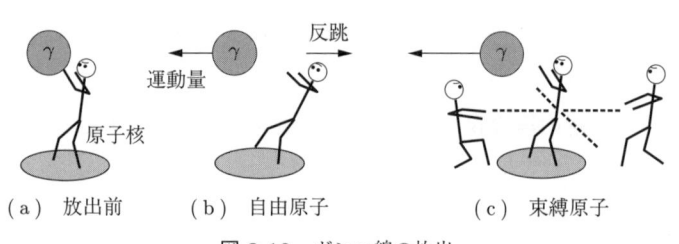

図 8.10 ガンマ線の放出

か。シフトのない，本来のガンマ線が放射性同位体原子に当たった場合を考えてみよう。今度は図 (b) と逆の過程が起きて，原子は跳ね飛ばされてしまう。その分，原子核に割り当てられるエネルギーも少なくなるので，吸収は起きず，ガンマ線は散乱されるだけにとどまる。いずれにせよ，自由な放射性同位体原子の間でガンマ線の再吸収は起きない。

しかし固体であれば原子核は結晶格子の中で束縛されている（図 (c)）。ガンマ線の運動量を格子振動が受け取ってくれるので，放出原子そのものの運動量は $P \approx 0$ となり，原子核の遷移に相当するガンマ線の放出と再吸収が起きるようになる。これがメスバウアー（Mössbauer）効果（1958年）である。^{57}Fe*（準安定状態の ^{57}Fe）をガンマ線源とする実験がよく知られている（図 8.9 参照）。

8.4.2 Mössbauer 分光

Mössbauer 効果を利用すれば，さまざまな要因によって核準位が影響されるようすを詳しく調べることができる。典型的な実験では，ガンマ線源としてステンレススチール（常磁性体）に含まれる ^{57}Fe*（14.4 keV）を利用し，鉄（強磁性体）を試料として透過したガンマ線を計数する[†]。横軸のエネルギーを掃引するために，線源を前後に動かして Doppler シフトを起こさせる。

原子を取り巻く環境が等方的であれば ^{57}Fe の準位は縮退しているので，図 8.10 (a) のように 1 本の吸収線が見える。しかし，たとえ等方的であっても，原子核のところの電子密度が異なればスペクトル位置のシフトとして検出できる。例えば Fe^{2+} ($3d^6$) と Fe^{3+} ($3d^5$) では，d 電子の多いほうが原子核における s 電子密度を減少させる。それが正のシフトとなってスペクトルに現れる。

核スピンが $I > 1/2$ の核種は電気四重極子をもっている。静電的に非等方的な環境のもとでは原子核の励起状態が二つに分裂するので，図 8.10 (b) のように 2 本線に分裂する。

原子核のところに磁場が生ずれば，ゼーマン（Zeeman）効果のために $I = 1/2$ では 2 本，励起状態の $I = 3/2$ では 4 本に分裂する。そのために**図 8.11** (c)

[†] 原子核の性質については後出の表 9.1 を参照。

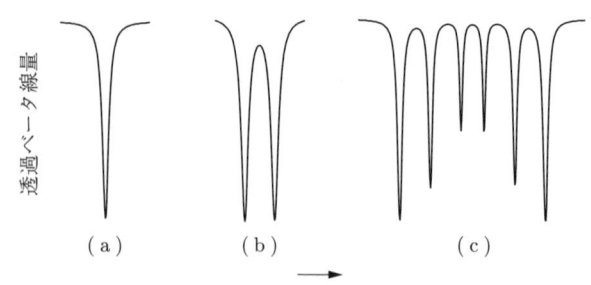

のようなスペクトルが ^{57}Fe で観測できる。磁場の原因としては，原子核を取り巻く電子のスピンと軌道核運動量に由来するもの，そして外部磁場を挙げることができる。次章の磁気共鳴と共通点が多い。

章　末　問　題

【1】 1 eV の電子ビームの電流が 1 nA であった。電子の密度（単位体積当りの個数）を求めよ。なお，ビーム径断面積 1 mm^2 で，電子は一様に分布しているものとする。また初速度は $v_0 = 0$ と考えよ。

【2】 図 8.3 は 1 個の自発光パルスの中の 2 個のフォトンを計測している。蛍光測定に応用するにはどうすればよいか。

【3】 つぎの速度分布をもった質量 m の粒子線の速度分布を図 8.8 の方法で測定した。

$$f(v_z) = A \exp\left(-\frac{mv_z^2}{2k_B T}\right)$$

出力波形 $g(t)$ を予想せよ。ただし A は定数である。

【4】 つぎの発光遷移について（線幅 Γ）/（遷移エネルギー ΔE）の比，自由原子の反跳エネルギー E_R，自由原子の反跳速度 V_R を求めよ。τ は寿命であり，不確定性原理により，$\Gamma \tau = h$ の関係がある。

(1) ^{57}Fe の原子核：$\frac{3}{2}^- \to \frac{1}{2}^-$, $\tau = 98$ ns, $E = 14.4$ keV

(2) Na の価電子：$3^2P_{\frac{3}{2}} \to 3^2S_{\frac{1}{2}}$, $\tau = 16.2$ ns, $E = 589.16$ nm

9 磁気共鳴分光学

分子構造の決定で欠かせない核磁気共鳴（NMR）である。結晶にしなくても蛋白質の塩基配列決定が可能であることが，生物学分野では注目されている。また，MRIイメージングによって医療分野でも重要な位置を占めている。

9.1 磁場中の1個の磁気モーメント

9.1.1 原子核・電子の磁気モーメント

磁場中のスピンが起こす共鳴現象がこの章のテーマである。とはいっても，量子力学的な概念であるスピンをいきなり考えるのはハードルが高い。それよりも磁気モーメントを考えるほうがよい。磁場中での磁気モーメントのふるまいが，電磁気学で解明されているからである。ただし，そのふるまいは古典力学の言葉で語られるので，量子力学の言葉に翻訳せねばならない。

スピンダイナミクスの第一歩は磁気モーメント μ とスピン角運動量 $\hbar I$ の間の比例関係[40, p.52)] である。

$$\mu = \frac{\mu_I}{I} I \tag{9.1}$$

ここで I はスピン量子数，μ_I は磁気モーメントの z 成分の最大値である。$I > 1/2$ であればスピン状態が複数でき，それぞれが異なる磁気モーメントをもつので「最大値」という表現をとった。代表的な μ_I の値を**表 9.1** にまとめた。μ_N は核磁子，μ_B は Bohr 磁子である。電荷をもたない中性子でも磁気モーメントをもっているので，スピンの起源を素粒子の自転と考えるわけにいかない（荷電

9. 磁気共鳴分光学

表 9.1 磁気モーメントと Larmor 周波数

核種など	I	μ_I	γ 〔MHz T^{-1}〕	H_0 〔T〕	ν_0 〔MHz〕	存在割合
^{1}H	1/2	2.7928 μ_N	42.577	10.0		99.985%
^{13}C	1/2	0.7024 μ_N	10.708	10.0		1.10%
^{15}N	1/2	$-0.2832\,\mu_N$	-4.3173	10.0		0.37%
^{31}P	1/2	1.1316 μ_N	17.251	1.00		100%
^{57}Fe	1/2	0.09062 μ_N	—	—	—	2.2%
電 子	1/2	1.0012 μ_B	-28026	0.335		—
中性子	1/2	$-0.19130\,\mu_N$	-29.166	—	—	—
^{2}H	1	0.8575 μ_N	6.536	—	—	0.015%
^{14}N	1	0.4038 μ_N	3.077	—	—	99.63%
^{16}O	0	0	0	—	—	99.76%

（注 1）μ_N と μ_B の値は表 A.1 を参照．
（注 2）空欄は章末問題【4】で埋める．

粒子の自転が磁気モーメントを生じることは章末問題で扱う）．

9.1.2 均一磁場中の磁気モーメント

〔1〕 **磁気モーメントの運動方程式**　均一磁場を $\boldsymbol{H} = H_0 \hat{\boldsymbol{z}}$ とする† 磁気モーメント $\boldsymbol{\mu}$ には

$$N = \boldsymbol{\mu} \times \boldsymbol{H} \tag{9.2}$$

という偶力が働く（図 9.1 参照）．偶力は角運動量の時間微分に等しいから

$$\frac{d}{dt}\boldsymbol{I} = \frac{1}{\hbar}\boldsymbol{\mu} \times \boldsymbol{H} \tag{9.3}$$

が成り立つ．磁気モーメントと角運動量の間には式 (9.1) の比例関係があるから

$$\frac{d}{dt}\boldsymbol{I} = \gamma \boldsymbol{I} \times \boldsymbol{H} \tag{9.4}$$

$$\gamma = \frac{\mu_I}{\hbar I} \tag{9.5}$$

---

† $\boldsymbol{H}$ ではなく $\boldsymbol{B}$ を使うべきであるという主張[38),50)] もあるが，本書は磁気共鳴のテキスト[23)〜25)] に従った．

9.1 磁場中の1個の磁気モーメント

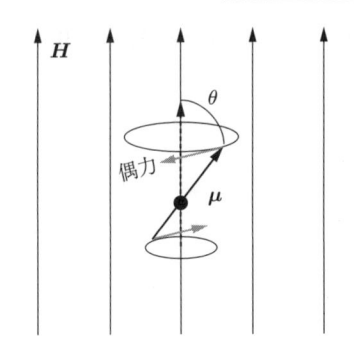

図 9.1 均一磁場中の磁気モーメント

という運動方程式が得られる。μ についても同様である。ここで γ は磁気回転比 (gyromagnetic ratio) であり，Hz T^{-1} で表す。T はテスラ (Tesla) といって磁場の強さを表す単位である。古い単位であるガウス (Gauss) G とは 1 T=10 000 G の関係がある。γ の値が表 9.1 に示してある。式 (9.4) を解けば一定の周波数で磁場に垂直な円運動をすることがわかる。これをプリセッション（みそすり運動，ごますり運動，precession）という。この周波数はラーモア (Larmor) 周波数といい

$$\nu_0 = \gamma H_0 \tag{9.6}$$

である。

〔2〕**磁気モーメントのエネルギー**　磁場 H の磁気双極子モーメント μ は

$$U = -\boldsymbol{\mu} \cdot \boldsymbol{H} = -\mu H_0 \cos\theta = -\mu_z H_0 \tag{9.7}$$

というポテンシャルエネルギーをもつ（図 9.1 参照）。$\boldsymbol{\mu} \parallel \boldsymbol{H}$ が最も安定な状態であるが，温度に依存して磁場に反平行のものも存在する。なぜなら，磁気共鳴では磁気モーメントの集団を扱うからである。1個の磁気モーメントといっても統計集団の中の1個である。

スピンに対しては式 (9.7) と同等の

$$\mathcal{H} = -h\gamma \boldsymbol{I} \cdot \boldsymbol{H} = -h\gamma I_z H_0 = -h\nu_0 I_z \tag{9.8}$$

というハミルトニアンを考える．I_z は I の z 成分である．式 (9.8) の固有関数をブラケット表示で $|I, M_I\rangle$ と表すと

$$\mathcal{H}|\,I, M_I\rangle = -h\nu_0 M_I |\,I, M_I\rangle \tag{9.9}$$

が成り立つから，固有値は $-h\nu_0 M_I$ である．遷移は

$$\Delta M_I = \pm 1 \tag{9.10}$$

で起きるので核磁気モーメントは周波数 ν_0 の電波を吸収して状態を変える．例えば $M_I = 1/2 \rightarrow -1/2$ の変化ではスピンがひっくり返る（スピンがフリップするという）．

9.2　磁気共鳴法の歴史

9.2.1　粒子線実験

シュテルン–ゲールラッハによるスピンの発見　スピン発見物語はシュテルン（Stern）とゲールラッハ（Gerlach）の実験（1921, 1924 年）にまでさかのぼる．彼らは，Ag 原子（電気的に中性）を真空中で磁場勾配の中を通過させたところ，図 **9.2**(a) のようにスポットが 2 個現れることを発見した．角運動量の z 成分は ± 1 ずつ異なるので奇数個のスポットしか生じないはずであった（例えば $M = 1, 0, -1$）．2 個ということは $M = 1/2, -1/2$ ($J = 1/2$) を示唆しており，これがスピン角運動量の発見につながった．

ところで，この実験で原子線が分離したわけを説明しよう．磁気モーメント $\boldsymbol{\mu}$ をもった中性の粒子が不均一磁場（横方向に一定の磁場勾配をもつ磁石の間）

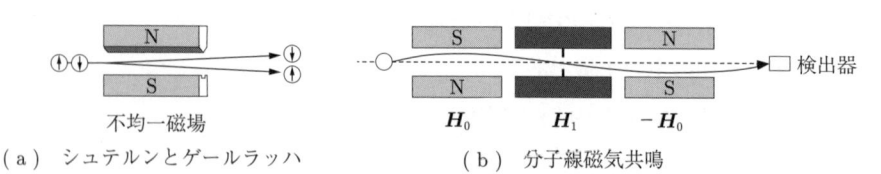

（a）シュテルンとゲールラッハ　　（b）分子線磁気共鳴

図 **9.2**　原子線と磁気モーメント

H_0 を通り抜けると，μ の向きに応じて式 (9.7) のエネルギー状態をとる。磁場の勾配が一定であるから

$$\boldsymbol{F} = -\nabla U = -\mu_z \frac{dH_0}{dz} \tag{9.11}$$

という力が横向きに作用して原子線が分かれる。

9.2.2 Rabi の分子線磁気共鳴

歴史上最初の磁気共鳴実験は，図 9.2 (b) の分子線実験装置を用いて I.I. Rabi （ラービ）が行った（1938 年）。図 (a) の磁場勾配の間に電磁石を使って交流磁場

$$\boldsymbol{H}_1 = 2H_1 \cos 2\pi\nu t \, \widehat{\boldsymbol{x}} \tag{9.12}$$

をかける。周波数 ν が Larmor 周波数に一致すれば電磁波が吸収される。粒子線が電波を吸収すると軌道が変わって検出器に到達する粒子数が変化する。これが最初の核磁気共鳴法（nuclear magnetic resonance, NMR）であり，中性子や多くの原子核の核スピンがこの方法で決定された。

[参考1] $I > 1/2$ の原子核：表 9.1 の ^{2}H (D) と ^{14}N は，^{1}H や ^{13}C の Larmor 周波数とはまったく違う周波数で共鳴するので，通常の NMR で直接観測されることはないが，NMR 信号に影響を及ぼす可能性はある。例えばアミノ基 ^{14}N^{1}H$_2$ では幅の広いスペクトルが孤立して現れる。

9.2.3 凝縮相の核磁気共鳴

現在用いられているような凝縮相（特に液体）での共鳴実験はブロッホ（Bloch）らとパーセル（Purcell）らが別々に行った（1946 年）。装置は，図 **9.3** (a) のように静磁場 H_0 の中にラジオ波用検波コイルが入った構造をしている。原子の個々の核スピンは図 4.6 のように量子化されていて，式 (9.1) の比例関係に従って磁気モーメントが誘起される。凝縮相では個々の磁気モーメントが平均化されて巨視的な磁化 M ができる。そして，H_0 のみが存在する中での平衡

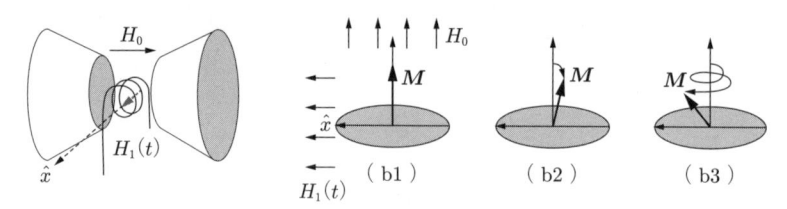

（a） 核磁気共鳴（NMR）装置の構成　　　　（b） 磁気モーメントが倒れる

図 9.3　核磁気共鳴法の原理

状態では $M \parallel H_0$ となっている（図 (b1)）。磁化 M あるいは磁気モーメント μ が電磁波を吸収するならば，その周波数は式 (9.6) の Larmor 周波数 ν_0 に等しくなければならない。では，周波数が ν_0 ならどんな電波でもいいかというと，そうではない。M が図 (b) の縦方向に振動するように仕向けねばならない。電気分極の場合は電磁波で電気双極子を強制振動させればよかったが，いまの場合は誘起された磁化 M を偶力でもって倒してやる必要がある。したがって加える振動磁場は H_0 に直交しているべきである。その磁場の方向を $\hat{x}$ 軸とすれば振動磁場は一般に

$$H_1(t) = 2H_1 \cos 2\pi\nu_0 t \, \hat{x} \tag{9.13}$$

で表される。

さて，静磁場の大きさを徐々に変えながら（掃引しながら）一定周波数 ν_0 の交流信号を加えると，共鳴が起きたところでコイルからの信号強度に変化が生じる。なぜなら，磁化 M が横に傾くとともに静磁場の周りをプリセッションするので，M がコイル断面を横切るからである（図 (b2), (b3)）。コイルは偶力用動力源としても信号検出用としても機能している。別の方法として，交流磁場の周波数を徐々に変えて信号を検出するやり方もある。このように H_0 または ν_0 を掃引しながら信号強度の変化を連続的に観測する方法を CW 法（continuous wave＝連続波）といい，後に述べるパルス法と区別する。なお，章末問題【5】では，$H_1/H_0 = 0.02$ の場合について M のふるまいを調べている。

線幅についていえば，液体試料では分子回転によって核種が存在する場所の違いが平均化されるので，スペクトルの幅が狭くなる．固体試料では不均一線幅のために幅が広いが，MAS 法（magic-angle spinning）といって試料全体を 54.74° 傾けてスピンさせながら測定すると幅を狭くすることができる．

[参考 2] 核磁気共鳴における吸収飽和の問題：前章までは，励起状態と基底状態とのエネルギー差 ΔE が熱エネルギー $k_\mathrm{B}T$ より十分大きいので，電磁波を吸収した後すみやかにもとの状態に戻って熱平衡状態が維持できていた（例外はレーザ）．

しかし核磁気共鳴では逆に $\Delta E \ll k_\mathrm{B}T$ なので，励起状態と基底状態とにいる分子の個数は ppm 程度しか違わない．電磁波を放出する確率（Einstein の A 係数）がきわめて小さいので，何がしかの緩和過程が存在しないと容易に飽和してしまう．

この問題を解決する手っ取り早い方法は，静磁場 H_0 を大きくして ΔE を大きくすることである．かつて日本で最初に NMR 実験を行った藤原鎮男氏（当時電通大，東大名誉教授）は自分で鉄芯に電線を巻いて 3 500 Gauss（0.35 T）の磁場をつくったが，現在の NMR では超伝導磁石で 10 T 以上の強力な磁場を用いている．

9.2.4　パルス NMR

現在の NMR はエルンスト（Ernst）らが発展させたパルス法（Fourier 変換 NMR ともいう）が主流である．CW 法と同じ情報が得られるだけでなく，2 次元スペクトルも得られて，より詳細な解析ができるからである．タンパク質の構造解析などバイオへの応用はパルス法ではじめて可能となった．ここでは原理を中心に説明する．

〔1〕**有効回転磁場**　ここでいうパルスとは，図 9.3（a）のラジオ波用コイルに加える時間が有限の Larmor 周波数の振動磁場 $H_1(t)$ である．電気工学ではバースト波という．バースト波が加わっている限り，M は図（b）の軌跡を描き続けるが，止めれば M は H_0 の影響のみを受けるので最終的には図（b1）の状態に戻る．

パルス NMR がその地位を確立したわけは，バースト波の持続時間および休止時間の制御，そして複数のバースト波の照射により多彩な測定が可能になったからである．それを理解するには NMR の磁化ベクトル M の運動方程式が

必要であり，式 (9.4) よりただちに

$$\frac{d\boldsymbol{M}}{dt} = \gamma \boldsymbol{M} \times \boldsymbol{H} \tag{9.14}$$

が得られる．この $\boldsymbol{H}$ を成分に分ければ，つぎのように静磁場と回転磁場の和

$$\boldsymbol{H} = H_0 \widehat{\boldsymbol{z}} + 2H_1 \cos\omega t \, \widehat{\boldsymbol{x}} \tag{9.15}$$

になる．ω は最終的に Larmor 周波数とする．式 (9.15) の第 2 項が回転磁場である理由は

$$\widehat{\boldsymbol{x}} 2H_1 \cos\omega t = H_1(\widehat{\boldsymbol{x}} \cos\omega t + \widehat{\boldsymbol{y}} \sin\omega t) + H_1(\widehat{\boldsymbol{x}} \cos\omega t - \widehat{\boldsymbol{y}} \sin\omega t) \tag{9.16}$$

と表現できるからである．図 (b2), (b3) の軌跡は式 (9.15) の解を模式的に表したものである．

　パルス NMR を考えるうえで便利な方法がある．式 (9.15) をそのまま考えるのではなく，角周波数 ω で回転する座標系で $\boldsymbol{M}$ の変化を考えるのである．回転軸を空間固定の座標系では z，回転座標系では z' とし，両者は一致させておく．このようすは図 9.4 (a) のメリーゴーランドでイメージすることができる．ステージは右ねじの向きに ω で回転するから $\boldsymbol{\omega} = \omega\widehat{\boldsymbol{z}}$ である．空間固定座標系にいる傍観者にとっては複雑な運動も，ステージにいる A さんにとっては単なる上下運動である．そこで回転ステージ上で磁気モーメント $\boldsymbol{M}$ のダイナミクスを考えることにする．それが図 (b) であり，数式で表すと

図 9.4 回転座標系

$$\frac{d\boldsymbol{M}}{dt} = \frac{\partial \boldsymbol{M}}{\partial t} + \boldsymbol{\omega} \times \boldsymbol{M} \tag{9.17}$$

である[39]。$\partial \boldsymbol{M}/\partial t$ が回転座標系での変化率である。式 (9.14) を用いて

$$\frac{\partial \boldsymbol{M}}{\partial t} = \gamma \boldsymbol{M} \times \left(\boldsymbol{H} + \frac{\boldsymbol{\omega}}{2\pi\gamma}\right) = \gamma \boldsymbol{M} \times \boldsymbol{H}_{\mathrm{er}} \tag{9.18}$$

が得られる。$\boldsymbol{H}_{\mathrm{er}}$ が回転座標系での有効磁場である。$\boldsymbol{M}$ は $\boldsymbol{\omega}$ の逆向きにプリセッションするから

$$\boldsymbol{H}_{\mathrm{er}} = \left(H_0 - \frac{\omega}{2\pi\gamma}\right)\widehat{\boldsymbol{z}} + H_1\widehat{\boldsymbol{x}} \tag{9.19}$$

となる。

もし $\omega/2\pi$ が Larmor 周波数 γH_0 に等しければ

$$\boldsymbol{H}_{\mathrm{er}} = H_1\widehat{\boldsymbol{x}} \tag{9.20}$$

であるから，$\boldsymbol{M}$ は $H_1\widehat{\boldsymbol{x}}$ による偶力のみを受けて $\widehat{\boldsymbol{x}}$ 軸の周りをプリセッションする。そして $\boldsymbol{M}$ の横方向の成分は Larmor 周波数で増減する。空間固定の座標系から見れば larmor 周波数で振動する信号であり，検波用コイルで検出することができる。ここまでは CW 法と同じである。

〔2〕 $\pi/2$ パルスと FID　　共鳴条件下では回転座標系における有効磁場が式 (9.20) となる。そこで，図 **9.5** のように，最初 $+\widehat{\boldsymbol{z}}$ 方向に磁化 $\boldsymbol{M}$ ができているところに Larmor 周波数のラジオ波を τ という時間だけ照射する。そして τ は次式を満足するように選ぶ。

$$2\pi\gamma H_1 \tau = \frac{\pi}{2} \tag{9.21}$$

そうすれば $\boldsymbol{M}$ は $-\widehat{\boldsymbol{x}}$ 方向を向く。90° 傾いたのでこのラジオ波を 90° パルスまたは $\pi/2$ パルスという。ここでパルスを切ると H_1 による偶力が働かなくなるので，回転座標系で見ると $\boldsymbol{M}$ は静止する。空間固定座標系で見ると，$\boldsymbol{M}$ は xy 平面上を γH_0 の角周波数で自由にプリセッションする。プリセッションとともにコイル断面を通る磁場の大きさが変化するので，コイルから誘導信号 (induction signal) が得られる。理想的には永遠にプリセッションする（章末

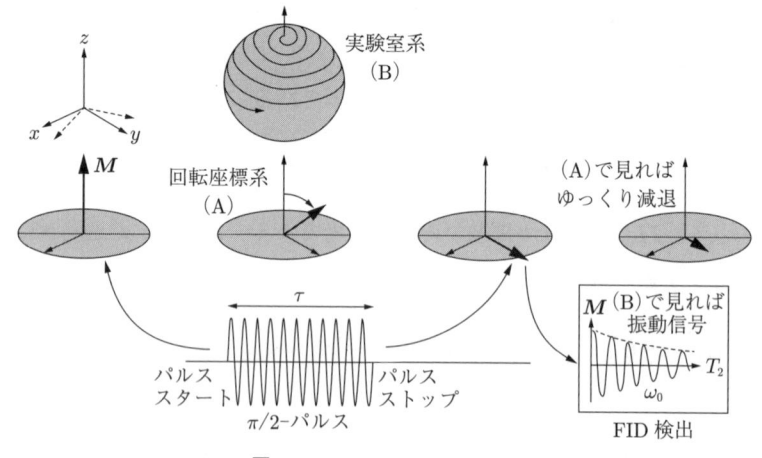

図 9.5　パルス NMR の原理

問題【5】参照）が，実際には熱運動でスピンの運動がばらばらになるので信号は減衰（decay）し，やがて消失する。このような現象を free induction decay（FID）という。パルス NMR の基本である。一連の過程を図 9.5 に図解した。

〔3〕 緩 和 時 間　　図 9.5 で磁化 M を 90° 倒してラジオ波のパルスを切った後 M がどうなるかを図示したのが図 9.6 である。xy 平面上で磁化が広がる（図 (b)，(c)）。この過程で磁化のコヒーレンスが失われ，磁化の強度そのものは時間 T_2 で減衰する。その後，時間 T_1 でもとの熱平衡状態に戻って（図 (e)）z 軸の静磁場方向に磁化が向く。T_2 は，スピン–スピン緩和時間，T_1 はスピン–格子緩和時間と呼ばれている。実験的には磁場の不均一性があってもやはり xy 平面上でのコヒーレンスが失われる。

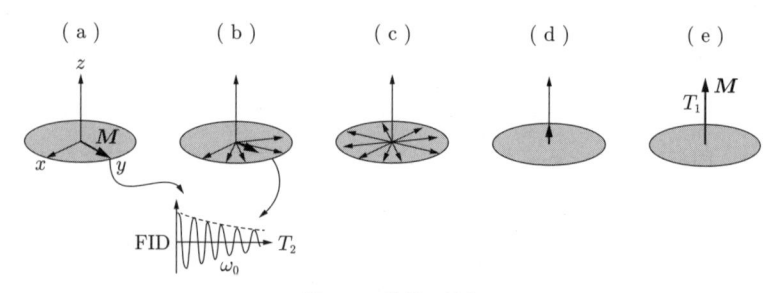

図 9.6　磁化の緩和

つぎに述べるスピンエコーでは実質的な緩和時間が効くので T_2^* を用い，物質に内在する T_2 と区別する。

〔4〕 **Fourier 変換 NMR**　　FID 信号は

$$p(t) = q \exp\left(-\frac{t}{T_2}\right) \cos \omega_0 t \qquad (\omega_0 = 2\pi\gamma H_0) \tag{9.22}$$

である。これを片側 Fourier 変換する（ラプラス（Laplace）変換してから $s = i\omega t$ と置く）。

$$\begin{aligned} P(\omega) &= \int_0^\infty p(t) \exp(i\omega t)\, dt \\ &= \frac{q}{2}\left[\frac{1}{(\omega - \omega_0)^2 + a^2} + \frac{1}{(\omega + \omega_0)^2 + a^2}\right] \end{aligned} \tag{9.23}$$

ここで $a = 1/T_2$ である。$\omega = \omega_0$ のところに吸収ピークの現れることがわかる。

〔5〕 **スピンエコー**　　パルス NMR 法では，ラジオ波の当方に工夫を凝らしてさまざまな情報を得ることができる。ここでは最も基本的なスピンエコーについて説明する。図 **9.7** に示すように，90°パルスを当てると静磁場方向（z 軸方向）を向いていた磁化ベクトル M が横向きに倒されることは前に述べた通りである。M は時定数 T_2^* で拡散していくが，その途中（その時間を $t = \tau$ とする）で 180°を当てると，早く進んでいたものは遅れ，遅れていたものは前に出て，結局 $t = 2\tau$ ではコヒーレンスが回復する（磁化が揃う）。これがスピンエコーである。

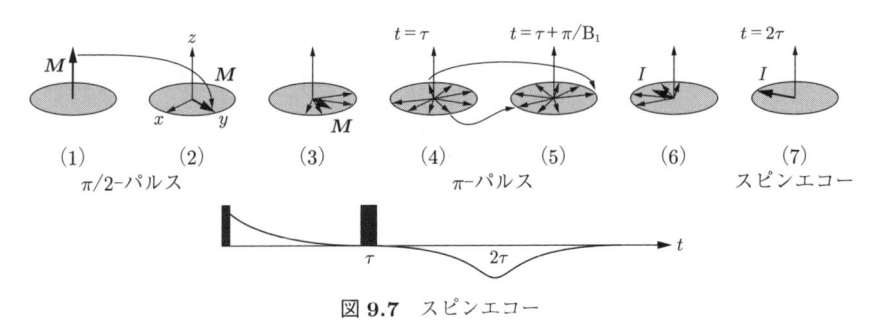

図 **9.7**　スピンエコー

9.3 スピン系の量子状態

この節では ^{1}H が複数ある系を想定して，エネルギー準位とスペクトル（遷移に伴うエネルギー変化）を考察する．有機化学で用いられるスペクトル解析への根拠付けを行う．同種のスピンを扱うので，交換対称性に注意を払わねばならない．

9.3.1 スピン系を考えることの意味

↑↑↑ のようにスピンが揃うことについて，太郎と花子が議論した．

太郎： 化学結合の原理は，二つの価電子のスピンが ↑↓ となって電子対をつくるからだよね．スピンが 1/2 の ^{1}H でも ↑↓ の配置をとるべきではないのかな．ましてや核スピンが三つだなんて．

花子： 電子では，↑↓ は安定，↑↑ は不遇という意味があったけれど，核スピンにはそれを期待しないわよ．だから「同じ粒子は区別できない」が守られていれば，↑↓ も ↑↑ も ↑↑↑ もあっていいわ．

太郎： 確かに電子と違って核スピンはたがいに離れているし，化学結合には影響しないよね．核スピンがいくつあっても，どう向いていてもいいというのは，ずいぶんのんきな話だ．

花子： だけれど，H_2 や D_2 の回転スペクトルでは核スピンがたがいを認識していたから，気配りはしているのよ．

電子とプロトンが同じスピン 1/2 の粒子であることに気付いたのはすばらしい．電子が分子の中でも金属の中でも動き回り，たがいに強く作用して安定な系をつくるのに対し，核スピンは原子核という一種の容器に閉じ込められている．相互作用が弱いので，どのようなスピン配置でも存在できる．いうなれば，スピン系には古典近似がかなり有効である．

じつは等価な原子の核スピンをすでに 4 章の最後で扱っている。そこでは分子を原子核と電子からなる粒子系と見なした。そして，同種粒子の交換対称性（式 (4.37)）が粒子のスピンで決まった。NMR でも核スピンの交換対称性は依然として意味をもつ。

9.3.2　1 スピン系

最も基本的な問題として，スピンが 1/2 の粒子が 1 個の系を考えよう。現実の例は，H を一つ含む有機化合物の ^{1}H-NMR である。「遷移エネルギーは Larmor 周波数」という当たり前の結果を予想しつつ，問題を解くことにしよう。ハミルトニアンにはつねに Planck の定数 h または $\hbar$ が入るが，表現を簡潔にするためにそれらを省略することにしよう。そうすればこの系のハミルトニアンは

$$\mathcal{H} = -\gamma \boldsymbol{I} \cdot \boldsymbol{H}_0 = -\gamma H_0 I_z \tag{9.24}$$

と表すことができる。$\boldsymbol{H}_0$ は核スピンが感ずる静磁場である。核スピン演算子は角運動量の演算子の一種であるから（2.3.2 項参照）

$$\boldsymbol{I}^2 \psi(I, M_I) = I(I+1)\psi(I, M_I) \tag{9.25}$$

$$I_z \psi(I, M_I) = M_I \psi(I, M_I) \tag{9.26}$$

を満足する。$I_z = \boldsymbol{I} \cdot \hat{\boldsymbol{z}}$ である。特に断らない限りスピンは 1/2，つまり $I = 1/2$，$M_I = \pm 1/2$ である。式 (9.24) についての固有値問題は，この核スピン波動関数によって解けて

$$\mathcal{H} \left| \frac{1}{2}, M_I \right\rangle = E_{M_I} \left| \frac{1}{2}, M_I \right\rangle \tag{9.27}$$

である（ブラケット記法は式 (9.9) で登場した）。固有値は

$$E_{M_I} = -\gamma H_0 M_I \qquad \left(M_I = \frac{1}{2}, -\frac{1}{2} \right) \tag{9.28}$$

である。スペクトルとして観測できる遷移エネルギーは

$$\Delta E = E_{-\frac{1}{2}} - E_{\frac{1}{2}} = \gamma H_0 \tag{9.29}$$

であるが，これは Larmor 周波数にほかならない。

つぎに遷移強度の計算はややレベルが高い。電磁波の共鳴吸収は，式 (9.20) の $H_1\hat{x}$ による偶力がもとで起こると考えられる。そこで相互作用項として

$$W = \boldsymbol{I} \cdot \hat{\boldsymbol{x}}\gamma H_1 = \gamma H_1 I_x = \frac{1}{2}\gamma H_1(I_{1+} + I_{1-}) \tag{9.30}$$

を選ぶ。ここで $I_+ = I_x + iI_y$, $I_- = I_x - iI_y$ は昇降演算子であり

$$I_+ |I, M_I\rangle = \sqrt{(I - M_I)(I + M_I + 1)} |I, M_I + 1\rangle \tag{9.31}$$

$$I_- |I, M_I\rangle = \sqrt{(I + M_I)(I + M_I - 1)} |I, M_I - 1\rangle \tag{9.32}$$

を満足する。よって W についての遷移モーメントは

$$\left\langle \frac{1}{2}, -\frac{1}{2} \middle| W \middle| \frac{1}{2}, \frac{1}{2} \right\rangle = \frac{1}{2}\gamma H_1 \tag{9.33}$$

$$\left\langle \frac{1}{2}, \frac{1}{2} \middle| W \middle| \frac{1}{2}, -\frac{1}{2} \right\rangle = \frac{1}{2}\gamma H_1 \tag{9.34}$$

すなわち，$M_I = 1/2 \to -1/2$ の遷移（$\alpha \to \beta$ と表すことが多い）の強度は $(\gamma H_1/2)^2$ である。ほかのスピン系と強度を比較するために（遷移エネルギーは $k_B T$ より小さいから）α の存在確率 1/2 をかけて

$$P_{\frac{1}{2} \to -\frac{1}{2}} = \frac{1}{8}(\gamma H_1)^2 \equiv \frac{1}{2}Q^2 \tag{9.35}$$

を標準強度としよう[†1]。

9.3.3　2スピン系

スピン間の相互作用が現れるという意味で 1 スピン系に劣らず基本的な問題が，スピン 1/2 の同種粒子が 2 個，たがいに作用している系の NMR である。現実の例は，二つの近接した $^1\mathrm{H}$ を含む有機化合物である。

〔1〕スピン・ハミルトニアン　二つの核スピンの演算子を $\boldsymbol{I}_1$ と $\boldsymbol{I}_2$ とし，2 つの核スピン間の相互作用としてスピン–スピン結合 $J\boldsymbol{I}_1 \cdot \boldsymbol{I}_2$ を仮定する[†2]。J の単位は γ と同様に周波数 Hz とする。この系のハミルトニアンは

[†1] α と β にそれぞれ確率 1/2 で存在するから Q^2 が基本遷移強度であると考えてもよい。
[†2] これをハイゼンベルグ（Heisenberg）モデルという。

$$\mathcal{H} = -\gamma \boldsymbol{I}_1 \cdot \boldsymbol{H}_{01} - \gamma \boldsymbol{I}_2 \cdot \boldsymbol{H}_{02} + J\boldsymbol{I}_1 \cdot \boldsymbol{I}_2$$
$$= -\gamma H_{01} I_{1z} - \gamma H_{02} I_{2z} + J\boldsymbol{I}_1 \cdot \boldsymbol{I}_2 \tag{9.36}$$

と表すことができる。$\boldsymbol{H}_{0k}$ は k 番目の核スピンが感ずる静磁場であり，$\boldsymbol{H}_{01} \parallel \boldsymbol{H}_{02}$ である。

〔2〕 スピン・ハミルトニアンの対角化　　まず，昇降演算子を用いて式 (9.36) を変形する。

$$\mathcal{H} = \gamma \left(-H_{01} I_{1z} - H_{02} I_{2z} \right) + J I_{2z} I_{1z} + \frac{J}{2} \left(I_{2+} I_{1-} + I_{2-} 1_{1+} \right) \tag{9.37}$$

四つの基底

$$\left| \frac{1}{2}, \frac{1}{2} \right\rangle, \quad \left| \frac{1}{2}, -\frac{1}{2} \right\rangle, \quad \left| -\frac{1}{2}, \frac{1}{2} \right\rangle, \quad \left| -\frac{1}{2}, -\frac{1}{2} \right\rangle$$

を用いて式 (9.37) の行列要素を計算する。ここで $|M_I, M_I'\rangle = |I, M_I\rangle_2 |I, M_I'\rangle_1$ を意味する。そうするとつぎのような固有値が得られる（章末問題【7】参照）。

$$\begin{cases} E_4 = \dfrac{1}{2}\gamma(H_{01} + H_{02}) + \dfrac{1}{4}J \\[4pt] E_3 = \dfrac{1}{2}\gamma(H_{01} - H_{02})\cos 2\rho - \dfrac{1}{4}J - \dfrac{1}{2}J\sin 2\rho \\[4pt] E_2 = -\dfrac{1}{2}\gamma(H_{01} - H_{02})\cos 2\rho - \dfrac{1}{4}J + \dfrac{1}{2}J\sin 2\rho \\[4pt] E_1 = -\dfrac{1}{2}\gamma(H_{01} + H_{02}) + \dfrac{1}{4}J \end{cases} \tag{9.38}$$

ここで

$$\tan 2\rho = -\frac{J}{\gamma(H_{01} - H_{02})} \tag{9.39}$$

である。また，対応する固有関数は

$$\begin{cases} \psi_4 = \left| -\dfrac{1}{2}, -\dfrac{1}{2} \right\rangle \\[4pt] \psi_3 = -\sin\rho \left| -\dfrac{1}{2}, \dfrac{1}{2} \right\rangle + \cos\rho \left| \dfrac{1}{2}, -\dfrac{1}{2} \right\rangle \\[4pt] \psi_2 = \cos\rho \left| -\dfrac{1}{2}, \dfrac{1}{2} \right\rangle + \sin\rho \left| \dfrac{1}{2}, -\dfrac{1}{2} \right\rangle \\[4pt] \psi_1 = \left| \dfrac{1}{2}, \dfrac{1}{2} \right\rangle \end{cases} \tag{9.40}$$

9. 磁気共鳴分光学

である。

電磁波の共鳴吸収の相互作用項を

$$W = (\boldsymbol{I}_1 + \boldsymbol{I}_2) \cdot \widehat{\boldsymbol{x}} \gamma H_1 = \gamma B_1 (I_{1x} + I_{2x})$$
$$= \frac{\gamma H_1}{2} \left[(I_1^+ + I_1^-) + (I_2^+ + I_2^-) \right] \tag{9.41}$$

とする。1個のスピンの吸収強度（式 (9.35)）との相対比でもって遷移強度を求めるとつぎのようにまとめられる（章末問題【8】参照）。

$$\begin{cases} P_{1\to 2} = \dfrac{1}{2}(1 + \sin 2\rho) \\[4pt] P_{1\to 3} = \dfrac{1}{2}(1 - \sin 2\rho) \\[4pt] P_{2\to 4} = \dfrac{1}{2}(1 + \sin 2\rho) \\[4pt] P_{3\to 4} = \dfrac{1}{2}(1 - \sin 2\rho) \\[4pt] P_{1\to 4} = 0 \\[4pt] P_{2\to 3} = 0 \end{cases} \tag{9.42}$$

$P_{1\to 2} \sim P_{3\to 4}$ は，遷移に際して一つのスピンがフリップする $(-1/2 \leftrightarrow 1/2)$ 確率を表している。二つのスピンが同時にフリップする確率 $P_{1\to 4}$ と $P_{2\to 3}$ はゼロである。図 9.8(a) に示す通り，最大で 4 本の吸収線が観測される。強度の総和，つまり積分強度は 2 であり，スピンの個数と対応している。

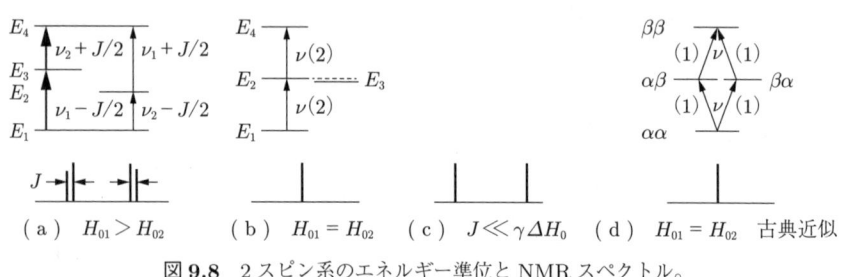

図 9.8　2 スピン系のエネルギー準位と NMR スペクトル。括弧内の数字は相対強度

〔3〕 **厳密解の特別な場合**　特別な場合にはスペクトルが簡単になる。

(1) **等価な 2 個のスピン**：$H_{01} = H_{02}$ の場合, $\rho = \pm\pi/4$ である。出現するスペクトルは

$$E_2 - E_1 = E_4 - E_2 = \gamma H_1$$

の 1 本である（図 9.8（b）参照）。スピンはあたかも 1 種類しかないように見える。スピン–スピン結合によって縮退が解けている。実際の例は -CH_2- の NMR スペクトルである。

(2) **大きな分離**：$|J| \ll \gamma|H_{01} - H_{02}|$ の場合, J の分離がつぶれて 2 本のスペクトルに見える。最近では超伝導磁石で強力な静磁場が得られるので, スピン–スピン結合による構造が小さくなっている。

〔4〕 **等価な 2 個のスピンはこう扱える**

(1) **古典近似**：スピンを α, β で表し，それらが区別できるものとする。スピン間の相互作用が弱ければスペクトルを予想するうえで有効である。二つのスピンからなる系は $\alpha\alpha$ $(M_I = 1)$, $\alpha\beta$, $\beta\alpha$ $(M_I = 0)$, $\beta\beta$ $(M_I = -1)$ の 4 状態である。エネルギー差が小さいのでこれらはポピュレーションが同じであると見なしてよい。そして遷移は一つずつがフリップして起きると見なす。遷移エネルギーはすべて同じであり，結果は図 9.8（d）に示す通りであるが，考え方を説明しよう。

(i)　$M_I = -1 \to 0$

$$\alpha\alpha \to \beta\alpha, \quad \alpha\alpha \to \alpha\beta$$

左辺には二つの α があるが二つに分かれて遷移するので，おのおのの矢印（強度）の統計的重みはおのおの 1 である。

(ii)　$M_I = 0 \to 1$

$$\alpha\beta \to \beta\beta, \quad \beta\alpha \to \beta\beta$$

おのおのが重み 1 で遷移する。

スペクトルは図 9.8（b）と同じになる。なお，$M = 0$ の場合，$\alpha\beta$, $\beta\alpha$ の量子力学版は $(\alpha\beta + \beta\alpha)/\sqrt{2}$ と $(\alpha\beta - \beta\alpha)/\sqrt{2}$ である。前者はスピン交換で符号を変えないが，後者は負号が付く。

(2) **スピン角運動量の合成**：$H_{01} = H_{02}$ の場合，つまり等価な 2 個のスピンの場合

$$\boldsymbol{F} = \boldsymbol{I}_1 + \boldsymbol{I}_2 \tag{9.43}$$

で定義されるスピン角運動量演算子を導入するとハミルトニアンが簡単になる．すなわち

$$(\boldsymbol{I}_1 + \boldsymbol{I}_2) \cdot \boldsymbol{H} = \boldsymbol{F} \cdot \boldsymbol{H} = F_z H_0 \tag{9.44}$$

および

$$\boldsymbol{I}_1 \cdot \boldsymbol{I}_2 = \frac{\boldsymbol{F}^2 - \boldsymbol{I}_1^2 - \boldsymbol{I}_2^2}{2} \tag{9.45}$$

という関係を用いると，式 (9.36) は

$$\mathcal{H} = -\gamma H_0 F_z + \frac{1}{2} J \left(\boldsymbol{F}^2 - \boldsymbol{I}_1^2 - \boldsymbol{I}_2^2 \right) \tag{9.46}$$

と変形できる．エネルギー固有値は

$$E = -\gamma H_0 M_F + \frac{1}{2} J \left[F(F+1) - \frac{3}{2} \right] \tag{9.47}$$

であり，F の範囲は $F = 1, 0$，M_F の範囲は $-F \sim +F$ である．$F = 1$ ならば

$$E_M^{(3)} = -\gamma H_0 M_F + \frac{1}{4} J \quad (M_F = -1, 0, 1) \tag{9.48}$$

となる．添字の (3) は $(2F+1)$ の値である（3 重項と同じ意味である）．$F = 0$ ならば

$$E_0^{(1)} = -\frac{3}{4} J \tag{9.49}$$

である．3 重項と 1 重項を合わせた状態数は 4 であり，数え落としはない．遷移強度を計算すると図 9.8 と同じエネルギー準位とスペクトルが得られる．

〔5〕 スピン-スピン結合相互作用の原因　　おもな原因は電子スピンと核スピンとの間の接触相互作用（contact interaction）であるといわれている[23, p.73]。いま，一つの原子 A の核スピン I_A が↑であるとしよう。そこに電子が接近すると，たがいのスピンを認識して電子スピンが↓に偏る。すると別の原子 B における電子スピンにもその影響が波及し，例えば↑に偏る。B の核スピンに電子が接触すると，今度は核スピン I_B が↓に偏る。結局，核スピンどうしは↑…↓に偏ることになり，$I_A \cdot I_B < 0$ の傾向が生じることになる。原子核の位置によって $I_A \cdot I_B$ の符号は変わりうるし，距離が離れれば波及効果も小さくなる。また，s 原子軌道は原子核の位置で有限の確率密度をもつので，スピン-スピン結合に重要な働きをすることが理解できる。一言でいえば化学結合を通して，核スピン情報が原子核間に伝達される。

なお，接触相互作用が明瞭に現れる現象として中性子線散乱が挙げられる。電荷をもたない中性子線を物質に当てると，原子核に直接接触し，核スピンを認識して散乱される。X 線回折では困難な H 原子の位置決定に中性子線回折が有効であるのはこのためである。

9.3.4　等価な n スピン系

有機化学では -CH$_2$-基，CH$_3$-基など，等価なスピン系を扱うことが多い。$n=2$ の場合については，1本の吸収線になることを角運動量の合成と古典近似の二つの方法で導いたが，一般の n についても成り立つことを示そう。

〔1〕 古典近似　　n 個のスピンのうち $n-m$ 個が α，m 個が β であれば，エネルギーは

$$E_m = \gamma H_0 \left[m \left(\frac{1}{2} \right) + (n-m) \left(-\frac{1}{2} \right) \right] = \gamma H_0 \left(-\frac{n}{2} + m \right) \tag{9.50}$$

である $(m=0, \cdots, n)$。$\Delta m = \pm 1$ に伴うエネルギー変化はつねに γH_0 であるから，スペクトルは1本である。

状態数をチェックしよう。各スピンは↑と↓の2状態をとるから n 個では総

数は 2^n である。このうちいくつかは縮退している。一方，同一の E_m を生ずるスピンの組合せは ${}_nC_m$ 通り，つまり多重度は ${}_nC_m$ である。

$$\sum_{m=0}^{n} {}_{n-1}C_m = 2^n \tag{9.51}$$

であるから状態数に矛盾はない。

遷移の個数を数えてみよう。準位 m ではつぎにフリップする余地は $n-m$ 個ある。この準位の多重度が ${}_nC_m$ であるから $m \to (m+1)$ への遷移の数は $(n-m){}_nC_{n-m} = n\,{}_{n-1}C_m$ である。よって遷移の総数は

$$\sum_{m=0}^{n-1} n\,{}_{n-1}C_m = n \sum_{m=0}^{n-1} {}_{n-1}C_m = n 2^{n-1} \tag{9.52}$$

である。1スピン系の信号強度に対する相対強度は

$$n 2^{n-1} \cdot \frac{\frac{Q^2}{2^n}}{\frac{Q^2}{2}} = n \tag{9.53}$$

すなわち，吸収強度はスピンの個数 n に比例する。

〔2〕 **角運動量の合成**　式 (9.44) の方法を n スピン系に適用して

$$\boldsymbol{F} = \boldsymbol{I}_1 + \boldsymbol{I}_2 + \cdots + \boldsymbol{I}_n \tag{9.54}$$

で定義されるスピン角運動量演算子を導入しよう。ハミルトニアンは

$$\mathcal{H} = -\gamma F_z H_0 + \frac{1}{2} J \left(\boldsymbol{F}^2 - \boldsymbol{I}_1^2 - \boldsymbol{I}_2^2 - \cdots - \boldsymbol{I}_n^2 \right) \tag{9.55}$$

と表される。このハミルトニアンの行列要素は対角項のみからなるから，固有値は容易に求められて

$$E = -\gamma M_F H_0 + \frac{1}{2} J \left[F(F+1) - n \cdot \frac{1}{2} \left(\frac{1}{2} + 1 \right) \right] \tag{9.56}$$

となる。F がとりうる値は $F = n/2, \cdots, 0$（n が偶数），$n/2, \cdots, 1/2$（n が奇数）である。M_F の範囲は $M_F = -F, -F+1, \cdots, F-1, F$ の $(2F+1)$ 個である。

電磁波の吸収は $\Delta M = 1$ の変化で起きる。それに伴うエネルギー変化はすべて同じ $\nu = \gamma H_0$ という値をとるので，やはり1本のスペクトル線が現れる。

図 **9.9** は，エネルギー準位の構成と遷移エネルギーを $n = 3$ について示している。波動関数は式 (9.57)〜(9.59) の通りである。すべての状態数は古典近似と同じく 8 である。括弧内の数字は相対的遷移強度であり，スピンフリップの数から計算できる。$M_F = 1/2$ は古典近似で $\alpha\alpha\beta, \alpha\beta\alpha, \beta\alpha\alpha$ の 3 状態あるが，量子力学版ではスピン交換で偶数になるものが一つ，奇数になるものが二つある。

$$F = \frac{3}{2} \begin{cases} \beta\beta\beta \\ \dfrac{1}{\sqrt{3}}(\beta\beta\alpha + \beta\alpha\beta + \alpha\beta\beta) \\ \dfrac{1}{\sqrt{3}}(\alpha\alpha\beta + \alpha\beta\alpha + \beta\alpha\alpha) \\ \alpha\alpha\alpha \end{cases} \tag{9.57}$$

$$F = \frac{1}{2}\,(\mathrm{I}) \begin{cases} \dfrac{1}{\sqrt{2}}(\beta\alpha\beta - \beta\beta\alpha) \\ \dfrac{1}{\sqrt{2}}(\alpha\beta\alpha - \alpha\alpha\beta) \end{cases} \tag{9.58}$$

$$F = \frac{1}{2}\,(\mathrm{II}) \begin{cases} \dfrac{1}{\sqrt{6}}(2\alpha\beta\beta - \beta\alpha\beta - \beta\beta\alpha) \\ \dfrac{1}{\sqrt{6}}(2\beta\alpha\alpha - \alpha\beta\alpha - \alpha\alpha\beta) \end{cases} \tag{9.59}$$

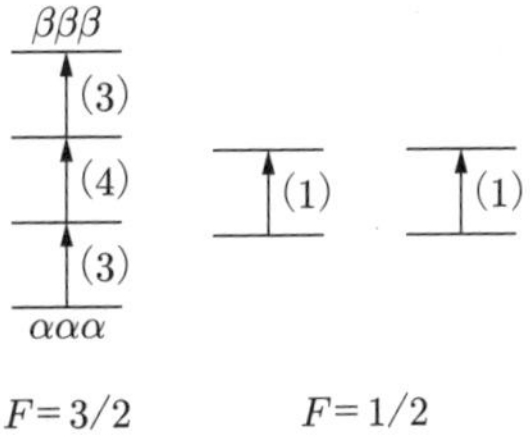

図 **9.9** 等価な 3 スピン系

9.3.5 たがいに影響し合う m スピン系と n スピン系

エチル基 CH_3-CH_2- の 2 種の ^{1}H-NMR がこの系の代表例である。ここで扱うモデルは，つぎの通りである。m 個のスピンが共通の磁場 H_{0A} を感じ，別の

n 個のスピンが共通の磁場 H_{0B} を感じている。そして A と B の間にスピン–スピン結合 J がある。もしスピン–スピン結合がなければ，前節の理論によって，$|H_{0A} - H_{0B}|/\gamma$ 離れたところに 2 本の吸収線が現れるが，相互作用があればスペクトルに何らかの影響があるはずである。そこで

$$\bm{F}_A = \bm{I}_{A1} + \bm{I}_{A2} + \cdots + \bm{I}_{Am} \tag{9.60}$$

$$\bm{F}_B = \bm{I}_{B1} + \bm{I}_{B2} + \cdots + \bm{I}_{Bn} \tag{9.61}$$

で定義される二つのスピン角運動量演算子を導入しよう。ハミルトニアンは昇降演算子を用いて

$$\begin{aligned}
\mathcal{H} &= -\gamma F_{Az} H_{0A} - \gamma F_{Bz} H_{0B} + J_{AB} \bm{F}_A \cdot \bm{F}_B \\
&= -\gamma(F_{Az} H_{0A} + F_{Bz} H_{0B}) + J_{AB} F_{Az} F_{Bz} \\
&\quad + \frac{1}{2} J_{AB} \left(F_A^+ F_B^- + F_A^- F_B^+ \right)
\end{aligned} \tag{9.62}$$

で表される。式 (9.62) の最後の項はスピン A とスピン B が同時に遷移することを意味しているから，起きる確率は低いと考えられる。そこでこれを無視して議論を進めることにしよう。そうすれば，式 (9.62) は

$$\mathcal{H}' = -\gamma(F_{Az} H_{0A} + F_{Bz} H_{0B}) + J_{AB} F_{Az} F_{Bz} \tag{9.63}$$

の形になり，固有エネルギーは

$$E(M_{FA}, M_{FB}) = -\gamma M_{FA} H_{0A} - \gamma M_{FB} H_{0B} + J_{AB} M_{FA} M_{FB} \tag{9.64}$$

となる。F_A と F_B の上限はそれぞれ $m/2$ と $n/2$ であり，下限はスピンが偶数か奇数かによって 0 か 1/2 である。また M_{FA} の範囲は $-F_A, \cdots, F_A$ であり，M_{FB} の範囲は $-F_B, \cdots, F_B$ である。

片方のスピンによる共鳴吸収 スピン A がフリップすることによるスペクトルを考えよう。共鳴周波数が異なるのでスピン B はそのままである。M_{FA} のみが 1 だけ変化することに伴う周波数は

$$\nu_{A;M_{FB}} = \gamma H_{0A} - J_{AB}M_{FB} \tag{9.65}$$

である.スペクトルの位置は γH_{0A} であるが,$J_{AB}M_{FB}$ 項のために J_{AB} 間隔で対称な微細構造が生ずる.

微細構造のようすを古典近似で調べよう.n 個のスピンが同一の M_{FB} を生ずる組合せは ${}_nC_{M_{FB}}$,つまり n 次の二項分布である.スペクトルの本数は $(n+1)$ なので $(n+1)$ 則という.

図 9.10 で $(n+1)$ 則を図式化した.隣の C 原子に n 個の ^{1}H があれば,いま着目している C 原子に付いている ^{1}H の吸収線が $(n+1)$ 個に分裂する.つまり,相手のプロトン数に 1 を加えた数がスピン–スピン結合による分裂の本数となる.隣にプロトンがなければ図 9.9 の通り,1 本の線が現れるのであるから,$n=0$ でも成り立つ.有機化学で構造決定をするうえで有用な規則である.

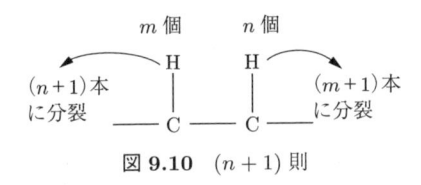

図 9.10 $(n+1)$ 則

9.4 溶液の ^{1}H-NMR スペクトル

表 9.1 の元素のうち,^{1}H は事実上すべての分子に存在するので,すべての分子のスペクトルを得ることができる.これは利点であると同時に,スピンどうしが相互作用してスペクトルを複雑にするという負の側面もある.しかし,最近の強い磁場のもとでは,相互作用が相対的に弱くなってスペクトルが見やすくなっている.

9.4.1 化学シフト

〔1〕 **磁場の遮蔽効果** 原子核は分子の中で電子に取り囲まれているから,外部磁場がそのまま作用するわけではない.分子の中のどこに原子核があるか

によって Larmor 周波数がわずかに異なる。これを化学シフトという。

NMR 測定装置では，静磁場 H をある幅にわたって徐々に変化させて共鳴条件を探し，FID を観測する。後出の図 9.13 (a) で示すように，一般的にいって電子は逆向きの遮蔽磁場 ΔH をつくるので，原子核の場所に

$$H_{\mathrm{bare}} = H - \Delta H = (H - \Delta H)\hat{z} \tag{9.66}$$

という磁場をつくる。左辺は裸の核種の共鳴磁場で一定値であるから，右辺は，遮蔽効果（shielding）が大きければ強い外部磁場が共鳴に必要であることを意味している。実際には微量の TMS（テトラメチルシラン）を混ぜておいて共鳴磁場の大きさを調べる。TMS の遮蔽効果は十分に大きいので，共鳴磁場 H_{TMS} も十分大きい。試料の外部共鳴磁場 H が H_{TMS} からどれだけずれているかを ppm 単位で表した量を化学シフトという（図 **9.11** 参照）。そして，化学シフトの基準となる TMS を内部標準試料という。

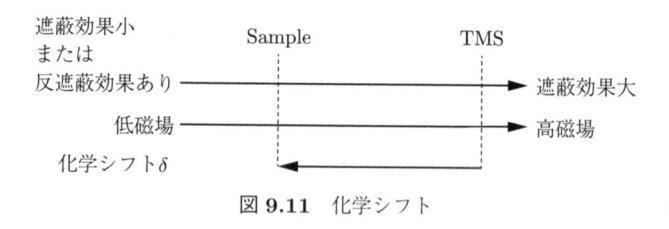

図 **9.11** 化学シフト

^{1}H-NMR における化学シフトの一般的傾向が図 **9.12** にまとめてある。Aromatic とは芳香環に付いたという意味であり，R はアルキル基か H である。

[参考] TMS 標準試薬：tetramethylsilane, $\mathrm{Si(CH_3)_4}$ という分子式である。化学シフトの基準としてよく用いられる。すべての H が等価なために 1 本のピークしか現れないので，TMS が入っていても測定の邪魔にならない。

〔**2**〕 **化学シフトの要因** 電気陰性度の大きい原子が近くにあれば，電子がそちらに誘引されるので遮蔽効果は小さく，低磁場で共鳴が起きる。これを I 効果という（誘導 induction の I から）。例えば，エタノール $\mathrm{H}^a\mathrm{O}\text{-}\mathrm{CH}_2^b\text{-}\mathrm{CH}_3^c$ では，$a < b < c$ の順に高磁場シフトすると予想される。しかし，OH の化学シ

9.4 溶液の ^{1}H-NMR スペクトル

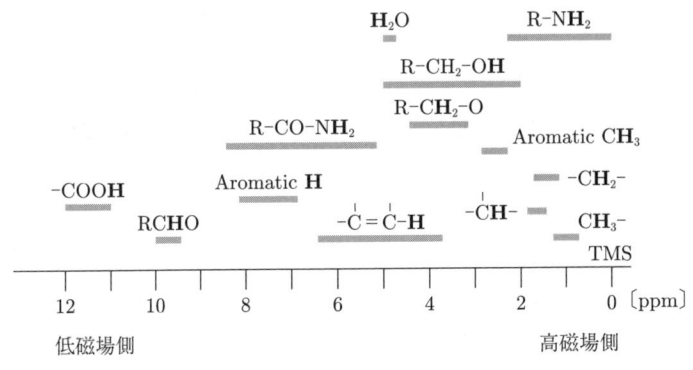

図 9.12 ^{1}H-NMR の化学シフト

フトは不純物の H_2O に大きく影響されるので，後出の図 9.19 のように予想からずれることもある。

C 原子の混成のしかたも影響する。H-C=C- は H-C- より低磁場で共鳴する。また H-C=O も低磁場で共鳴する。これらの π 電子系では遮蔽よりは反遮蔽効果（deshielding）が表れていると考えられる。この効果が端的に現れるのがベンゼンである。

〔3〕 **ベンゼンの環電流による化学シフト** 化学シフトを考えるうえでわかりやすい例が図 **9.13**(b) の 1,4-polymethylenebenzene である。芳香族化合物の π 電子は第一近似として自由電子と見なすことができるので，Lorentz 力

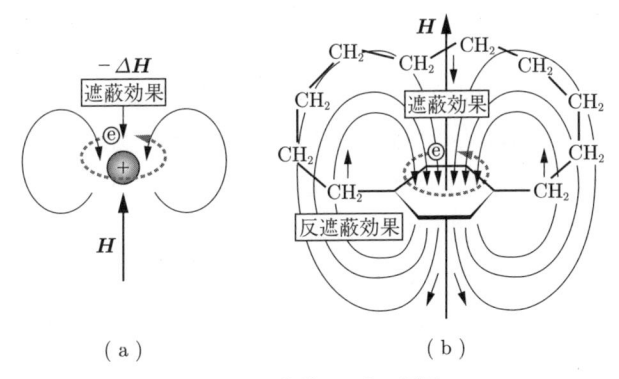

図 9.13 化学シフトの原因

$$F = (-e)v \times H$$

が働いて，環に沿ってサイクロトロン運動をする．ここで e は電荷素量，v は電子の速度である．電荷が動けば磁場が生じ，それが外部磁場 H と合わさる．環の外側では H が強められる（反遮蔽効果）ので置換基のプロトンは低磁場シフトをする．環の上方では逆に H が弱められる（遮蔽効果）ので置換基のプロトンは高磁場シフトをする．

9.4.2 いくつかの分子の NMR スペクトル

〔1〕 **信号の積分強度**　スピン–スピン結合も含めて，一つの原子の吸収強度をチャート上で積分すれば，原子数に比例する量が得られる．スペクトル図上では nH と表記する．$(n+1)$ 則と同様，原子の位置を特定するのに重要な情報となっている．図 9.14 に積分の例が示されている．

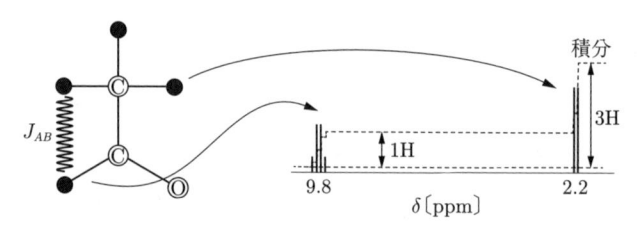

図 9.14　アセトアルデヒドスピン–スピン結合と ^{1}H-NMR スペクトル

〔2〕 **一種類の等価なプロトンをもつ分子**　溶液中の分子の ^{1}H-NMR を議論するうえで，分子の熱運動による磁気的雰囲気の等価性が重要な意味をもっている．-CH$_3$ や -CH$_2$- は自由回転あるいは軸周りの振動のために，磁場が平均化されて H の感ずる磁場が同一となる．もしそれらがほかと相互作用しなければ，1 本のスペクトル線が観測される．

〔3〕 **アセトアルデヒド CH$_3$CHO**　図 9.14 のように，CH$_3$ の ^{1}H が 1：1 の 2 本に分裂し，CHO の ^{1}H が 1：3：3：1 の 4 本に分裂して吸収線を与える†．内部回転のために J_{AB} は平均化されて，等価な 3H と 1H との間にスピン–ス

---

† δ (CH$_3$) = 2.21 ppm, δ (CHO) = 9.79 ppm, $J = 2.9$ Hz

ピン結合が働く。この情況は，図 9.10 で $m=3$, $n=1$ の場合に該当する。

信号を積分すると，原子数に比例した高さが得られる。**図 9.15** に測定データを並べた。違いが現れる理由は設問で取り上げる。

(a)

(b)

(c)

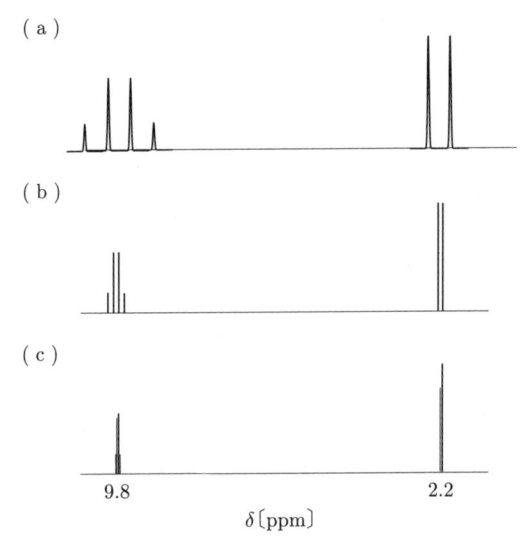

9.8　　　　　　　　　　　　　2.2
δ [ppm]

図 9.15 アセトアルデヒド (CH_3CHO) のスペクトル（3 種類）

〔4〕 ジエチルエーテル $CH_3CH_2\text{-}O\text{-}CH_2CH_3$　　図 9.16 のように，CH_3 の ^1H が 1：2：1 の 3 本に分裂し，CH_2 の ^1H が 1：3：3：1 の 4 本に分裂して吸収線を与える[†]。図 9.10 で $m=3$, $n=2$ の場合に該当する。3 重項と 4 重項が現れたら，まず C_2H_5 の存在を検討すべきである。

($CH_3\text{-}CH_2\text{-}$)$_2$O

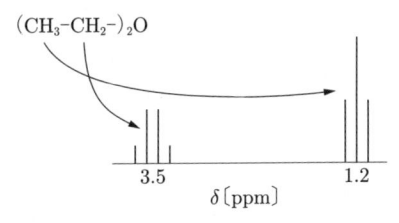

3.5　　　　　　　　　1.2
δ [ppm]

図 9.16 ジエチルエーテル ((CH_3CH_2)O) の ^1H-NMR スペクトル

[†] 　$\delta(CH_3) = 1.21$ ppm, $\delta(CH_2) = 3.47$ ppm, $J = 7$ Hz

〔5〕 酢酸エチル **$CH_3CO\text{-}O\text{-}CH_2CH_3$**　3種類の ^1H が含まれているが，孤立した CH_3 と C_2H_5 に分けて考えることができる。**図9.17** がNMRスペクトルである[†]。1重項は CH_3 の孤立した ^1H，3重項と4重項は C_2H_5 があることを示唆している（9.4.2項〔4〕参照）。

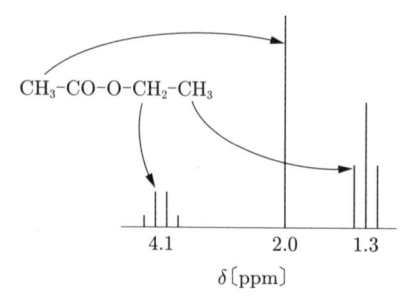

図 9.17　酢酸エチル（$CH_3CO\text{-}O\text{-}CH_2CH_3$）の ^1H-NMR スペクトル

9.4.3　ヘテロ原子に結合した ^1H の NMR スペクトル

HがC以外の原子，例えばOやNに直接結合していれば，それらの原子をヘテロ原子という。代表的な化合物はアルコール-OH，酸-COOH，アミン-NH_2，アミド-CO-NH_2 である。水素結合を形成するが，結合エネルギーが小さいので，ヘテロ原子の ^1H は NMR の観測時間内に頻繁に入れ替わる。こうしてほかの原子，例えば隣のC原子に結合した ^1H とのスピン相関が失われる。これは，**図9.18** の ↔ 間のスピン–スピン結合が消失することを意味している。

図 9.18　OH の ^1H は，水素結合を形成することによりスピンがランダムに変わる

[†] $\delta(CH_3)^{methyl} = 2.04$ ppm, $\delta(CH_3)^{ethyl} = 1.26$ ppm, $\delta(CH_2)^{ethyl} = 4.12$ ppm, $J(CH_2\text{-}CH_3) = 7.1$ Hz

そのほか，ヘテロ原子の ^{1}H の環境が定常的ではないことにより，線幅は広がりやすい．特に $I=1$ の N 原子は磁気 4 重極モーメントをもつ．それも幅を広げる要因になる．

〔1〕 **エタノール CH_3CH_2OH** 　図 9.19 は $CDCl_3$ に溶かした C_2H_5OH のスペクトルである[†1]．酢酸エチルとよく似ているが，孤立した ^{1}H の吸収は -OH による．なお，OH ピークの位置は不純物として含まれる H_2O の量に左右されるので注意を要する．

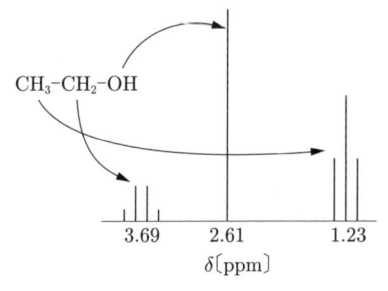

図 9.19　エタノール (CH_3-CH_2-OH) の ^{1}H-NMR スペクトル

〔2〕 **酢酸 CH_3COOH** 　図 9.20 は $CDCl_3$ に溶かした CH_3COOH のスペクトルである[†2]．A_3X 型である．-OH の ^{1}H の線幅が広がっている点に特徴がある．

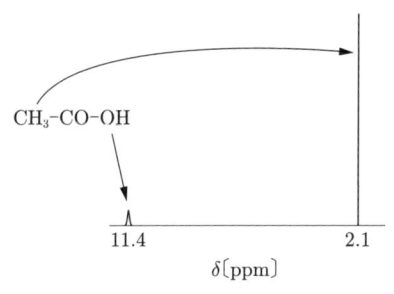

図 9.20　酢酸 (CH_3COOH) の ^{1}H-NMR スペクトル

[†1]　$\delta(CH_3) = 1.23$ ppm, 　$\delta(CH_2) = 3.69$ ppm, 　$\delta(OH) = 2.61$ ppm
[†2]　$\delta(CH_3) = 2.10$ ppm, 　$\delta(OH) = 11.42$ ppm

9.5 溶液の ^{13}C-NMR スペクトル

9.5.1 ^{1}H-NMR との違い

　表 9.1 が示す通り，C 原子のうち 1% が磁気モーメントをもった同位体の ^{13}C であるから，一つの分子の中で ^{13}C どうしが相互作用することはない。そのかわり，周りを磁気モーメントももった ^{1}H が取り囲んでいるから，それらとの相互作用が現れる。もし 1 個の ^{1}H が近くにあれば，^{1}H のスピンが上向きと下向きとで ^{13}C の遷移エネルギーが異なる。一般に同種の ^{1}H が近くに n 個あれば $(n+1)$ 本の線が現れるから，分子全体では膨大な数の吸収線が現れて複雑なスペクトルが得られる。したがって，化学シフトの情報から C の種類を見つけようとすると大きな困難に直面する。

9.5.2 ^{1}H とのデカップリング

　この困難を回避するために考案されたのがデカップリング法である。^{1}H が ↑ と ↓ の両方の状態にいるためエネルギーに差が出るのであるから，↑↔↓ をすみやかに起こさせれば ^{1}H の影響が平均化されて 1 本の線になるというのがデカップリングの基本的な考え方である。これを実現するためには，周波数 $\nu = \gamma_H H_0$ の回転磁場を加えてやればよい。ただし，すべての ^{1}H と共鳴しなければならないから，ν に数十 ppm 以上の広がりがなければならない。かといって，^{13}C と共鳴するほど幅が広くてもよくない。これを完全デカップリング法という。このときの回転磁場はノイズ的である。

　^{1}H の影響が平均化できるということは，↑↔↓ の速度に比べて ^{13}C の FID 減衰速度が十分遅いことを意味している。すなわち ^{13}C-NMR の測定は一般に時間がかかる。

　完全デカップリングを実行すると，スペクトル線の積分と H 原子の個数との相関が失われる。そこでオフレゾナンス法が考案された。この方法では，特定の ^{14}C-^{1}H カップリングに対応する周波数成分を，回転磁場信号から除去して

おく。そうすれば，その C 原子に対してのみ $(n+1)$ 則が適用できる。

9.5.3 スペクトル例

図 **9.21** はアセトアルデヒド（CH_3CHO）の ^{13}C-NMR スペクトルである（完全デカップリング）[†]。0 ppm は ^{1}H-NMR と同様に TMS 標準試料の吸収線の位置である。溶媒は $CDCl_3$ である。

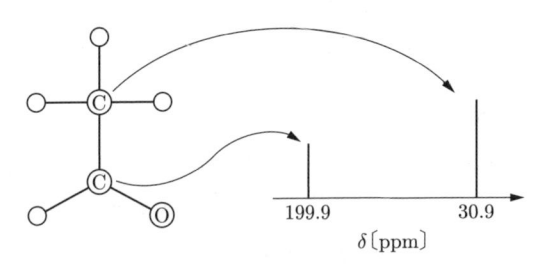

図 9.21 アセトアルデヒド（CH_3CHO）の ^{13}C-NMR スペクトル

図 9.14 の ^{1}H-NMR スペクトルと比較すると，化学シフトの大きさが桁違いに大きいことに気付く。化学シフトに及ぼす官能基の効果は，^{13}C-NMR でも図 9.12 と傾向は変わらない。隣接した原子の電気陰性度や C 原子の混成のしかたが大きく影響する。

9.6 NMR法の展開

9.6.1 MRI

^{1}H-NMR で得られる情報，例えば緩和時間が体内でどう分布するかを断層図で表すのが MRI（magnetic resonance imaging）である。原理は通常の NMR と同じであるが，体内のある限定された空間ごとに信号を得，最後に各部位の情報が画像として総合的に表現できるようになっている。

観測場所を限定するために，静磁場（超伝導磁石で得られる）に電磁石で勾

[†] $\delta\,(CH_3) = 30.89$ ppm, $\delta\,(CHO) = 199.93$ ppm

配磁場を重畳させている．それによって γH_0 の値が空間で徐々に変わり，特定の場所のプロトンが強い信号を出すようになっている．装置によっては複数の検出コイルを用いて空間分解能を上げる工夫を凝らしている．

緩和時間はミリ秒以上のオーダーなので，計測にはそれ以上の時間がかかる．よって MRI では速い現象をとらえることはできない．しかしながら，放射線による障害のおそれがまったくないこと，生体としての活性度が反映されてがん診断に使えることなど，X線を使う CT にはない利点もある．

9.6.2　2次元 NMR

生体高分子では核種の存在場所がさまざまなので，たとえ高磁場にしてスペクトル間隔を広げ，また方向平均をしたとしても膨大な数の吸収線が出現する．そのような場合に通常の周波数軸方向だけでなく，もう一つの軸方向に情報を得ることができれば解析が楽になる．そこで活用されるのが，ラジオ波パルスの制御である．スピンエコーのところで簡単な例を述べたが，図 9.22 のようにパルスの種類とタイミングを工夫して，さまざまな 2 次元 NMR が実用化されている．

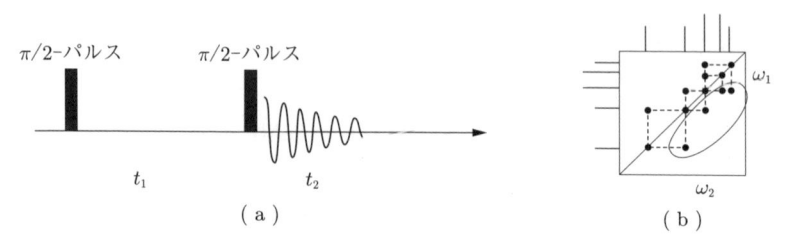

図 9.22　2 次元 NMR の例．非対角領域に現れるクロスシグナルが重要な意味をもつ

9.7　電子スピン共鳴 ESR

NMR が強磁場で実現し，化学シフトの効果が大きいのに対し，ESR (electron

spin resonance)[†] は，相対的に低磁場なのでスピン間のカップリング効果がスペクトルに大きく影響する．歴史的に見ると NMR と同じ 1945 年頃に開発されている．

9.7.1 電子スピン共鳴装置

図 9.3 と基本的には同じであるが，波長が短いのでコイルは使わず，図 **9.23** のように導波管（waveguide）を用いる．マイクロ波の磁場を回転磁場として使う．得られる電磁場は TE_{01} モードといって，長手方向に磁場 H_1 が生じ，電場 E が断面に平行にできる．もちろん H_1 と E は直交している．

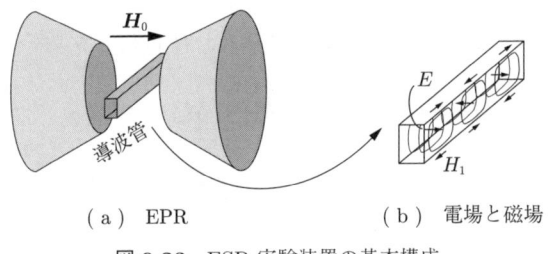

(a) EPR　　　(b) 電場と磁場

図 **9.23** ESR 実験装置の基本構成

9.7.2 有機フリーラジカルの ESR スペクトル

〔1〕 **NMR との違い**　皮相的には，電子スピンを S で表し，電子の磁気モーメントを式 (9.1) のかわりに

$$\mu = \frac{g_e(\mu_B S)}{S} S \tag{9.67}$$

と表す（$S = 1/2$ である）．ここで μ_B はボーア（Bohr）磁子であり

$$\mu_B = \frac{e\hbar}{2m} \tag{9.68}$$

で定義される．$\mu_B S$ は，自転モデルによる電子の磁気モーメントに等しい（章末問題【1】参照）．実際には g 因子と呼ばれる $g_e \approx 2$ が必要である．結局，静磁場中のポテンシャルエネルギーは式 (9.7) から

[†] 角運動量も効くので EPR（electron paramagnetic resonance）と呼ぶほうが適切である．

$$U = -\boldsymbol{\mu} \cdot \boldsymbol{H} = -g_e \mu_B \boldsymbol{S} \cdot \boldsymbol{H} = -g_e \mu_B H_0 S_z \tag{9.69}$$

という形をとる。なお，μ_B のかわりに β_e を用いる文献が多い[24),25)]。

NMR にはないものとして，電子の軌道角運動量と電子スピンとの相互作用のあることが挙げられる。これは電子が原子核よりはるかに軽いことに由来する。

〔2〕相互作用　不対電子が 1 個，核スピンが複数個という最も簡単な系を考えよう。溶液中ではフリーラジカルがあらゆる方向を向くので，相互作用が平均化されて

$$\mathcal{H} = g_e \beta_e H_0 S_z + \sum_i a_i S_z I_{i,z} \tag{9.70}$$

と表すことができる。もしプロトンが 2 個あれば固有エネルギーは

$$E = g_e \beta_e H_0 M_S + (a_1 M_{I,1} + a_2 M_{I,2}) M_S \tag{9.71}$$

である。M_S は電子スピンの量子数である。遷移周波数は電子スピンのフリップに対応して

$$\nu = g_e \beta_e H_0 + (a_1 M_{I,1} + a_2 M_{I,2}) \tag{9.72}$$

となる。$M_{I,1}, M_{I,2}$ は核スピンの量子数である。プロトンでは $M_{I,1} = \pm 1/2$，$M_{I,2} = \pm 1/2$ だから，$a_1 \neq a_2$ であれば同じ強度の信号が 4 本得られる[†]。

〔3〕等価な n 個のプロトンと相互作用をする 1 個の不対電子　式 (9.72) から

$$\nu = g_e \beta_e H_0 + a \sum_{i=1}^{n} M_{i,I} \tag{9.73}$$

となる。i についての総和を計算しよう。i 個の↑と $(n-i)$ 個の↓から得られる z 軸方向の成分は $(1/2)i - (1/2)(n-i) = i - (1/2)n = n/2, \cdots, -n/2$ の $(n+1)$ 個である $(i = 0, 1, \cdots, n)$。n 個入った箱から i 個の↑と $(n-i)$ 個の↓を取り出す場合の数が ${}_nC_i$ であるから，式 (9.73) は

[†] マイクロ波の周波数を固定し，磁場を掃引して信号強度を観測するのが普通である。

$$\nu_i = g_\mathrm{e}\beta_\mathrm{e}H_0 + a\ _nC_i\left(i - \frac{1}{2}n\right) \quad (i=0,\cdots,n) \tag{9.74}$$

となる．これは n 本のスペクトル線が得られることを意味しており，i 番目のスペクトルの多重度は $_nC_i$ である．

こうして，n 個の等価なプロトンがあれば不対電子 1 個による ESR 信号は，n 次の 2 項係数 $_nC_k\ (k=0,1,\cdots,n)$ で表されることが推測される．図 **9.24** の ESR スペクトルがその例であり，この解釈は章末問題で取り上げる．

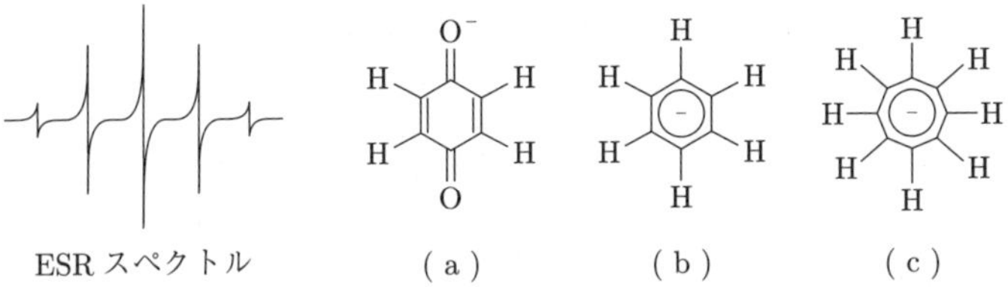

図 9.24 ESR スペクトルとラジカル

章 末 問 題

【1】 電荷 e をもった質量 m の粒子が自転をすれば，磁気モーメントと角運動量の比が $e/2m$ であることを示せ．

【2】 偶力が角運動量の時間微分に等しいことを示せ．

【3】 式 (9.4) を解いて $\boldsymbol{I}$ が円運動をすることを示せ．

【4】 表 9.1 の $I=1/2$ の核種の Larmor 周波数 ν_0 を求めよ．

【5】 有効回転磁場を用いなければ $\boldsymbol{M}$ はどのようにふるまうであろうか．これに答えるために式 (9.14) を数値計算で解け[†1]．プリセッションが見えるように式 (9.15) において $\kappa = H_1/H_0 = 0.02$ とせよ．また，$\pi/2$ パルス照射下での $\boldsymbol{M}$ のふるまいも示せ．なお，緩和は考慮しなくてもよい[†2]．

【6】 プロトンの $\pi/2$ パルスについてつぎの量を答えよ．ただし $H_0 = 10$ T，$H_1 = 0.001$ T である．
　　(a) パルス（バースト）の周波数，(b) パルス幅（バースト継続時間）．

【7】 式 (9.37) を対角化すると式 (9.38) と式 (9.40) が導かれることを示せ．

[†1] 連立 1 階微分方程式の標準的解法としてルンゲ–クッタ（Runge-Kutta）法[28] がある．
[†2] 緩和時間を組み入れたものを Bloch 方程式という．

【8】 遷移強度の式 (9.42) を確かめよ．

【9】 等価な 2 スピン系に対して，式 (9.43) の合成スピンによって図 9.8(b) と同じスペクトルが得られることを示せ．

【10】 エチレンのプロトンに比べてベンゼンのプロトンは 1.95 ppm だけ左に低磁場シフトしている．この理由を考えよ．

【11】 図 9.25 は水素を 6 個もつ有機化合物の ^{1}H-NMR スペクトルである．(a)〜(d) とつぎの化合物名とを対応させよ．
アセトン CH_3COCH_3
エタノール CH_3CH_2OH
エチレングリコール（1,2-エタンジオール） $HO\text{-}CH_2\text{-}CH_2\text{-}OH$
ベンゼン C_6H_6

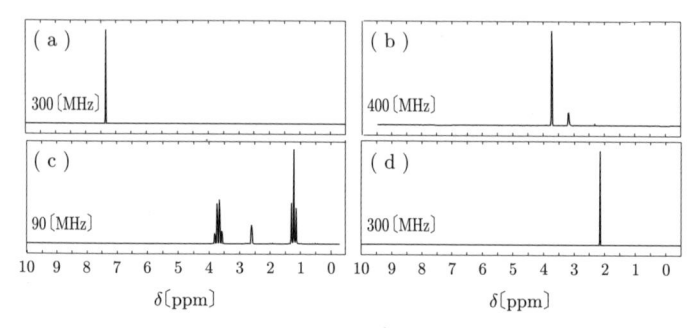

図 9.25 6H 有機化合物の ^{1}H-NMR スペクトル

【12】 アセトアルデヒドのスペクトルデータは図 9.15 のように何種類もある．違いが生ずる理由としてつぎのどれが最も適当か．また，(a)→(c) の違いはどのようにして生じたか．
(i) NMR 装置の操作の巧拙，(ii) NMR 装置の静磁場の強さの違い，(iii) NMR 装置の信号検出法の違い，(iv) 試料の濃度の違い，(v) 溶媒の違い

【13】 図 9.26 はトルエン $C_6H_5CH_3$ の ^{1}H-NMR スペクトルである．各ピークはどの H にもとづくか？
（注） -CH_3 に対して o-, m-, p- かによって H の化学シフトが異なるはずであるが，実際にはほとんど同じ値なので，事実上等価な 5 個のプロトンとして観測される（後出の図 9.27 と比較せよ）．積分すればこの問題の答はすぐわかるが，化学シフトから判断しようというのがこの設問の趣旨である．

【14】 図 9.16〜図 9.27 は重クロロホルム $CDCl_3$ を溶媒として測定されている．この溶媒が選ばれた理由を考えよ．

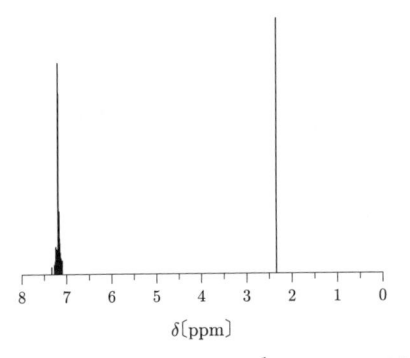

図 9.26 トルエン $C_6H_5CH_3$ の ^{1}H-NMR スペクトル

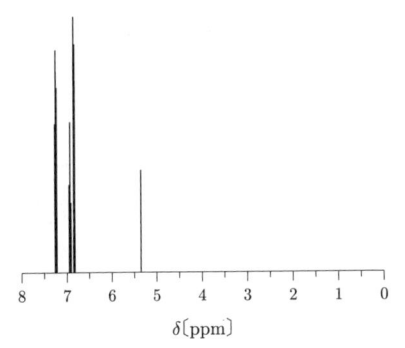

図 9.27 フェノール (C_6H_5OH) の ^{1}H-NMR スペクトル

- 【15】 ^{1}H-NMR でアルコールを重クロロホルム $CDCl_3$ に溶かしてスペクトルを測定した後,不純物として D_2O を 1 滴混ぜて測定しなおすとスペクトルが大幅に変わることがあるという。それについて説明せよ。
- 【16】 図 9.27 は $CDCl_3$ に溶かしたフェノール C_6H_5OH の ^{1}H-NMR スペクトルである。各ピークはどの H にもとづくか?
- 【17】 図 9.24 の ESR スペクトルは,図 (a)〜(c) のラジカルのどれかのスペクトルである。
  - (i) 強度比は何次の 2 項係数で表されるか。
  - (ii) 試料を当てよ。

付　　　録

　章末問題を解くうえで，そして本書をより深く理解するうえで必要となるデータをここに掲載した。
　真空の透磁率以外は測定値であるが，有効数字はすべて 5 桁に揃えてある。各データの有効数字と誤差については，例えば文献1) の p.89 を参照してほしい。

A.1　基本物理定数

表 A.1

物理量	記号	数値
真空中の光速度	c	2.9979×10^8 m s^{-1}
Planck 定数	h	6.6261×10^{-34} J s
	$\hbar$	1.0546×10^{-34} J s
電気素量	e	1.6022×10^{-19} C
電子の静止質量	m_e	9.1094×10^{-31} kg
Avogadro 定数	N_A	6.0221×10^{23} mol^{-1}
Boltzmann 定数	k_B†	1.3807×10^{-23} J K^{-1}
気体定数	R	8.3145 J K^{-1} mol^{-1}
Bohr 半径	a_0	5.2918×10^{-11} m
Rydberg 定数	R_∞	1.0974×10^5 cm^{-1}‡
Bohr 磁子	μ_B	9.2740×10^{-24} J T^{-1}
自由電子の g 因子	g_e	2.0023
核磁子	μ_N	5.0508×10^{-27} J T^{-1}
真空の透磁率	μ_0	$4\pi \times 10^{-7}$ H m^{-1}（定義）
真空の誘電率	ϵ_0	8.8542×10^{-12} F m^{-1}

（注）†：Boltzmann 定数には B を添字としないのが通例であるが，本書では速度定数のほうを添字なしの k とした。
　　‡：非 SI 単位である cm^{-1} で表されているので要注意。

A.2 数値の換算

A.2.1 エネルギーの換算表

表 A.2

	eV	cm^{-1}	Hz
1 eV =	1	8.07(+3)	2.42(+14)
1 cm^{-1} =	1.240(−4)	1	3.00(+10)
1 Hz =	4.14(−15)	3.34(−11)	1
1 K =	8.62(−5)	6.95(−1)	2.08(+10)
1 kJ/mol =	1.035(−2)	8.36(+1)	2.50(+12)
1 kcal/mol =	4.33(−2)	3.50(+2)	1.048(+13)
続き	K	kJ/mol	kcal/mol
1 eV =	1.161(+4)	9.65(+1)	2.31(+1)
1 cm^{-1} =	1.439	1.200(−2)	2.86(−3)
1 Hz =	4.80(−11)	3.90(−13)	9.54(−14)
1 K =	1	8.32(−3)	1.988(−3)
1 kJ/mol =	1.202(+2)	1	2.39(−1)
1 kcal/mol =	5.03(+2)	4.184	1

(注) 括弧の数字はべき乗の意。

使用例：水素のイオン化エネルギー

$$13.6 \text{ eV} = 13.6 \times 8.07 \times 10^3 \text{ cm}^{-1}$$
$$= 1.10 \times 10^5 \text{ cm}^{-1}$$

A.2.2 そのほかの換算

(1) 波長 ↔ 電子ボルト

$$[\text{nm}] \times [\text{eV}] = 1240$$

(2) 電気双極子モーメント

$$1\text{D} = 3.336 \times 10^{-30} \text{ C} \cdot \text{m}$$

A.3　SI単位の接頭語

表 A.3　主要な接頭語と典型的な使用例

倍　数	接頭語	記号	例	倍　数	接頭語	記号	例
10^{-1}	deci	d	dL	10^1	deca	da	
10^{-2}	centi	c	cm	10^2	hecto	h	hPa
10^{-3}	milli	m	ms	10^3	kilo	k	kg
10^{-6}	micro	μ	μm	10^6	mega	M	MΩ
10^{-9}	nano	n	nm	10^9	giga	G	GHz
10^{-12}	pico	p	pm	10^{12}	tera	T	THz
10^{-15}	femto	f	fs				
10^{-18}	atto	a	as				

A.4　振動波動関数

A.4.1　調和振動子の波動関数

次式で定義される $\psi_v(x)$ が調和振動子の波動関数である（5.2.2 項〔2〕参照）。

$$\psi_v(x) = \left(\frac{1}{2^v v!}\sqrt{\frac{\lambda}{\pi}}\right)^{\frac{1}{2}} H_v(\sqrt{\lambda}x)e^{-\frac{1}{2}\lambda x^2}$$

$\psi_v(x)$ の値を求めるには，v 次の Hermite 多項式 H_v を計算せねばならない。つぎの漸化式が便利である。

$$H_0(x) = 1$$
$$H_1(x) = 2x$$
$$H_{v+1}(x) = 2xH_v(x) - 2vH_{v-1}(x) \quad (v = 1, 2, 3, \cdots)$$

まず x を決めた後，$H_0(x), H_1(x), H_2(x), H_3(x), \cdots$ を順に計算する。表計算を用いてグラフ表示させるには，縦方向（1, 2, 3, …方向）に例えば $x = -3, -2.95, -2.9, \cdots, 3$ の列をつくり，横方向（A, B, C 方向）で漸化式を計算する。フィルハンドルを使えば簡単に実行できる[49]。

A.4.2 一般の振動波動関数

C_2 ラジカルの振動は，正確には非調和振動と見なすべきである（7.3.2項〔3〕参照）。一般のポテンシャル $V(x)$ における振動子はつぎの波動関数を満足する。式 (5.18) の調和振動子はその特殊な場合である。

$$-\frac{\hbar^2}{2\mu}\frac{d^2\psi_v}{dx^2} + V(x)\psi_v = E_v\psi_v$$

この方程式の数値解法を一つ紹介しよう。$x \to \pm\infty$ で $\psi_v(x) \to 0$ が境界条件であるが，実際には

$$\psi_v(-a) = 0,\ \psi_v(-a+h) = \varepsilon$$
$$\psi_v(a) = 0,\ \psi_v(a-h) = \pm\varepsilon$$

が成り立つものとする。ここで a は十分大きい正数，h は刻み幅，ε は十分小さい数である。$\psi_v(x)$ を二つに分割し，左半分を $\psi_{v,l}$，右半分を $\psi_{v,r}$ としよう。$x=0$ で連続的につながるように $\psi_{v,l}$ と $\psi_{v,r}$ が求められれば数値計算は成功である。

そのためには，まず E の値を決めて両端 $\pm a$ から原点に向かって二つの微分方程式を解く。ルンゲ–クッタ法[28]は微係数も計算するので好都合である。原点で両者の対数微分が一致して

$$\left.\frac{\frac{d}{dx}\psi_{v,l}(x)}{\psi_{v,l}(x)}\right|_{x=0} = \left.\frac{\frac{d}{dx}\psi_{v,r}(x)}{\psi_{v,r}(x)}\right|_{x=0}$$

が成り立てば E は正しい値（つまり固有値）であり，数値計算で波動関数が求まったことになる。しかしたいていの場合は途中で計算が発散する（ψ_v の値がとてつもなく大きくなる）ので計算を打ち切り，別の E で再度試みる。E の探索範囲を順に絞り込むことが肝要である。

実用的なプログラムとするには，右と左の出発位置 a と −a を独立な二つのパラメータ a と −b にするべきである。Morse ポテンシャルでは b<a である（ただし，ポテンシャルの底を原点とする）。これらの値が大きすぎても小さすぎても対数微分の精度が悪くなるので注意が必要である。

A.5　いくつかの群の指標表

C_{2v} は表 6.4，D_{3h} は表 6.8，T_d は表 6.4，$D_{\infty h}$ は表 6.5，O は表 6.10 としてそれぞれ記載。

表 A.4　点群 C_{3v}（NH_3 など）

C_{3v}	E	$2C_3$	$3\sigma_v$	変換1	変換2
A_1	1	1	1	z	x^2+y^2, z^2
A_2	1	1	-1	R_z	
E	2	-1	0	$(x,y)(R_x, R_y)$	$(x^2-y^2, xy)(xz, yz)$

（注）A_2 の下の E は対称種を表す記号，$2C_3$ の左の E は恒等操作を表す。

表 A.5　点群 C_{2h}（trans-CHCl=CHCl など）

C_{2h}	E	C_2	i	σ_h	変換1	変換2
A_g	1	1	1	1	R_z	x^2, y^2, z^2, xy
B_g	1	-1	1	-1	R_x, R_y	xz, yz
A_u	1	1	-1	-1	z	
B_u	1	-1	-1	1	x, y	

表 A.6　点群 D_{2h}（$CH_2=CH_2$ など）

D_{2h}	E	$C_2(z)$	$C_2(y)$	$C_2(x)$	i
A_g	1	1	1	1	1
B_{1g}	1	1	-1	-1	1
B_{2g}	1	-1	1	-1	1
B_{3g}	1	-1	-1	1	1
A_u	1	1	1	1	-1
B_{1u}	1	1	-1	-1	-1
B_{2u}	1	-1	1	-1	-1
B_{3u}	1	-1	-1	1	-1

D_{2h} 続き	$\sigma(xy)$	$\sigma(xz)$	$\sigma(yz)$	変換1	変換2
A_g	1	1	1		x^2, y^2, z^2
B_{1g}	1	-1	-1	R_z	xy
B_{2g}	-1	1	-1	R_y	xz
B_{3g}	-1	-1	1	R_x	yz
A_u	-1	-1	-1		
B_{1u}	-1	1	1	z	
B_{2u}	1	-1	1	y	
B_{3u}	1	1	-1	x	

A.5 いくつかの群の指標表

表 **A.7** 点群 $C_{\infty v}$（HCl など）

$C_{\infty v}$	E	$2C_\phi$	σ_v	変換1	変換2
$A_1(\Sigma^+)$	1	1	1	z	x^2+y^2, z^2
$A_2(\Sigma^-)$	1	1	-1	R_z	
$E_1(\Pi)$	2	$2\cos\phi$	0	$(x,y),(R_x,R_y)$	(yz, zx)
$E_2(\Delta)$	2	$2\cos 2\phi$	0		(x^2-y^2, xy)
...	...	...	...		

表 **A.8** 点群 D_{6h}（C_6H_6 など）

D_{6h}	E	$2C_6$	$2C_3$	C_2	$3C_2'$	$3C_2''$	i	$2S_3$	$2S_6$	σ_h	$3\sigma_d$	$3\sigma_v$
A_{1g}	1	1	1	1	1	1	1	1	1	1	1	1
A_{2g}	1	1	1	1	-1	-1	1	1	1	1	-1	-1
B_{1g}	1	-1	1	-1	1	-1	1	-1	1	-1	1	-1
B_{2g}	1	-1	1	-1	-1	1	1	-1	1	-1	-1	1
E_{1g}	2	1	-1	-2	0	0	2	1	-1	-2	0	0
E_{2g}	2	-1	-1	-2	0	0	2	-1	-1	2	0	0
A_{1u}	1	1	1	1	1	1	-1	-1	-1	-1	-1	-1
A_{2u}	1	1	1	1	-1	-1	-1	-1	-1	-1	1	1
B_{1u}	1	-1	1	-1	1	-1	-1	1	-1	1	-1	1
B_{2u}	1	-1	1	-1	-1	1	-1	1	-1	1	1	-1
E_{1u}	2	1	-1	-2	0	0	-2	-1	1	2	0	0
E_{2u}	2	-1	-1	2	0	0	-2	1	1	-2	0	0

D_{6h} 続き	変換1	変換2
A_{1g}		x^2+y^2, z^2
A_{2g}	R_z	
B_{1g}		
B_{2g}		
E_{1g}	(R_x, R_y)	(xz, yz)
E_{2g}		(x^2-y^2, xy)
A_{1u}		
A_{2u}	z	
B_{1u}		
B_{2u}		
E_{1u}	(x, y)	
E_{2u}		

引用・参考文献

記号についてつぎを参考にした。
1) I. Mills, T. Cvitaš, K. Homann, N. Kallay, and K. Kuchitsu 著, 朽津耕三 訳:
   物理化学で用いられる量・単位・記号, 講談社サイエンティフィク (1991)

量子力学についてつぎを参考にした。
2) B.R. Judd: *Angular Momentum Theory for Diatomic Molecules*, Academic Press (1975)
3) S. Flügge: *Practical Quantum Mechanics I*, Springer (1971)
4) E. Merzbacher: *Quantum Mechanics*, 2nd Ed., Wiley (1961)
5) L. Pauling and E.B. Wilson: *Introduction to Quantum Mechanics*, McGraw-Hill (1935)
6) L.I. Schiff: *Quantum Mechanics*, 3rd ed., McGraw-Hill (1955)

原子スペクトルについてつぎを参考にした。
7) H.E. White: *Introduction to Atomic Spectra*, McGraw-Hill (1934)

赤外吸収についてつぎを参考にした。
8) G.M. Barrow: *Introduction to Molecular Spectroscopy*, McGraw-Hill (1962)
9) G. Herzberg: *Molecular Spectrta and Molecular Structure I. Spectra of Diatomic Molecules*, Van Nostrand (1950)
10) G. Herzberg: *Molecular Spectrta and Molecular Structure II. Infrared and Raman Spectra of Polyatomic Molecules*, Van Nostrand (1945)
11) 中西香爾:赤外線吸収スペクトル—定性と演習—, 南江堂 (1960)
12) 水島三一郎, 島内武彦:赤外線吸収とラマン効果, 共立出版 (1958)

摩擦発光についてつぎを参考にした。
13) E.N. Harvey: Science, **90**, pp.35–36 (1939)
14) L.M. Sweeting: ChemMatters, **8**, (8), pp.10–12 (1990)
15) J. Walker: Scientific American, **257**, (6), pp.138–141 (1987)

音響発光についてつぎを参考にした。
16) 藤森聡雄：やさしい超音波の応用, 産報出版 (1964)
17) Y.T. Didenko, W.B. McNamara III, and K.S. Suslick: Nature, **407**, pp.877–879 (2000)
18) S. Hatanaka, S. Hayashi, and P.-K. Choi: Jpn. J. Appl. Phys. **49**, 07HE01 (2010)

N_2 のスペクトルについてつぎを参考にした。
19) A. Lofthus and P.H. Krupenie: J. Phys. Chem. Ref. Data **6**, pp.113–307 (1977)

群論についてつぎを参考にした。
20) F.A. Cotton: *Chemical Applications of Group Theory*, Wiley-Interscience (1963)
21) L.M. Falicov: *Group Theory and Its Physical Applications*, University of Chicago Press (1966)
22) M. Tinkham: *Group Theory and Quantum Mechanics*, McGraw-Hill (1964)

磁気共鳴についてつぎを参考にした。
23) C.P. Slichter 著, 益田義賀・雑賀亜幌 共訳：磁気共鳴の原理, 岩波書店 (1966)
24) A. Carrington and A.D. McLachlan 著, 山本 修・早水紀久子・山梨総一郎 共訳：化学者のための磁気共鳴, 培風館 (1970)
25) G.E. Pake and T.L. Leslie: *Physical Principles of Electron Paramagnetic Resonance*, 2nd Ed., Benjamin (1973)

そのほか，以下の文献を参考にした。
26) A.R. Edmonds: *Angular Momentum in Quantum Mechanics*, 2nd. Ed., Princeton Unversity Press (1960)
27) K.M. Evenson, D.A. Jennings, J.M. Brown, L.R. Zink, K.R. Leopold, M.D. Vanek, and I.G. Nolt: Astrophys. J., **330**, L135–136 (1988)
28) C.-E. Fröberg: *Introduction to Numerical Analysis*, 2nd. Ed., Addison-Wesley (1970)
29) C.W. Gardiner: *Handbook of Stochastic Methods for Physics, Chemistry and the Natural Sciences*, Springer (1983)

30) B. Gompf, R. Günter, G. Nick, R. Pecha, and W. Eisenmenger: Phys. Rev. Lett., **79**, pp.1405–1408 (1997)
31) I. Hargittai and M. Hargittai: *Symmetry through the Eyes of a Chemist*, VCH (1986)
32) B. Hayes: Amer. Scientist, **102**, pp.422–425 (2014)
33) G. Herzberg: *Molecular Spectrta and Molecular Structure III. Electronic Spectra and Electronic Structure of Polyatomic Molecules*, Van Nostrand (1967)
34) K. P. Huber and G. Hertzberg: *Molecular Spectra and Molecular Structure IV. Constants of Diatomic Molecules*, Van Nostrand (1979)
35) J.B. Marion: *Classical Dynamics of Particles and Systems*, Academic (1965)
36) A.J. McConnell: *Applications of Tensor Analysis*, pp. 151, 155, Dover (1957)
37) M. Moshinsky: *The Harmonic Oscillator in Modern Physics. From Atoms to Quarks*, Gordon and Breach (1969)
38) W.K.H. Panofsky and M. Phillips: *Classical Electricity and Magnetism*, 2nd Ed., Addison-Wesley (1969)
39) I.I. Rabi, N.F. Ramsay and J. Schwinger: Rev. Mod. Phys., **26**, pp.167–171 (1954)
40) N.F. Ramsay: *Molecular Beams*, Oxford (1954)
41) G.S. Rushbrooke 著, 久保昌二・木下達彦 共訳：統計力学　理論と応用のてびき, 白水社 (1955)
42) J.R. Taylor 著, 林 茂雄・馬場 凉 共訳：計測における誤差解析入門, 東京化学同人 (2000)
43) N.J. Turro: *Modern Molecular Photochemistry*, Benjamin-Cummings (1978)
44) H.C. van de Hulst: *Light Scattering by Small Particles*, Dover (1957)
45) 岡本博司：環境科学の基礎, 東京電機大学出版局 (2002)
46) 応力発光による構造体振動技術, NTS (2012)
47) 林 茂雄：エンジニアのための電気化学, コロナ社 (2012)
48) 林 茂雄：移動現象論入門, 東洋書店 (2007)
49) 林 茂雄：理工系のための表計算ソフト活用術, 東洋書店 (2008)
50) 原 康夫, 広井 禎：大学の物理教育 特別増刊号, **20-S**, S34 (2014)
51) 丸山庸一郎, 加藤政明, 大図 章, 馬場恒孝：JAERI-Research 99-073, pp.1–11 (2000)
52) 八木浩輔：原子核物理学, 朝倉書店 (1968)

章末問題解答

1章

【1】 波面上の各点が球面波を発するというのが Huygens の原理である。平面波であれば，球面の包絡面はやはり平面波である。さて屈折率の異なる領域が境界をつくっていれば球面の波長が変わるので，包絡面が向きを変える。これが屈折である。一方，規則的に並んだスリットを抜けた球面波はある方向に強く伝搬する。これが回折である。

なお，この発想を量子力学に生かしたのが Feynman の経路積分法である。

【2】 解図 1.1 参照。

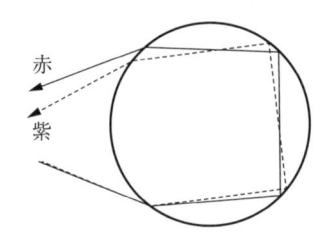

解図 1.1 虹の屈折と全反射

【3】 モル分率と分圧が比例するから，H_2O のモル分率 = 10/1013 ≈ 1% であり，CO_2 より圧倒的に濃度が高い。

【4】 いわゆる光学シートとは透過型の回折格子である。光学シートを介して白色光源を見ると，解図 1.2 に示すように波長の長い赤色が大きく曲げられるので内側に見える。

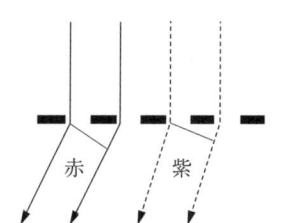

解図 1.2 透過型の回折

【5】 D1：3.369×10^{-19} J, 1.696×10^4 cm^{-1}
D2：3.373×10^{-19} J, 1.698×10^4 cm^{-1}

【6】 3.1 eV に相当する光の波長は A.2.2 項より $1240/3.1 = 400$ nm。これは紫外線。

【7】 $\lambda = \dfrac{c}{\nu} = 12.2$〔cm〕

【8】 比例係数を ϵ として $-dI/I = \epsilon c dx$ が成り立つ。これを解いて
$$I = I_0 e^{-\epsilon cx} = I_0 \times 10^{-0.4343\epsilon cx}$$

【9】 式 (1.8) と式 (1.9) の和をつくると
$$\boldsymbol{E}(z,t) = 2E_0 \cos(\omega t - kz)\,(\hat{\boldsymbol{x}} \cos \Delta k\, z - \hat{\boldsymbol{y}} \sin \Delta k\, z)$$
$z = d$ では $\boldsymbol{E}$ の傾き角が $\hat{\boldsymbol{x}}$ に対して $\tan^{-1} \Delta d$ となる。

【10】 $\alpha \times 0.15 \times d/10 = 90$ より $d = 90$ cm

【11】 砂糖の濃度を x とすれば x の減少量がブドウ糖と果糖の生成量に等しい。1 次反応を仮定すれば，x についての速度方程式は $-dx/dt = kx$ であり，$x(t) = x(0)e^{-kt}$ が導かれる。各成分の旋光度の和で旋光度 θ が表されるとすれば
$$\frac{\theta(t) - \theta(\infty)}{\theta 0 - \theta(\infty)} = e^{-kt} \tag{1}$$
が成り立つと考えてデータを解析する。ただし，最後の 10.5 h でも反応が進んでいるので $\theta(\infty)$ を可変パラメータとしよう。式 (1) の左辺を y と置けば $\theta(\infty) = -18°$ のとき
$$k = -\left\langle \frac{1}{t} \ln y \right\rangle \approx 0.20\,[\text{h}^{-1}]$$

【12】 (a) $e^{i(A+B)} = e^{iA}e^{iB}$ の両辺の実部をとる。
(b) $(d/dt)e^{ix} = ie^{ix}$ の両辺の実部をとる。

【13】 Fourier 解析で解こう。つぎの関係式を用いる。
$$\tilde{\mu}(\Omega) = \int \mu(t)e^{i\Omega t}dt, \quad \mu(t) = \frac{1}{2\pi}\int \tilde{\mu}(t)e^{-i\Omega t}d\Omega$$
$$\int e^{i\Omega t}dt = 2\pi\delta(\Omega)$$
式 (1.15) の両辺に $e^{i\Omega t}$ をかけて t で積分し，$\tilde{\mu}(\Omega)$ について解く。最後に逆変換して $\mu(t)$ を得る。

【14】 10^{10} s $\approx 300\,y$

【15】 分子がゼロになる条件式 $\cos\theta_2 = n_{21}\cos\theta_1$ に，スネルの法則を代入して $\sin 2\theta_1 = \sin 2\theta_2 = \sin(\pi - 2\theta_2)$ が得られる。スネルの式に $\theta_2 = \pi/2 - \theta_1$ を代入して証明終わり。

【16】 $\theta_\mathrm{B} = \tan^{-1} 1.33 = 53°$

2章

【1】 式 (2.3) において a, b が同じ量子数 $M_S = 1/2, M_L = 0$ をもつから。

【2】 解図 2.1 の通り。

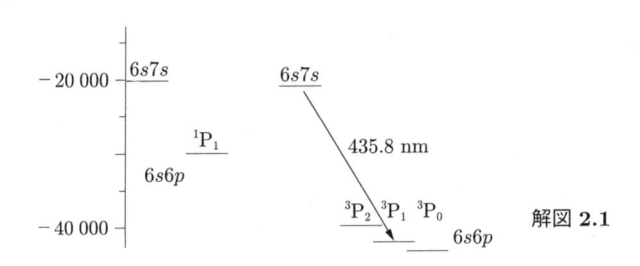

```
-20 000  ─── 6s7s        6s7s
                ¹P₁
              6s6p        │ 435.8 nm
                          │
                          ▼
                        ³P₂ ³P₁ ³P₀     解図 2.1
-40 000  ───                  ─── 6s6p
```

【3】 $(n+1)p\, ^2P_{1/2,3/2} \to ns\, ^2S_{1/2}$ であり，n の値は 2 (Li), 3 (Na), 4 (K) である。

【4】 Na* は $^2P_{1/2}$ と $^2P_{3/2}$ の縮重度がそれぞれ 2 と 4 であるから，説明がつく。Ca* は，$ns(n+1)p$ については，二つのスピンが平行であれば

$S = 1$

そして軌道核運動量は

$L = 1$

である。よって $J = 0, 1, 2$ となり，縮重度は，1, 3, 5 であるから，やはり説明がつく。ちなみにターム記号では $^3P_J \to {^1}S_0$ である。

もし Ca* の二つのスピンが反平行であれば

$S = 0$

そして軌道核運動量は

$L = 1$

である。よって

$J = 1$

となり，遷移は

$^1P_1 \to {^1}S_0$

である。こちらは 422.6 nm の紫の発光である[7, p.172]。

【5】 $\tilde{\nu} = R$ を電子ボルト単位に変換して 13.6 eV が答。$V = hc\tilde{\nu}/e$ を計算すればよい。手っ取り早く答を出したければ表 A.2 を用いるとよい。

【6】 r の成分は $a_j Y_{1M}(\hat{r})$ と置ける (a_j は定数)。4p と 2p は

$\psi_{4p,m}(\boldsymbol{r}) = R_{4p}(r) Y_{1m}(\hat{\boldsymbol{r}})$

$$\psi_{2p,m'}(\boldsymbol{r}) = R_{2p}(r)Y_{1m'}(\hat{\boldsymbol{r}})$$

と表すことができる．遷移モーメントは次式に比例する．

$$\langle 2p, m'|\boldsymbol{r}|4p, m\rangle = \int R_{4p}(r)R_{2p}(r)r^3 dr \int Y_{1m'}^*(\hat{\boldsymbol{r}})Y_{1M}(\hat{\boldsymbol{r}})Y_{1m}(\hat{\boldsymbol{r}})d\hat{\boldsymbol{r}}$$

ここで $d\hat{\boldsymbol{r}} = \sin\theta d\theta d\phi$ である．三つの球面調和関数の積の積分がゼロにならない条件は $|M| \leq 1, |m| \leq 1, |m'| \leq 1$ の条件のもとで $M + m - m' = 0$ であるが，そのような組は確かに存在する．さらに動径についての積分もゼロでないから遷移モーメントはゼロでない．

【7】 中心における二つの出射光線のうち，一方は屈折率が $n \to 1$ の境界での反射，もう一方は屈折率が $1 \to n$ の境界での反射であるから，境界の違いによる π の位相差がある．ここで $n \approx 1.5$ はガラスの屈折率である．よって (a) が正しい．

なお，式 (3.12) によれば，ガラス $\to$ 空気における反射係数は $r = +0.2$，空気 $\to$ ガラスでは $r = -0.2$ である．

ちなみに中心からはずれるにしたがって，位相差には空気中での光路差が加わる．光のコヒーレンス長が空気層をカバーできなくなると縞模様は消える．

【8】 両者ともに $[M][L]^2[T]^{-1}$ である．ここで M=質量，L=長さ，T=時間である．

【9】 式 (2.35) を式 (2.30) に代入して $(\hbar/i)(d\phi/dx) = p\phi$ となる．この一般解は $\psi = \exp(ipx/\hbar)$ であり，波動を表す（ただし規格化係数は省）．その波長は $\lambda = h/p$ である．

【10】 前問から続いて，エネルギーが E という条件から

$$-\frac{\hbar^2}{2m}\frac{d^2\phi}{dx^2} = E\phi$$

より $E = p^2/2m$ である．よって $\lambda = h/\sqrt{2mE}$ 1 eV の電子では $\lambda = 1.23$ nm である．

【11】 任意の関数 f への演算を考えるとわかりやすい．

(a) $[\hat{p}_x, \hat{x}]f = \dfrac{\hbar}{i}\dfrac{d}{dx}(xf) - \dfrac{\hbar}{i}x\dfrac{df}{dx} = \dfrac{\hbar}{i}f$

(b) $\left[\hat{\boldsymbol{L}}^2, \hat{\boldsymbol{L}}^2\right] = 0$ に帰着される．

(c) 例えば $[\cos\varphi \partial/\partial\varphi, \partial^2/\partial\varphi^2] \neq 0$

(d) $[\partial/\partial\varphi, \partial^2/\partial\varphi^2] = 0$ に帰着される．

【12】 最も単純な固有値が 1 個の場合，$\hat{A}\psi_A = A\psi_A$ を仮定する．両辺に $\hat{B}$ を作用させると

$$\hat{B}\hat{A}\psi_A = \hat{A}(\hat{B}\psi_A) = A(\hat{B}\psi_A)$$

これは $(\hat{B}\psi_A)$ が $\hat{A}$ の固有関数であることを意味するから

$$\hat{B}\psi_A = A\psi_A$$

となる。一般には固有値が複数ある[4, p.157]。

【13】 Hermite 共役の定義式 $\int (\hat{O}f)^* g\, r^2 dr = \int f^*(\hat{O}^\dagger g)\, r^2 dr$ に与式を代入して部分積分をすれば $\hat{O}^\dagger = \hat{O}$ が示される。

3章

【1】 $Z(\omega) = \dfrac{1}{i\omega(\varepsilon' - i\varepsilon'')C_0} = \dfrac{\varepsilon'}{i\omega(\varepsilon'^2 + \varepsilon''^2)C_0} + \dfrac{\varepsilon''}{\omega(\varepsilon'^2 + \varepsilon''^2)C_0}$

初項は誘電率が $(\varepsilon'^2 + \varepsilon''^2)/\varepsilon' \approx \varepsilon'$ のコンデンサによるインピーダンス、後の項は(周波数に依存する)純抵抗であり、Z はそれらの直列接続である。

【2】 電力損失を計算する。インピーダンス(式 (3.7))を用いて電流のフェーザは

$$I = \frac{V}{Z} = \frac{a}{|Z|} e^{i\omega t + \frac{1}{2}i\pi - i\tan^{-1}\frac{\varepsilon''}{\varepsilon'}}$$

電力損失 P を求めるには、現実の電圧と電流の積をサイクルごとに平均して

$$P = \langle \mathrm{Re}\{V\}\mathrm{Re}\{I\}\rangle = \frac{a^2}{2|Z|}\sin\left(\tan^{-1}\frac{\varepsilon''}{\varepsilon'}\right) > 0$$

【3】 入射波 $\cos(kx - \omega t)$ と反射波 $r\cos(kx + \omega t)$ の和をとり、二乗を平均すれば $1 + [2r/(1+r^2)]\cos 2kx$ の強度分布が観測されることからわかる。

【4】 (a) 積分を計算すれば

$$g_\tau(\omega) = a\left(\frac{1}{i\omega} - \frac{1}{\frac{1}{\tau} + i\omega}\right)$$

(b) 理想的な階段波形の周波数成分は $g_0 = a/i\omega$ であるから

$$\left|\frac{g_\tau(\omega)}{g_0(\omega)}\right|^2 = \left|\frac{1}{1 + i\omega\tau}\right|^2 = \frac{1}{1 + (\omega\tau)^2}$$

よって $1/(2\pi\tau) = 100/(2\pi) = 15.9\,\mathrm{GHz}$ で半分になる。

【5】 (a) Na, (b) Xe, (c) Na

【6】 (a) 1.60×10^{-28} C m = 48 D

(b) 電荷の中心から $(r\cos\theta, r\sin\theta)$ における静電ポテンシャルが $\phi \sim 2aq\cos\theta/4\pi\epsilon_0 r^2$ であるから、双極子モーメントは (a) の 2 倍で 96 D。

【7】 $CHCl_3$:0.26, C_2H_5OH:8.4, H_2O:9.5

【8】 無極性分子である C_6H_6 は最も遅い。H_2O と C_2H_5OH の比較は難しい。前問の結果から，熱吸収の効率は H_2O のほうが C_2H_5OH より10%大きい。

一方，比熱は C_2H_5OH のほうが40%小さい。表3.2では H_2O のほうが速いという結果が出ている。H_2O と C_2H_5OH は同程度であるというのが賢明な答であろう。

【9】 (a) $i^x = e^{ix\pi/2}$ に留意。結果は解図 3.1（a）。

(b) $1 + ix = \sqrt{1+x^2}\exp(i\tan^{-1}x)$ に留意。結果は図（b）。

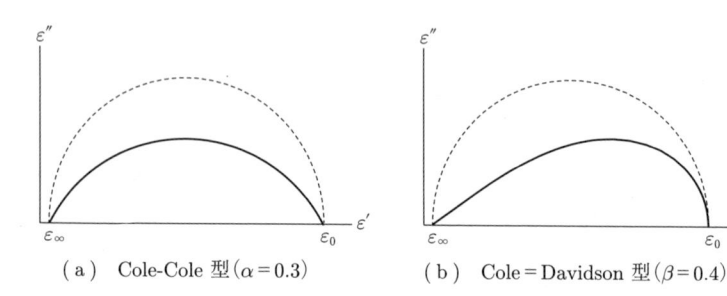

（a）Cole-Cole 型（$\alpha = 0.3$）　　（b）Cole＝Davidson 型（$\beta = 0.4$）

解図 3.1　緩和の種類（点線は Debye 型）

【10】 分子構造のゆがみによる分極を無視して $\epsilon_0 = 1.501^2 = 2.25$

4章

【1】 双極子モーメントがゼロでは回転スペクトルが観測できない。スペクトルそのものは慣性モーメントで決まる。

【2】 軸に沿った正電荷と負電荷の分布関数をそれぞれ $\rho^+(x)$ と $\rho^-(x)$ とし，中心から重心がずれた距離を d とすれば

$$\mu = e\int_{-\infty}^{\infty}(x+d)[\rho^+(x) - \rho^-(x)]dx$$
$$= 2ed\int_0^{\infty}[\rho^+(x) - \rho^-(x)]dx$$
$$= 2ed\left[\int_0^{\infty}\rho^+(x)dx - \int_0^{\infty}\rho^-(x)dx\right] = 0$$

よってこの考え方では説明できない。

【3】 C_2H_2 と CO_2。

【4】 三つの対称軸に一致。

【5】 (b) の二等分線がよい。ほかの軸も同様に選ぶことができるので対角化の手間が省ける。

【6】 解図 4.1 のように H 原子を置く。ただし単位長さは C-H の原子間隔の $1/\sqrt{3}$ である。そうすれば H 原子の座標が解表 4.1 の通りになって慣性モーメントの計算が容易になる。

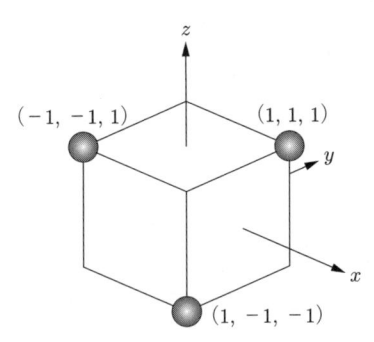

解図 4.1 CH$_4$ の H 原子の座標

解表 4.1 CH$_4$ の慣性モーメントを計算する

H の番号 i	x	y	z	x^2	y^2	z^2	xy	xz	yz
1	1	1	1	1	1	1	1	1	1
2	1	-1	-1	1	1	1	-1	-1	1
3	-1	1	-1	1	1	1	-1	1	-1
4	-1	-1	1	1	1	1	1	-1	-1
$\sum_{i=1}^{4}$	0	0	0	4	4	4	0	0	0

式 (4.3) に現れていた慣性モーメント $\boldsymbol{I}$ は

$$\boldsymbol{I} = \frac{m_{\mathrm{H}} r_{\mathrm{C\text{-}H}}^2}{3} \begin{pmatrix} 8 & 0 & 0 \\ 0 & 8 & 0 \\ 0 & 0 & 8 \end{pmatrix}$$

となる。ここで m_{H} は H 原子の質量，$r_{\mathrm{C\text{-}H}}$ は C-H の原子間隔である

$$I_{xx} = I_{yy} = I_{zz}$$

なので，CH$_4$ は球形コマである。

【7】 prolate = CH$_3$Cl（塩化メチル），oblate = C$_6$H$_6$（ベンゼン）

【8】 質量 m の点の座標は

$$\boldsymbol{r}_1 = (a,\ 0,\ -b)$$
$$\boldsymbol{r}_2 = \left(a\cos\frac{2\pi}{3},\ a\sin\frac{2\pi}{3},\ -b\right)$$
$$\boldsymbol{r}_3 = \left(a\cos\frac{4\pi}{3},\ a\sin\frac{4\pi}{3},\ -b\right)$$

であり,質量 M の点の座標は $\boldsymbol{r}_4 = (0,\ 0,\ (3m/M)b)$ である.慣性テンソルを計算すると

$$I_{xx} = I_{yy} = 3m\left(\frac{1}{2}a^2 + b^2 + \frac{3m}{M}b^2\right)$$
$$I_{zz} = 3ma^2$$
$$I_{ij} = 0 \quad (i \neq j)$$

【9】 表計算ソフトで解いてみよう[49, p.123]。解図 **4.2** のスプレッドシートに原子量と原子間隔を入力すると $B = 10.67\,\mathrm{cm}^{-1} = 319.8\,\mathrm{GHz}$ が得られる.

	A	B	C	D	E
1	N	14	N[kg]	2.32E−26	
2	O	16	O[kg]	2.66E−26	=D3*B6*B6
3	h	6.626E−34	μ[kg]	1.24E−26	
4	N_A	6.022E+23	I	1.64E−46	=B3/(8*PI()*PI()*B7*D4)
5	r[nm]	0.1151	B[cm^{-1}]	1.70E+00	
6	r[m]	1.151E−10	B[GHz]	5.11E+01	=D5*B7*1.0E−9
7	c[cm/s]	2.9979E+10			
8					
9					

解図 **4.2** 表計算による回転定数の計算

【10】 $B = 1.70\ \mathrm{cm}^{-1}$

【11】 1919 GHz($64.0\ \mathrm{cm}^{-1}$)

【12】 204 GHz($6.82\ \mathrm{cm}^{-1}$)

【13】 解図 4.2 の D4 セルの計算式を「=2*D2*B6*B6」に変えて 12 GHz.

【14】 式 (2.18) より,双極子モーメントの大きさが同じであれば B 係数の大きさは変わらない.式 (2.19) より,A 係数は遷移周波数の 3 乗に比例する.

$$\frac{A(24\,\mathrm{GHz})}{A(632\,\mathrm{nm})} = \left(\frac{24\times 10^9}{\dfrac{2.997\times 10^8}{632\times 10^{-9}}}\right)^3 \sim 10^{-13}$$

【15】 V が不明なら 1 本では Doppler シフトの影響が取り除けない。2 本のスペクトルを観測すれば,周波数の差から $2B$ が求められる。もっと多ければ精度が高くなる。そのほか,同じ領域から CO など基準分子のスペクトルが観測されていれば V が決められる。

【16】 J が大きい状態は,古典力学的にいうと速く回転しているので遠心力によって原子間隔が伸びる。そうすれば慣性モーメントが大きくなり,回転に要するエネルギーが小さくなる。これを量子力学的にいうとエネルギー準位の間隔が狭まることになる。

【17】 D_2 では,式 (4.37) は正号をとる。$I = 1$ であるから,スピン状態は全部で $(2I+1)^2 = 9$ 個ある。このうち符号が変わらないのが 6 ($J = 0, 2, 4, \cdots$),符号が変わるのが 3 ($J = 1, 3, 5, \cdots$) である。この場合にも,スピン状態の変化を伴う $\Delta J = \pm 1$ の双極子遷移は許されないので,回転スペクトルは見えない。

HD については,H と D は異なる粒子なので交換の考え方が適用できない。統計的重みは $(2I_1 + 1)(2I_2 + 1) = 6$ である ($J = 0, 1, 2, \cdots$)。

5 章

【1】 $\nu = c\tilde{\nu} = 0.5 \times 10^{12}$ s^{-1} より $T = 2$ ps。
$\dfrac{\Delta\omega}{\omega_0} = \tilde{\nu}\lambda = (1.670 \text{ cm}^{-1}) \times (514.5 \text{ nm}) = 8.6\%$

【2】 $\tilde{\nu}_T = 209$ cm^{-1}, $E_1 - E_0 \approx 3\,000$ cm^{-1} $\gg \tilde{\nu}_T$, 谷底深さ $= 25$ cm^{-1} $\ll \tilde{\nu}_T$

【3】 $\exp(-x) \approx 1 - x$ を用いて導く。調和振動の式に代入して $\tilde{\nu}_T = 3\,000$ cm^{-1} でグラフの $E_1 - E_0$ と矛盾しない。非調和振動を無視したために表 5.1 の値よりは小さい。

【4】 (iii) XY 型分子の力の定数

【5】 力の定数が同じである。これは電子状態が三つの分子で同じであることを意味している。

【6】 柔らかくなる。

【7】 重力との釣り合いを考えて変位 $= 8.3$ mm。

【8】 図 5.4(a) において $E_0 \to E_1$。

【9】 $v = 0$ の分子(基底振動状態の分子)がほとんどである。

【10】 谷底付近では $y = (1/2)kx^2$ という放物線関数である。原点 $(0,0)$ における垂線は y 軸である。$(\Delta x, 1/2 k(\Delta x)^2)$ における垂線は

$$y = -\frac{1}{k\Delta x}(x - \Delta x) + \frac{1}{2}k(\Delta x)^2 = -\left(\frac{1}{k\Delta x}\right)x + \frac{1}{k} + \frac{1}{2}k(\Delta x)^2$$

であるから $\Delta x \to 0$ における交点(y 切片)の極限値は曲率半径 $1/k$ である。

【11】 例として CO_2 の逆対称伸縮振動の動きを解図 5.1 に示す。

解図 5.1

【12】 スペクトルが 1 本多いからといって振動自由度が増えたわけではない。たとえていえば，自分の花畑に隣人が境を越えて花を植えたようなものである。交配が起きて 2 種類の花が咲いているというわけである。

【13】 励起状態の N_2^* と CO_2 の衝突によって CO_2 が励起されるから，N_2^* の緩和が早ければ効率は低いと考えられる。

【14】 解答例 (1) 調和振動では起こりえない。非調和性（3 次式のポテンシャル項）が効いて起きた可能性がある。

解答例 (2) $v = 0 \to 1$ の遷移をした後，いわばフォトンが機関銃弾のようにやってきて励起寿命のうちに $v = 1 \to 2$ の遷移が起きた可能性がある。高強度レーザによる 2 光子励起という一種の非線形現象である。

解答例 (3) 可能性でいえば衝突現象（電子線あるいは振動励起した他分子）もありうる。

【15】 解図 5.2 参照。P 枝は $J'' = 3 \to J' = 2$，Q 枝は $J'' = 2 \to J' = 3$。いずれも $v'' = 0 \to v' = 1$。

【16】 式 (4.25) より

$$2B = 2 \times \frac{h}{8\pi^2 cI} = 18 \text{ [cm}^{-1}\text{]}$$
$$I = 3.11 \times 10^{-47} \text{ kg m}^2$$

よって

$$r = \sqrt{\frac{I}{\mu}}$$
$$= \sqrt{\frac{3.11 \times 10^{-46}}{0.988 \times 10^{-3}} \times 6.022 \times 10^{23}} \approx 1.4 \times 10^{-10}$$
$$= 140 \text{ [pm]}$$

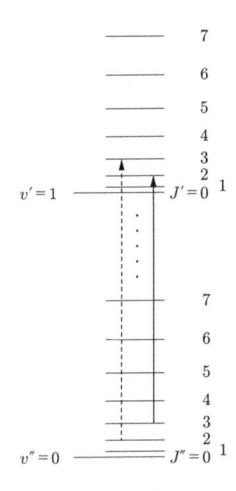

解図 5.2 2原子分子の振動回転遷移

表 4.2 によれば，$D^{79}Br$ の原子間隔が 141.4 pm である．実際には一定でない櫛の間隔を一定値としているので，この程度の誤差は致し方ない．

【17】 式 (5.45) がスペクトル範囲と温度の関係を表している．式 (5.45) を J'' の連続関数と見なせばピークとなる $J_{\max}$ から

$$T = 2B\left(J_{\max} + \frac{1}{2}\right)^2 \frac{hc}{k_B} \approx 190 \, \text{[K]}$$

よって，低温での測定であろうと推測される．

【18】 Fourier 変換を計算すると

$$y(\omega) = \int_{-\infty}^{\infty} \frac{1}{1+(at)^2} \cos\omega_0 t \cos\omega t \, dt$$
$$= \frac{\pi}{2a} \exp\left(-\frac{|\omega_0 - \omega|}{a}\right)$$

スペクトルの中心からの相対強度で表すと

$$\frac{y(\omega)}{y(\omega_0)} \approx \exp\left(-\frac{|\omega_0 - \omega|}{a}\right)$$

であるから a パラメータに比例して線幅が広がる．

【19】 (b) では C=O の π 電子と N の不対電子とが π 結合を形成するので，非局在性が増す．ゆえに C=O の電子密度が下がって力の定数が小さくなる．あるいは共鳴構造で表せば

$$\text{O=C–N–H} \leftrightarrow \text{O}^- \text{–C=NH}^+$$

となる．いずれにせよ，力の定数の小さい (b) の C=O 伸縮振動が 1 690 cm^{-1} である．

【20】換算質量の違いを考慮に入れねばならないので，k が同じであると仮定してみよう。カルボニル化合物で O のくっ付いた先が十分重ければ $\mu = 16$，CO 単独では $\mu = 8.57$ である。平方根の逆比は 0.76，振動数の比は 0.79，両者かなり近いので力の定数の違いによるとはいい切れない。

【21】$3\,000\ \text{cm}^{-1}$ 付近の幅広い吸収は OH に特徴的である。よって上が 4-メチル吉草酸，下が酪酸エチル。

【22】NO_2 と SO_2 以外すべて。

【23】大気中での安定性が問題にならなければ，永久双極子モーメントをもつ CH_3Cl のほうである。理由はつぎの通り。

(a) CH_4 の振動モードの大半が，双極子モーメントが変化しない IR 不活性である。つまり吸収線の本数が少ない。

(b) IR 活性の振動であっても，CH_4 では分極電荷 $\pm\delta q$ が小さいので，遷移モーメント（2.2.2 項〔1〕参照）が小さい。つまり同じ濃度でも赤外線を吸収する能力が低い。

【24】大気中での安定性が問題にならなければ，極性分子の $CCl_2=CHCl$。

6 章

【1】正方形は，2 種の対称面，4 回軸，対称中心をもつ。
長方形は，対称面と 2 回軸をもつ。
菱形は，対称面, 2 回軸，対称中心をもつ。

【2】解図 6.1 を参照して
解答例 (1) 2 回軸，3 回軸，4 回軸の配置がどちらも同じ。
解答例 (2) 立方体の各面の中心を結んでできる立体が正八面体だから。

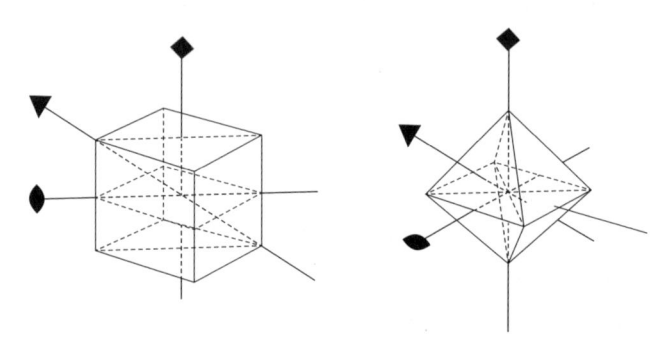

解図 6.1 立方体と正八面体は同じ対称性

【3】 図 6.3 により C_2 の対称性。（対称操作の C_2 とはまったく別なので注意）

【4】 解図 6.2 より
(a) S_4 軸は分子軸方向。
(b) σC_4 を実行するともとの形と区別できない。
(c) $\sigma C_4 = C_4 \sigma$ は図の二つの経路。両方とも同じ変化をもたらす。

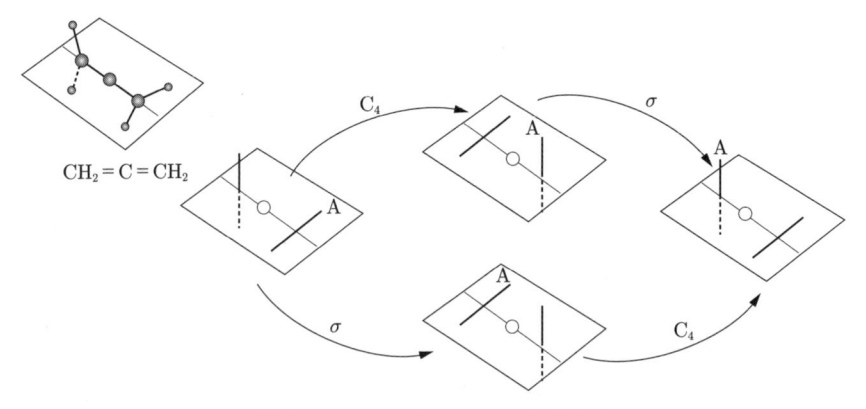

解図 6.2 $CH_2=C=CH_2$ の S_4 対称性

【5】 (a) $(x, y, z) \to (-x, -y, z)$
(b) $(x, y, z) \to (-x, y, z)$

【6】 つぎの行列表現から明らかである。

$$i = \begin{pmatrix} -1 & 0 & 0 \\ 0 & -1 & 0 \\ 0 & 0 & -1 \end{pmatrix},\ C_2 = \begin{pmatrix} -1 & 0 & 0 \\ 0 & -1 & 0 \\ 0 & 0 & 1 \end{pmatrix},\ \sigma_z = \begin{pmatrix} 1 & 0 & 0 \\ 0 & 1 & 0 \\ 0 & 0 & -1 \end{pmatrix}$$

【7】 解表 6.1 のような表が得られる。

解表 6.1 CH_2Cl_2 の対称要素についての積の表

	E	C_2	σ_v	σ_v'
E	E	C_2	σ_v	σ_v'
C_2	C_2	E	σ_v'	σ_v
σ_v	σ_v	σ_v'	E	C_2
σ_v'	σ_v'	σ_v	C_2	E

242 章末問題解答

【8】 解図 6.3 が示すように，式 (6.1) に $X = \sigma_v$, $X^{-1} = \sigma_v$, $A = C_3$ を代入すれば $B = C_3^2$ である。また $X = C_3$, $X^{-1} = C_3^2$, $A = \sigma_v$ を代入すれば $B = \sigma_v'$ である。

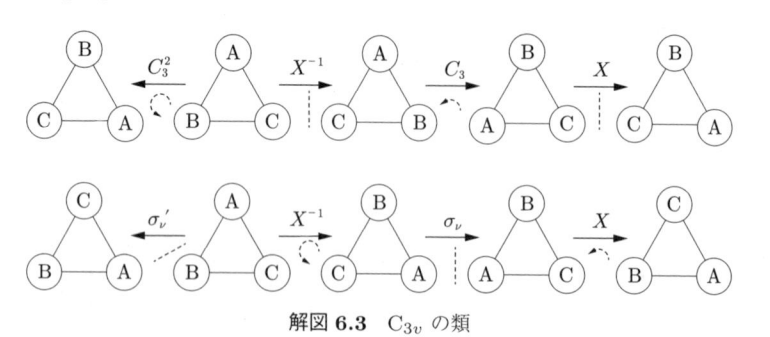

解図 6.3 C_{3v} の類

【9】 例えば A_1 行と A_2 行について

$$\frac{1}{h}[1 \times 1 + 8 \times 1 \times 1 + 3 \times 1 \times 1 + 6 \times 1 \times (-1) + 6 \times 1 \times (-1)] = 0$$

であり $(h = 24)$，ほかの任意の 2 行についても同様である。また，E 列と $8C_3$ 列について

$$\frac{1}{h}[1 \times 1 + 1 \times 1 + 2 \times (-1) + 3 \times 0 + 3 \times 0] = 0$$

であり，ほかの任意の 2 列についても同様である。同一の行あるいは列について同様の計算を行えば規格化されていることが示される。

【10】 例えば，A_2 行と B_1 行について

$$\frac{1}{h}[1 \times 1 + 1 \times (-1) + (-1) \times 1 + (-1) \times (-1)] = 0$$

であり $(h = 4)$，ほかの任意の 2 行についても同様である。また，C_2 列と $\sigma_v'(yz)$ 列について

$$\frac{1}{h}[1 \times 1 + 1 \times (-1) + 1 \times (-1) + (-1) \times (-1) + (-1) \times 1] = 0$$

であり，ほかの任意の 2 列についても同様である。同一の行あるいは列について同様の計算を行えば規格化が示される。

【11】 $a = 1/2$, $b = \sqrt{3}/2$ である。式 (6.13) で $\phi = x/3$ とする。あるいは図 6.9 に即して式 (6.18) を解く。

【12】 c_3 は ψ_{IIb} の規格化条件より $4c_3^2 = 1$，つまり $c_3 = 1/2$ である。ψ_{IIa} の規格化条件に $c_2 = 2c_1$ を代入して $c_1 = \sqrt{3}/6 = 0.2887$, $c_2 = \sqrt{3}/3 = 0.5774$

【13】 $\mathcal{P}\psi_{\mathrm{IIa}} = -\psi_{\mathrm{IIa}}$, $\mathcal{P}\psi_{\mathrm{IIb}} = -\psi_{\mathrm{IIb}}$ すなわち，$\chi(i) = -1$

【14】 $\mathcal{P}\begin{pmatrix}\psi_{\mathrm{I}}\\\psi_{\mathrm{II}}\\\psi_{\mathrm{III}}\end{pmatrix} = \begin{pmatrix}0&0&1\\1&0&0\\0&1&0\end{pmatrix}\begin{pmatrix}\psi_{\mathrm{I}}\\\psi_{\mathrm{II}}\\\psi_{\mathrm{III}}\end{pmatrix}$, $\chi(C_3) = 0$

【15】 変位ベクトル (x, y, z) の回転から，指標は $\chi(C_\phi) = 3(1 + 2\cos\phi)$ である。ほかの対称要素についても同様の操作を実行して表 6.9 の Γ が得られる。

【16】 表 6.5 の Σ_u^+，Π_u，Σ_g^+ を抜き出して足し算をすると

$D_{\infty h}$	E	$2C_\infty^\phi$	$\infty\sigma_v$	i	$2S_\infty^\phi$	C_2
$\Sigma_g^+(A_{1g})$	1	1	1	1	1	1
$\Sigma_u^+(A_{2u})$	1	1	1	-1	-1	-1
$\Pi_u(E_{1u})$	2	$2\cos\phi$	0	-2	$2\cos\phi$	0
和	4	$2+2\cos 2\phi$	2	-2	$2\cos 2\phi$	0

この和は表 6.9 の最後の行に等しい。

【17】 H_2 の振動モードは $D_{\infty h}$ の $\Sigma_g^+(A_{1g})$ 対称性である。変換 2 の欄に x^2+y^2, z^2 があるので Raman 活性である。

【18】 $\Gamma(\mathrm{vib}) = A_1 + E + 2T_2$ である。A_1 に属する振動は Raman 活性，E に属する振動（2 重に縮重）は Raman 活性，T_2 に属する振動（3 重に縮重したものが 2 種類）は IR でも Raman でも観測できる。まとめると，IR では 2 本，Raman 散乱では 4 本の吸収線が予想される。

【19】 $\Gamma(\mathrm{vib}) = 3A_1 + 3E$ である。これらの 6 本の吸収線は IR 活性でもあり Raman 活性でもある。

【20】 表 6.11 で $l = 3$ と置けば $\Gamma = A_2 + T_1 + T_2$ が得られるから，3 準位に分裂すると予想される。

7 章

【 1 】 波長に関わりなく同じ出射角なので分光器にならない。

【 2 】 $\dfrac{d\theta_2}{d\lambda} = \dfrac{m}{d\cos\theta_2}$　（左辺の d は微分記号）

【 3 】 N_2 の X から N_2^+ の X への垂直遷移は 15.5 eV である。A.2.1 項よりこの値は 1 500 kJ/mol である。

【 4 】 A.2.2 項の公式より，1 200〜310 nm

【5】 電子遷移が 10^5 cm^{-1} 程度なのに対して，振動遷移が 10^3 cm^{-1} 程度，回転遷移が 10 cm^{-1} 程度なので，電子遷移のスペクトルから十分な精度のデータを得るのは困難．

【6】 まず，重心座標 $\boldsymbol{Q}$ と相対座標 $\boldsymbol{R}$

$$\boldsymbol{Q} = \frac{M_A \boldsymbol{R}_A + M_B \boldsymbol{R}_B}{M_A + M_B}, \quad \boldsymbol{R} = \boldsymbol{R}_A - \boldsymbol{R}_B$$

を用いて運動エネルギー項を書きなおすと

$$-\sum_\alpha \frac{\hbar^2}{2M_\alpha} \nabla_\alpha^2 = -\frac{1}{2}\frac{\hbar^2}{M_A + M_B}\nabla_{\boldsymbol{Q}}^2 - \frac{1}{2}\frac{\hbar^2}{\mu}\nabla_{\boldsymbol{R}}^2 \tag{1}$$

となる．ここで μ は M_A と M_B の換算質量であり，$\nabla_{\boldsymbol{R}}^2$ を詳しく書くと $\nabla_{\boldsymbol{R}}^2 = \partial^2/\partial X^2 + \partial^2/\partial Y^2 + \partial^2/\partial Z^2$ である．式 (1) の第 1 項は重心運動を表すから 0 と置いてよい．よって式 (7.6) は自由度が 3 の方程式

$$T\Phi(\boldsymbol{R}) = -\frac{\hbar^2}{2\mu}\left(\frac{\partial^2}{\partial X^2} + \frac{\partial^2}{\partial Y^2} + \frac{\partial^2}{\partial Z^2}\right)\Phi(\boldsymbol{R})$$
$$= [E - U(R)]\Phi(\boldsymbol{R})$$

となる．運動エネルギー演算子 T について

$$T = \frac{\boldsymbol{L}^2}{2\mu R^2} - \frac{\hbar^2}{2\mu R^2}\frac{\partial}{\partial R}\left(R^2\frac{\partial}{\partial R}\right)$$

が成り立つ．$\boldsymbol{L}$ は角運動量演算子であり，球面調和関数 $Y_{J,M}$ がその固有関数であって

$$\boldsymbol{L}^2 Y_{J,M}(\hat{\boldsymbol{R}}) = J(J+1)\hbar^2 Y_{J,M}(\hat{\boldsymbol{R}})$$

を満足する．そこで

$$\Phi(\boldsymbol{R}) = \frac{1}{R} S_v(R) Y_{J,M}(\hat{\boldsymbol{R}})$$

と置けば，分子振動に対応する S がつぎの式を満足することがわかる．なお，電子の角運動量 Λ は反映されていない．

$$-\frac{\hbar^2}{2\mu}\frac{d^2 S_v(R)}{dR^2} + \left[U(R) + \frac{J(J+1)\hbar^2}{2\mu R^2}\right] S_v(R) = E S_v(R) \tag{2}$$

【7】 変数名と原点位置の違いはさておき，微小振動に限定すればどちらも同じである．しかし，そのレベルを超えると違いが出てくる．つまり，5.2.2 項は調和ポテンシャルであるが，式 (7.8) のある 7.2.3 項は分子の振動ポテンシャルである．分子運動をもっと厳密に扱えば，前問のように回転も同時に考慮することになって，違いはさらに大きくなる．

【8】 式 (5.20) を用いて

$$\mu(v', v'') = \int_0^\infty \psi_{v'}(r-a)\psi_{v''}(r)dr \approx \int_{-\infty}^\infty \psi_{v'}(r-a)\psi_{v''}(r)dr$$

$$= \frac{\lambda}{\pi}\left(\frac{1}{2^{v'}v'!}\right)^{\frac{1}{2}}\left(\frac{1}{2^{v''}v''!}\right)^{\frac{1}{2}} e^{-\frac{1}{4}\lambda a^2}$$

$$\times \int_{-\infty}^\infty H_{v'}\left(\sqrt{\lambda}r - \frac{\sqrt{\lambda}a}{2}\right) H_{v''}\left(\sqrt{\lambda}r + \frac{\sqrt{\lambda}a}{2}\right) e^{-\lambda r^2} dr$$

$\lambda = 1, a = 0, \cdots, 5$ について計算した $\mu^2(0,v)$ の値を解図 **7.1** に示す。中心位置がずれると広い範囲の振動準位が励起されている。

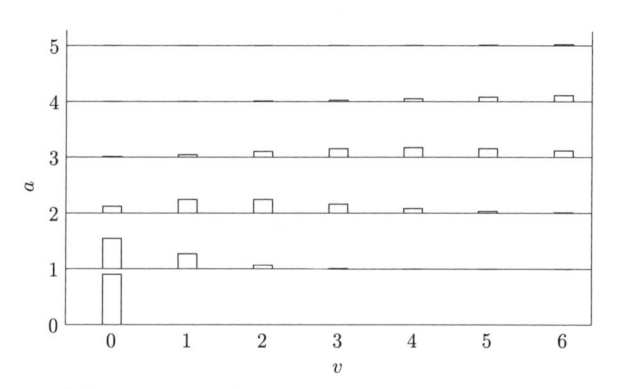

解図 7.1 調和振動子についての Frank-Condon 因子

【9】 メタノールから生成する発光性ラジカルは OH と CH であると考えられる。エタノールからはさらに C_2 が加わる。これは強い可視光を発する。

【10】 -CH_2=CH_2- の炭素間結合を単一の a とすると，π 電子が n 個ある直鎖状共役二重結合の長さは $L = (n-1)a$ となる。k 番目のエネルギー準位は

$$E_k = \frac{h^2 k^2}{8mL^2} \qquad \left(k = 1, 2, \cdots, \frac{n}{2}\right)$$

吸収波長 λ は

$$\frac{hc}{\lambda} = E_{\frac{n}{2}+1} - E_{\frac{n}{2}} \tag{3}$$

で得られる。近似的に $\lambda \propto n$ が成り立つ。

【11】 式 (3) の右辺に式 (7.25) を代入すればやはり近似的に $\lambda \propto n$ が成り立つ。

【12】 波数に変換して考えよう。259.2 nm=259.2×10^{-7}cm → 3.858×10^4 cm^{-1}, 253.1 nm=253.1×10^{-7}cm → 3.951×10^4 cm^{-1} であるから，$0.093 \times 10^4 =$ 930 cm^{-1} の差がある。図 5.20 を参照すると，996 cm^{-1} の強い全対称伸縮振動の信号が Raman 散乱に出ているから，この振動遷移が電子遷移に重畳していると考えられる[33, p.178]。つまり，それらのピークは振動構造である。

8 章

【1】 1 nA の電流は，毎秒 $10^{-9}/1.6 \times 10^{-19} = 0.62 \times 10^{10}$ 個の電子が走っていくことを意味する。

flux は $j = 0.62 \times 10^{10}/(10^{-3})^2 = 0.62 \times 10^{16} \mathrm{m^{-2}s^{-1}}$

速度 $v = \sqrt{2qV/m}$
$= \sqrt{2 \times 1.6 \times 10^{-19} \times 1/9.1 \times 10^{-31}} = 0.59 \times 10^6 \mathrm{\,m\,s^{-1}}$

密度 $\rho = j/v = 1.1 \times 10^{10}$ m^{-3}

【2】 励起光を分割して一部を start 信号とすればよい。励起光のパルス幅は蛍光寿命より短いはずだから（さもないと蛍光が見えない）式 (2.24) の $f(t_1) = \delta(t_1)$ としてよい。式 (2.27) は $f(t) \propto g(t)$ となる。

【3】 速度が $v_x \sim v_x + \Delta v_x$ の範囲内にある原子数は $f(v_x)\Delta v_x$ である。それらの原子の TOF は $t \sim t + \Delta t$ の間に収まる。ここで

$$\Delta t = a\left(\frac{d}{dv_x}\frac{1}{v_x}\right)\Delta v_x = -\frac{a}{v_x^2}\Delta v_x$$

$$\Delta v_x = -\frac{a}{t^2}\Delta t$$

である。Δt を一定にすれば，対応する原子数は $f(a/t)\Delta v_x = -f(a/t)\dfrac{a}{t^2}\Delta t$ である。よって信号強度は

$$g(t) = \frac{B}{t^2}\exp\left(-\frac{ma^2}{2k_\mathrm{B}Tt^2}\right)$$

となる。ここで B は計測器で決まる定数である。解図 8.1 は $ma^2/(2k_\mathrm{B}T) = 1$ のグラフである。ピーク位置 t^* は

$$\frac{a}{t^*} = \sqrt{\frac{2k_\mathrm{B}T}{m}}$$

【4】 ガンマ線による反跳作用が具体化できる。

(1) ^{57}Fe：$\dfrac{\Gamma}{\Delta E} = 2.9 \times 10^{-12}$, $E_\mathrm{R} = 2.0$ meV, $V_\mathrm{R} = 81$ m/s

(2) Na：$\dfrac{\Gamma}{\Delta E} = 1.2 \times 10^{-7}$, $E_\mathrm{R} = 0.1$ neV, $V_\mathrm{R} = 2.9$ cm/s

解図 8.1 $g(t)$ のグラフ

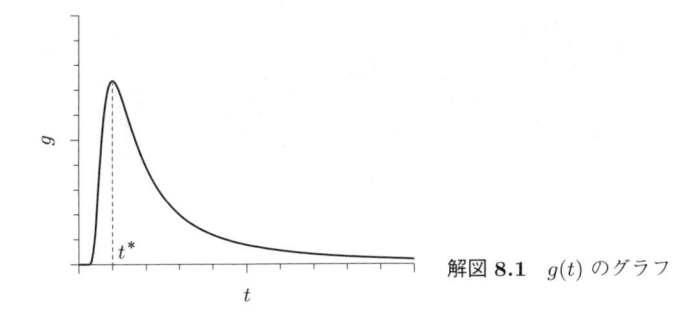

9 章

【1】 密度を d_m, 電荷密度を d_q とし，空間固定の回転軸から r の距離に ΔV の体積要素があるとしよう．軸の周りを回転すれば

$$\Delta \boldsymbol{\mu} = \left(\frac{1}{2} d_q \Delta V\right) \boldsymbol{r} \times \boldsymbol{u}$$

の磁気モーメントが生じる．一方，この体積要素は

$$\Delta \boldsymbol{L} = (d_m \Delta V) \boldsymbol{r} \times \boldsymbol{u}$$

という角運動量を生ずる．体積要素を積分して，磁気モーメントと角運動量の比が $e/2m$ となる．

【2】 角運動量 $\boldsymbol{L} = \boldsymbol{r} \times \boldsymbol{p}$ を時間で微分すれば $\dot{\boldsymbol{L}} = \boldsymbol{r} \times \dot{\boldsymbol{p}} = \boldsymbol{r} \times \dot{\boldsymbol{F}}$ となるが，これは偶力に等しい．

【3】 $\boldsymbol{I}$ はつぎの方程式を満足する．I_x と I_y は円上にある．

$$\frac{dI_x}{dt} = \omega I_y, \ \frac{dI_y}{dt} = -\omega I_x, \ \omega = \gamma H_0$$

【4】 $\nu_0 = |\gamma| H_0$ を計算すればよい．例えば ^{1}H であれば 425.77 MHz である．

【5】 まず $u = \gamma H_0 t$ と置いて無次元変数 u についての微分方程式に変換する．

$$\frac{d\boldsymbol{M}}{du} = \begin{pmatrix} 0 & -1 & 0 \\ 1 & 0 & -2\kappa \cos\left(\frac{\omega u}{\gamma H_0}\right) \\ 0 & 2\kappa \cos\left(\frac{\omega u}{\gamma H_0}\right) & 0 \end{pmatrix} \boldsymbol{M}$$

初期条件 $\boldsymbol{M}(0) = (0, 0, 1)^T$, および共鳴条件 $\omega/\gamma H_0 = 1$ のもとでこれを解けば**解図 9.1**（a）のようになる．図（b）の $\pi/2$ パルスでは $\boldsymbol{M}$ が真横に倒れたときに H_1 を OFF にする．

(a) 連続照射　　　　　　　　(b) π/2-パルス照射

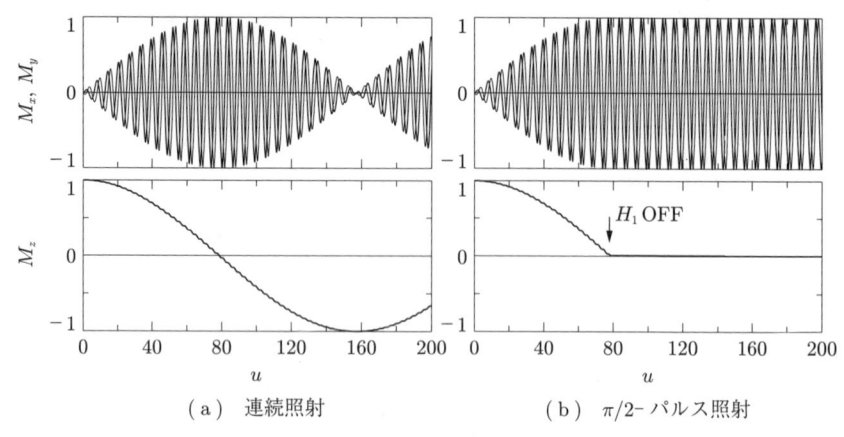

解図 9.1　共鳴条件下における M の運動

【6】(a) Larmor 周波数と同じく $\nu_0 = 426$ MHz．
(b) $\tau = \dfrac{1}{4\nu_0} \cdot \dfrac{H_0}{H_1} = 5.87$ 〔μs〕

【7】昇降演算子の性質を使えば $|1/2, 1/2\rangle$ と $|-1/2, -1/2\rangle$ でハミルトニアンが対角化できることはすぐわかる．$|1/2, -1/2\rangle$ と $|-1/2, 1/2\rangle$ についてはたがいが混ざり合うのでそれらの一次結合をつくって対角化する．

【8】最初の式について示す．

$$P(1 \to 2) = |\langle \phi_2 |W| \phi_1\rangle|^2$$
$$= \gamma^2 H_1^2 \left| \cos\rho \left\langle -\dfrac{1}{2}, \dfrac{1}{2} \right| I_{1x} \left| \dfrac{1}{2}, \dfrac{1}{2} \right\rangle + \sin\rho \left\langle \dfrac{1}{2}, -\dfrac{1}{2} \right| I_{2x} \left| \dfrac{1}{2}, \dfrac{1}{2} \right\rangle \right|^2$$
$$= \gamma^2 H_1^2 \left| \left(-\dfrac{1}{2}\right)\cos\rho + \left(-\dfrac{1}{2}\right)\sin\rho \right|^2 = \left(\dfrac{\gamma H_1}{2}\right)^2 (1 + \sin 2\rho)$$

【9】式 (9.48) より 3 重項の固有エネルギーは

$$E(1, -1) = \gamma H_0 + \dfrac{1}{4}J$$
$$E(1, 0) = \dfrac{1}{4}J$$
$$E(1, 1) = \gamma H_0 + \dfrac{1}{4}J$$

遷移周波数は γH_0 のみ．1 重項は遷移には関与しないが，式 (9.49) より固有エネルギーは $E(0, 0) = -3/4J$ である．つぎに

$$W = \boldsymbol{F} \cdot \widehat{\boldsymbol{x}} \gamma H_1 = \dfrac{1}{2}\gamma H_1 (F^+ + F^-)$$

に対して遷移行列要素を求めると

$$\langle 10|W|1-1\rangle = \sqrt{2}\cdot\frac{1}{2}\gamma H_1$$

$$\langle 11|W|10\rangle = \sqrt{2}\cdot\frac{1}{2}\gamma H_1$$

【10】 ベンゼンの π 電子系が環電流をつくって反遮蔽効果をもたらす。

【11】 (a) ベンゼン, (b) エチレングリコール, (c) エタノール, (d) アセトン

【12】 (ii) NMR 装置の静磁場の強さの違い。下にいくほど強くなっている。化学シフトは H_0 に比例するが, スピン–スピン結合は H_0 によらない。

【13】 2.3 ppm：CH_3
7.2 ppm：ベンゼン環の 5H

【14】 表 9.1 より, D の共鳴周波数は ^1H のそれと大幅に異なるので, D 自体は ^1H の測定では見えない。

また, D は $I=1$ なので 4 重極モーメントがあるが, ^1H の側からはスピン–スピン結合相互作用が実質的に存在しない。一言でいえば重水素化溶媒は, あたかもスピンをもたない化合物であるかのように見える。

【15】 $CDCl_3$ に溶かして測定するのは通常の方法である。D_2O を混ぜると O-H が一部 O-D になるので, スピン–スピン結合相互作用がなくなる。

【16】 -OH の ^1H 位置は再現性に乏しいのでベンゼン環に結合した ^1H から決めよう。図 9.26 のトルエンと比較すると, 7 ppm 付近のピークがベンゼン環に結合した ^1H である。残り 5.4 ppm のピークが -OH の ^1H である。

この OH は非極性溶媒中では 2 分子間で水素結合をつくっていると考えられている。-OH の ^1H の位置が C_2H_5OH や CH_3COOH とも異なっていることに注意。

さて, ベンゼン環に結合した ^1H のうち, o と p-位のものには -OH による誘起効果が働いて電子密度が高くなるので, 影響のない m-位よりは遮蔽効果が増えて高磁場にシフトすると思われる。よって, 最も低磁場側にくるのが m である。スピン–スピン結合を子細に見れば, o-位は隣に ^1H が一つあるので 2 重線, m-位と p-位は隣の二つの ^1H との相互作用が強いので 3 重線になっている。

【17】 (i) $1:4:6:4:1$ は $(1+x)^4$ の展開係数であるから 4 次の 2 項係数で表される。

(ii) 等価な核スピンが 4 個ある図 (a) である。

索引

【あ】
アレイ型半導体検出器　143

【い】
イオン分極　53
位　数　126
位相感応型検出器　12, 35
位相差　11

【え】
永久双極子　13
液膜法　79
エネルギー準位図　24
エバネッセント波　20
エレクトロルミネッセンス　158
演算子　38
炎色反応　7, 23
遠心力の効果　70
遠赤外　7
円二色性　12
円偏光　11

【お】
応力発光　144
オゾンホール　160
オーダー　126
オフレゾナンス法　212
オーロラ　144
音響化学発光　144
音響発光　144
温室効果ガス　115

【か】
回映軸　121
ガイガーミュラー検出器　176
回折格子　143
回転軸　121
回転定数　67
解離エネルギー　81
化学インピーダンス　57
化学シフト　206
化学発光　158
角運動量演算子　40, 66
可視光　7
可約表現　126
換算質量　65, 84
慣性主軸　63
慣性テンソル　63
慣性モーメントテンソル　63

【き】
基準座標　95
基準振動　95
基底準位　25
軌道角運動量　40
逆対称伸縮振動　89
既約表現　126
　——のラベル　129
球形こま　64
吸光度　5
吸収係数　5
球面調和関数　40
鏡映面　121
共鳴線　26
共鳴 Raman 散乱　112

強誘電体　53
極性分子　13
許容遷移　26
近紫外　8
禁制遷移　25
近赤外　7

【く】
空間群　124
偶　力　62, 184
屈折率　1
クラウジウス-モソッティの式　52

【け】
蛍　光　158
蛍光 X 線　166
計測器ジュール　172
結合音　96
結晶場　139
原子核交換操作　73

【こ】
光学活性　11
項間交差　157
空間電荷　174
交互禁制律　110
光弾性変調器　12
光電子分光法　164
恒等操作　121
黒体輻射　114
ゴーシュ異性体　78
古典近似　199
古典的転回点　82, 150

索引

【こ】
コヒーレンス　32
コヒーレント　10
固有値問題　38

【さ】
サイドバンド　108

【し】
紫外光　8
時間相関単一光子計数法　35, 173
時間領域反射法　50
時間領域分光法　50, 59
磁気回転比　185
磁気モーメント　183
磁気量子数　41
自己相関関数　36
仕事関数　163
自然光　10
自然幅　17
室温燐光　152
失活　152
質量分析法　161
指標　127
指標表　127
指紋領域　104
遮蔽効果　206
縮重　38
縮退　38
シュテルンとゲールラッハの実験　186
準安定準位　25
準安定励起状態　29
消光剤　159
錠剤法　79
衝突線幅　18
真空紫外　8
シングルビーム法　79
シンチレーション検出器　177
振動回転遷移　98
振動子強度　30

【す】
垂直遷移　150
スネルの法則　1
スピンエコー　193
スピン角運動量　41, 183
スピン-格子緩和時間　192
スピン-スピン緩和時間　192
スピン-スピン結合　196
スペクトルデータのデータベース　30

【せ】
静的誘電率　54
正八面体　140
赤外光　7
積の表　122
遷移確率　30
遷移モーメント　34, 86
前期解離　151
旋光分散　12

【そ】
双極子遷移　34
双極子モーメント　13
走査型顕微鏡　9
相似変換　122
相対誤差　172
速度分布関数　178
束縛状態　26
ソノルミネッセンス　23
ソフトマテリアル　59

【た】
対称こま　64
対称軸　121
対称伸縮振動　88
対称面　121, 124
太陽光シミュレータ　6
脱励起　152
ダブルビーム法　78
ターム記号　42
炭酸ガスレーザ　91

【ち】
タンジェントデルタ　57
断熱近似　149
タンパク質のフォールディング　77

地球温暖化指数　115
蓄光材料　145
調和振動　83
調和ポテンシャル　82
直線偏光　11

【て】
ディスクリミネータ　172
デカップリング法　212
テラヘルツ波　58
点群　124
電子スプレー法　161
電子損失分光法　163
電子分光法　163
電子レンジ　57
伝送損失　96

【と】
透過型電子顕微鏡　9
同軸型分光器　174
同軸線　50
動的光散乱　107
導波管　50
特性吸収　104
トランス異性体　78
トレース　126
トンネル効果　77

【な】
内殻電子　165
内部運動自由度　83
内部回転　77, 78
ナブラ　39

【ぬ】
ヌジョール法　79

索引

【は】

配位子	139
倍音	96
はさみ振動	101
波数	4
発光ダイオード	158
発光デバイス	145
波動関数	37
ハミルトニアン	39
ハミルトン演算子	38
パルス計測	171
パルス法	189
半球型分光器	174
反射係数	50
反遮蔽効果	207
半導体検出器	177

【ひ】

光音響分光法	152
光ファイバ	96
飛行時間	175
比旋光度	12
非調和項	95
ビームチョッパー	178
比誘電率	54
標準偏差	171

【ふ】

フェーザー法	49
不可弁別性	73
不均一線幅	17
複素インピーダンス	49
複素屈折率	17
複素分極率	16
不対電子	217
ブラケット記法	34
プリセッション	185
ブレーズ波長	143
分極率	15, 110
分光器	143
分光シート	2
分子回転の影響	96

【へ】

平衡間隔	83
平衡原子間距離	81
ベクトルネットワーク アナライザ	50
変角振動	89, 101
偏光シート	3
反転操作	73

【ほ】

飽和	189
ポテンシャルエネルギー曲線	81
ポピュレーション	99
ポラロイド板	3

【ま】

マイクロ波化学	58
摩擦係数	15
摩擦発光	144
マススペクトロメトリー	161
マスフィルタ	175

【む】

無極性分子	13
無輻射遷移	152

【も】

モノクロメータ	143

【ゆ】

誘起双極子	14
誘電緩和時間	54
誘電吸収	54
誘電分極	47

【よ】

横ゆれ振動	101

【ら】

ラグランジュ関数	84
ランダム誤差	171

【り】

緑色蛍光蛋白質	158
燐光	160

【る】

類	122
ルミノールによる音響化学発光	144
ルンゲークッタ法	223

【れ】

励起準位	25

【ろ】

ロックインアンプ	12, 35

【A】

A 係数	31
AES	166
anti-Stokes 線	108
ATR 法	79
Auger 電子分光法	166
Avogadro 定数	4

【B】

B 係数	31
Bohr 磁子	215
Bohr 半径	40
Boltzmann 分布	99
Born-Oppenheimer 近似	149
Bose-Einstein 統計	73
Brewster 角	20
Brillouin 散乱光	107

【C】

CARS	113
Cole-Cole 図	55
Cole-Cole の緩和式	56
Cole-Davidson の緩和式	56
Coriolis 力	71
Curie 温度	53

索引 253

C_2 ラジカル	154	
【D】		
Debye 型の緩和	54	
Debye 単位	52	
Dexter 機構	162	
Doppler シフト	181	
【E】		
EL	158	
ESCA	164	
EXAFS	166	
【F】		
FAB 法	161	
Fermi 共鳴	91	
Fermi-Dirac 統計	73	
FID	192	
Fourier 変換 NMR	189	
Franck-Condon 因子	151	
Franck-Condon の原理	150	
Fraunhofer	6	
Fraunhofer 線	6	
FTIR 法	80	
Förster 機構	162	
【G】		
Gauss 型のスペクトル	17	
GFP	158	
Grotrian ダイアグラム	27	
【H】		
Hermite 多項式	86	
【I】		
I 効果	206	
【K】		
Kronecker のデルタ	38	
【L】		
Lagrangian	84	
Lambert-Beer の法則	5	

Larmor 周波数	185	
LED	158	
Lennard-Jones 関数	82	
Lorentz 型	17	
Lorentz モデル	14	
LS 結合	43	
l-タイプダブリング	71	
【M】		
MALDI 法	161	
MAS 法	189	
Michelson 干渉計	80	
Mie 散乱	107	
Morse 関数	81	
MRI	213	
Mössbauer 効果	181	
【N】		
n-π^* 遷移	156	
$(n+1)$ 則	205	
Newton 環	32	
Newton のプリズム実験	2	
【P】		
P 枝	98	
p 偏光	18	
Planck 定数	4	
Planck の輻射公式	31	
Poisson 分布	171	
PZT	53	
【Q】		
Q-mass	175	
【R】		
R 異性体	11	
R 枝	99	
Rabi の分子線磁気共鳴	187	
Raman 散乱	107	
Rayleigh 散乱	106	
Russel-Sauders 結合	42	

【S】		
S 異性体	11	
s 偏光	18	
Schoenflies の記号	124	
Schrödinger 方程式	39	
SERS	113	
SIMS 法	161	
Stern-Volmer プロット	160	
Stokes 線	108	
【T】		
TDR	50	
TDS	50, 59	
TEM 波	10	
TE_{01} モード	215	
【U】		
UPS	164	
【X】		
XAFS	166	
XANES	166	
XPS	164	
XRF	166	
【Z】		
Zeeman 効果	181	
【その他】		
α 線	176	
β 線	176	
γ 線	176	
$\lambda/4$-波長板	11	
π-π^* 遷移	156	
σ_d	125	
σ_h	125	
σ_v	124	
1 重項	27	
2 次元 NMR	214	
3 重項	28	
4 重極分光器	175	

―― 著者略歴 ――

1971 年	東京大学理学部化学科卒業
1976 年	東京大学大学院博士課程修了（化学専攻）
	理学博士
1976 年	米国テキサス州立大学，コロンビア大学博士研究員
～79 年	
1990 年	電気通信大学助教授
1996 年	電気通信大学教授
2010 年	電気通信大学燃料電池イノベーション研究センター兼務
2014 年	電気通信大学名誉教授

エンジニアのための分子分光学入門
Molecular Spectroscopy for Engineers: An Introduction
ⓒ Shigeo Hayashi 2015

2015 年 7 月 27 日 初版第 1 刷発行 ★

検印省略

著　者　林　　　茂　雄
　　　　　（はやし）　（しげお）
発 行 者　株式会社　コロナ社
　　　　　代 表 者　牛来真也
印 刷 所　三美印刷株式会社

112−0011　東京都文京区千石 4−46−10
発行所　株式会社　コロナ社
CORONA PUBLISHING CO., LTD.
Tokyo Japan
振替 00140−8−14844・電話(03)3941−3131(代)
ホームページ http://www.coronasha.co.jp

ISBN 978−4−339−06637−1　(新井)　　（製本：愛千製本所）
Printed in Japan

本書のコピー，スキャン，デジタル化等の無断複製・転載は著作権法上での例外を除き禁じられております。購入者以外の第三者による本書の電子データ化及び電子書籍化は，いかなる場合も認めておりません。

落丁・乱丁本はお取替えいたします。

ME教科書シリーズ

（各巻B5判，欠番は品切です）

■日本生体医工学会編
■編纂委員長　佐藤俊輔
■編纂委員　稲田　紘・金井　寛・神谷　瞭・北畠　顕・楠岡英雄
　　　　　　戸川達男・鳥脇純一郎・野瀬善明・半田康延

記号	配本順	書名	著者	頁	本体
A-1	(2回)	生体用センサと計測装置	山越・戸川共著	256	4000円
A-2	(16回)	生体信号処理の基礎	佐藤・吉川・木竜共著	216	3400円
A-3	(23回)	生体電気計測	山本尚武・中村隆夫共著	158	3000円
B-1	(3回)	心臓力学とエナジェティクス	菅・高木・後藤・砂川編著	216	3500円
B-2	(4回)	呼吸と代謝	小野功一著	134	2300円
B-3	(10回)	冠循環のバイオメカニクス	梶谷文彦編著	222	3600円
B-4	(11回)	身体運動のバイオメカニクス	石田・廣川・宮崎・阿江・林共著	218	3400円
B-5	(12回)	心不全のバイオメカニクス	北畠・堀編著	184	2900円
B-6	(13回)	生体細胞・組織のリモデリングのバイオメカニクス	林・安達・宮崎共著	210	3500円
B-7	(14回)	血液のレオロジーと血流	菅原・前田共著	150	2500円
B-8	(20回)	循環系のバイオメカニクス	神谷　瞭編著	204	3500円
C-2	(17回)	感覚情報処理	安井湘三編著	144	2400円
C-3	(18回)	生体リズムとゆらぎ —モデルが明らかにするもの—	中尾・山本共著	180	3000円
D-1	(6回)	核医学イメージング	楠岡・西村監修　藤林・田口・天野共著	182	2800円
D-2	(8回)	X線イメージング	飯沼・舘野編著	244	3800円
D-3	(9回)	超音波	千原國宏著	174	2700円
D-4	(19回)	画像情報処理（Ⅰ）—解析・認識編—	鳥脇純一郎編著　長谷川・清水・平野共著	150	2600円
D-5	(22回)	画像情報処理（Ⅱ）—表示・グラフィックス編—	鳥脇純一郎編著　平野・森共著	160	3000円
E-1	(1回)	バイオマテリアル	中林・石原・岩崎共著	192	2900円
E-3	(15回)	人工臓器（Ⅱ）—代謝系人工臓器—	酒井清孝編著	200	3200円
F-1	(5回)	生体計測の機器とシステム	岡田正彦編著	238	3800円
F-2	(21回)	臨床工学(CE)とME機器・システムの安全	渡辺　敏編著	240	3900円

以下続刊

A	生体用マイクロセンサ	江刺正喜編著	C-4	脳磁気とME　上野照剛編著
D-6	MRI・MRS	松田・楠岡編著	E-2	人工臓器（Ⅰ）—呼吸・循環系の人工臓器—　井街・仁田編著
F	地域保険・医療・福祉情報システム	稲田　紘編著	F	医学・医療における情報処理とその技術　田中　博編著
F	病院情報システム	石原　謙著		

定価は本体価格+税です。
定価は変更されることがありますのでご了承下さい。

図書目録進呈◆

電子情報通信レクチャーシリーズ

■電子情報通信学会編　　　（各巻B5判）

共通

番号	配本順	書名	著者	頁	本体
A-1	(第30回)	電子情報通信と産業	西村吉雄著	272	4700円
A-2	(第14回)	電子情報通信技術史 ―おもに日本を中心としたマイルストーン―	「技術と歴史」研究会編	276	4700円
A-3	(第26回)	情報社会・セキュリティ・倫理	辻井重男著	172	3000円
A-4		メディアと人間	原島博・北川高嗣共著		
A-5	(第6回)	情報リテラシーとプレゼンテーション	青木由直著	216	3400円
A-6	(第29回)	コンピュータの基礎	村岡洋一著	160	2800円
A-7	(第19回)	情報通信ネットワーク	水澤純一著	192	3000円
A-8		マイクロエレクトロニクス	亀山充隆著		
A-9		電子物性とデバイス	益川一哉・天川修平共著		

基礎

番号	配本順	書名	著者	頁	本体
B-1		電気電子基礎数学	大石進一著		
B-2		基礎電気回路	篠田庄司著		
B-3		信号とシステム	荒川薫著		
B-5		論理回路	安浦寛人著		近刊
B-6	(第9回)	オートマトン・言語と計算理論	岩間一雄著	186	3000円
B-7		コンピュータプログラミング	富樫敦著		
B-8		データ構造とアルゴリズム	岩沼宏治他著		
B-9		ネットワーク工学	仙田正和・石村裕・中野敬介共著		
B-10	(第1回)	電磁気学	後藤尚久著	186	2900円
B-11	(第20回)	基礎電子物性工学 ―量子力学の基本と応用―	阿部正紀著	154	2700円
B-12	(第4回)	波動解析基礎	小柴正則著	162	2600円
B-13	(第2回)	電磁気計測	岩﨑俊著	182	2900円

基盤

番号	配本順	書名	著者	頁	本体
C-1	(第13回)	情報・符号・暗号の理論	今井秀樹著	220	3500円
C-2		ディジタル信号処理	西原明法著		
C-3	(第25回)	電子回路	関根慶太郎著	190	3300円
C-4	(第21回)	数理計画法	山下信雄・福島雅夫共著	192	3000円
C-5		通信システム工学	三木哲也著		
C-6	(第17回)	インターネット工学	後藤滋樹・外山勝保共著	162	2800円
C-7	(第3回)	画像・メディア工学	吹抜敬彦著	182	2900円
C-8	(第32回)	音声・言語処理	広瀬啓吉著	140	2400円
C-9	(第11回)	コンピュータアーキテクチャ	坂井修一著	158	2700円

	配本順		著者	頁	本体
C-10		オペレーティングシステム			
C-11		ソフトウェア基礎	外山芳人著		
C-12		データベース			
C-13	(第31回)	集積回路設計	浅田邦博著	208	3600円
C-14	(第27回)	電子デバイス	和保孝夫著	198	3200円
C-15	(第8回)	光・電磁波工学	鹿子嶋憲一著	200	3300円
C-16	(第28回)	電子物性工学	奥村次徳著	160	2800円

展開

	配本順		著者	頁	本体
D-1		量子情報工学	山崎浩一著		
D-2		複雑性科学			
D-3	(第22回)	非線形理論	香田徹著	208	3600円
D-4		ソフトコンピューティング	山川烈／堀尾恵一共著		
D-5	(第23回)	モバイルコミュニケーション	中川正雄／大槻知明共著	176	3000円
D-6		モバイルコンピューティング			
D-7		データ圧縮	谷本正幸著		
D-8	(第12回)	現代暗号の基礎数理	黒澤馨／尾形わかは共著	198	3100円
D-10		ヒューマンインタフェース			
D-11	(第18回)	結像光学の基礎	本田捷夫著	174	3000円
D-12		コンピュータグラフィックス			
D-13		自然言語処理	松本裕治著		
D-14	(第5回)	並列分散処理	谷口秀夫著	148	2300円
D-15		電波システム工学	唐沢好男／藤井威生共著		
D-16		電磁環境工学	徳田正満著		
D-17	(第16回)	VLSI工学 ―基礎・設計編―	岩田穆著	182	3100円
D-18	(第10回)	超高速エレクトロニクス	中村徹／三島友義共著	158	2600円
D-19		量子効果エレクトロニクス	荒川泰彦著		
D-20		先端光エレクトロニクス			
D-21		先端マイクロエレクトロニクス			
D-22		ゲノム情報処理	高木利久／小池麻子編著		
D-23	(第24回)	バイオ情報学 ―パーソナルゲノム解析から生体シミュレーションまで―	小長谷明彦著	172	3000円
D-24	(第7回)	脳工学	武田常広著	240	3800円
D-25		生体・福祉工学	伊福部達著		
D-26		医用工学			
D-27	(第15回)	VLSI工学 ―製造プロセス編―	角南英夫著	204	3300円

定価は本体価格+税です。
定価は変更されることがありますのでご了承下さい。

図書目録進呈◆

辞典・ハンドブック一覧

日本シミュレーション学会編
シミュレーション辞典 A5 452頁 本体9000円

編集委員会編
新版 電気用語辞典 B6 1100頁 本体6000円

電子情報通信学会編
改訂 電子情報通信用語辞典 B6 1306頁 本体14000円

編集委員会編
電気鉄道ハンドブック B5 1002頁 本体30000円

日本音響学会編
新版 音響用語辞典 A5 500頁 本体10000円

映像情報メディア学会編
映像情報メディア用語辞典 B6 526頁 本体6400円

電子情報技術産業協会編
新ME機器ハンドブック B5 506頁 本体10000円

編集委員会編
機械用語辞典 B6 1016頁 本体6800円

編集委員会編
モード解析ハンドブック B5 488頁 本体14000円

制振工学ハンドブック編集委員会編
制振工学ハンドブック B5 1272頁 本体35000円

日本塑性加工学会編
塑性加工便覧 ―CD-ROM付― B5 1194頁 本体36000円

精密工学会編
新版 精密工作便覧 B5 1432頁 本体37000円

日本機械学会編
改訂 気液二相流技術ハンドブック A5 604頁 本体10000円

日本ロボット学会編
新版 ロボット工学ハンドブック ―CD-ROM付― B5 1154頁 本体32000円

土木学会監修
土木用語辞典 B6 1446頁 本体8000円

日本エネルギー学会編
エネルギー便覧 ―資源編― B5 334頁 本体9000円

日本エネルギー学会編
エネルギー便覧 ―プロセス編― B5 850頁 本体23000円

日本エネルギー学会編
エネルギー・環境キーワード辞典 B6 518頁 本体8000円

フラーレン・ナノチューブ・グラフェン学会編
カーボンナノチューブ・グラフェンハンドブック B5 368頁 本体10000円

日本生物工学会編
生物工学ハンドブック B5 866頁 本体28000円

定価は本体価格+税です。
定価は変更されることがありますのでご了承下さい。

図書目録進呈◆